21 世纪全国高职高专土建立体化系列规划教材

市政工程材料

主　编　郑晓国

副主编　张华卿

参　编　钱银华　张析明

　　　　金肃静　戴元林

主　审　喻　军

U0246808

北京大学出版社

PEKING UNIVERSITY PRESS

内 容 简 介

本书通过对市政工程技术专业毕业生就业对应岗位材料试验员的工作内容进行分析梳理,抽取出有代表性的 7 个典型实际工作项目:集料检测、水泥检测、沥青检测、钢筋检测、水泥混凝土配合比设计、水泥稳定碎石配合比设计和沥青混合料配合比设计。基于每个项目工作过程进行任务分析,结合岗位素质、技能与知识要求,边教边学、边学边做,实现教、学、做一体化。

本书采用项目导向、任务驱动的全新体例编写。除工作任务教学外,还增加了引例、思考讨论及专业知识延伸阅读等模块。此外结合职业考证要求,每个项目后还附有单选题、判断题、多选题、简答题等多种题型供读者练习。通过对本书的学习,读者可以掌握材料试验员应掌握的基本理论和操作技能,具备基本胜任材料试验员岗位的能力。

本书既可作为高职高专院校市政工程类相关专业的教材和指导书,也可作为土建施工类及工程管理类各专业职业资格考试的培训教材,还可为备考执业资格考试的人员提供参考。

图书在版编目(CIP)数据

市政工程材料/郑晓国主编. —北京:北京大学出版社,2013.5
(21 世纪全国高职高专土建立体化系列规划教材)
ISBN 978 - 7 - 301 - 22452 - 6

Ⅰ.①市… Ⅱ.①郑… Ⅲ.①市政工程—工程材料—高等职业教育—教材 Ⅳ.①TU5

中国版本图书馆 CIP 数据核字(2013)第 084201 号

书 名:	市政工程材料
著作责任者:	郑晓国 主编
策 划 编 辑:	赖 青 王红樱
责 任 编 辑:	王红樱
标 准 书 号:	ISBN 978 - 7 - 301 - 22452 - 6/TU · 0323
出 版 发 行:	北京大学出版社
地 址:	北京市海淀区成府路 205 号 100871
网 址:	http://www.pup.cn 新浪官方微博:@北京大学出版社
电 子 信 箱:	pup_6@163.com
电 话:	邮购部 62752015 发行部 62750672 编辑部 62750667 出版部 62754962
印 刷 者:	北京鑫海金澳胶印有限公司
经 销 者:	新华书店
	787 毫米×1092 毫米 16 开本 19.5 印张 450 千字
	2013 年 5 月第 1 版 2016 年 7 月第 2 次印刷
定 价:	37.00 元

前　　言

　　本书为北京大学出版社"21 世纪全国高职高专土建立体化系列规划教材",也是 2009 年浙江省高职高专特色专业建设项目——市政工程技术专业的课程建设成果之一。为了适应 21世纪职业技术教育发展的需要,为了培养出适应社会、企业需要、岗位胜任的高技能市政工程专业人才,实现市政工程专业人才培养目标,我们通过深入市政工程企事业单位、施工一线,了解行业的发展、岗位需求和岗位工作任务分析,并结合市政工程专业特色和本课程的情况,由企业专家、专业负责人和骨干教师共同分析市政工程技术专业材料试验员岗位能力要求与素质、知识结构关系,重新构建了市政工程材料的教材体系和教学内容,将原有分散的知识与技能体系项目化,实现了所学知识和技能与职业岗位技能相对接,突出培养学生的职业能力,充分体现基于职业岗位分析和职业岗位技术应用能力培养的教材设计理念。

　　本书的设计思路是从材料试验员工作任务内容和工作过程分析出发,提炼归纳为 7 个检测项目:集料检测、水泥检测、沥青检测、钢筋检测、水泥混凝土配合比设计、水泥稳定碎石配合比设计和沥青混合料配合比设计。基于项目工作过程,每个检测项目,又分为若干个任务。本书打破传统的章节编排方式,以完成项目为主线,结合职业技能证书考试,培养学生的实践动手和工作能力。

　　本书内容可按照 72～88 学时安排,推荐学时分配:项目 1,16～18 学时;项目 2,12～14 学时;项目 3,4～6 学时;项目 4,4～6 学时;项目 5,10～14 学时;项目 6,12～14 学时;项目 7,14～16 学时。教师可根据实际需要灵活安排学时,课堂重点讲解每个项目中具体任务如何完成。任务中的引例、思考讨论贯穿于教学之中,能增加师生互动,引发学生的学习兴趣,专业知识延伸阅读可安排学生课堂学习或课后阅读,练习题可随堂练习或布置作业。

　　本书既可作为高职高专院校市政工程类相关专业的教材和指导书,也可以作为土建施工类及工程管理类等专业执业资格考试的培训教材。

　　本书由浙江交通职业技术学院郑晓国担任主编,浙江交通科学研究所张华卿担任副主编,全书由浙江交通职业技术学院郑晓国负责统稿。本书具体项目编写分工为:项目 1 由浙江交通科学研究所金肃静和杭州市政工程集团有限公司戴元林共同编写;项目 2、项目5 由浙江交通职业技术学院郑晓国编写;项目 3、项目 7 由浙江交通科学研究所张华卿编写;项目 4 由浙江交通职业技术学院钱银华编写;项目 6 由浙江交通职业技术学院张析明编写。浙江工业大学喻军博士对本书进行了审读,并提出了很多宝贵意见。

　　本书在编写过程中,参考和引用了国内外大量文献资料,在此谨向原书作者表示衷心感谢。由于编者水平有限,本书难免存在不足和疏漏之处,敬请各位读者批评指正。

编　者

2013 年 1 月

目　　录

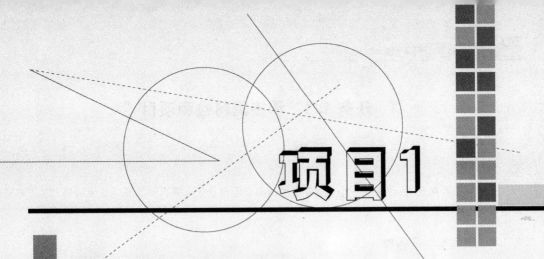

项目1

集 料 检 测

教学目标

	能力(技能)目标	认知目标
教学目标	1. 能试验检测粗集料各项主要技术指标 2. 能试验检测细集料各项主要技术指标 3. 能完成集料检测报告	1. 掌握粗集料(密度、吸水率、级配、含泥量、泥块含量、针片状含量、压碎值)技术指标含义和评价 2. 掌握细集料(密度、级配、含泥量、泥块含量)技术指标含义和评价 3. 了解岩石技术性质、市政工程石料制品

项目导入

项目1 集料检测中的集料主要来自两个工程项目:第一个工程项目是 104 国道长兴雉城过境段改建工程,浙江某交通工程有限公司对该工程中某标段某结构部位使用的混凝土中组成材料碎石①(4.75~26.5mm)和砂子;第二个工程项目是浙江省某有限公司对杭宁高速公路 2010 年养护专项工程第 13 合同段上面层使用的 AC‐13C 型沥青混合料碎石②(4.75~9.5mm)、碎石③(9.5~16mm)和石屑(为记录方便,对以上检测碎石作了数字编号)。

任务分析

为了完成集料检测项目,基于项目工作过程进行任务分解如下。

任务 1.1	承接集料检测项目任务
任务 1.2	粗集料密度、吸水率及检测
任务 1.3	粗集料级配及检测
任务 1.4	粗集料含泥量、泥块含量及检测
任务 1.5	粗集料针片状含量及检测
任务 1.6	粗集料压碎值及检测
任务 1.7	细集料密度及检测
任务 1.8	细集料级配及检测
任务 1.9	细集料含泥量、泥块含量及检测
任务 1.10	完成集料检测项目报告

任务 1.1　承接集料检测项目

　引例

受两个公司委托，分别对第一个工程项目中的碎石①和砂子；第二个工程项目中的碎石②、碎石③和石屑进行技术性质检测。

1.1.1　填写检验任务单

由任课老师给出集料检测项目委托单，学生按检测项目委托单填写样品流转及检验任务单，见表 1-1。

表 1-1　样品流转及检验任务单

接受任务 检测室	集料实训室	移交人		移交日期	
样品名称	碎石①	砂子	碎石②	碎石③	石屑
样品编号					
规格牌号	4.75～26.5mm	0～4.75mm	4.75～9.5mm	9.5～16mm	0～4.75mm
厂家产地	和平佳伟	安吉	余杭	余杭	余杭
现场桩号或 结构部位	上部构造	上部构造	上面层	上面层	上面层
取样或 成型日期					
样品来源	料场	料场	拌和楼	拌和楼	拌和楼
样本数量	100kg	50kg	100kg	100kg	50kg
样品描述	干燥、无杂质	干燥、无杂质	干燥、无杂质	干燥、无杂质	干燥、无杂质
检测项目	密度、吸水率、级配、含泥量、泥块含量、针片状颗粒含量、压碎值	密度、空隙率、级配、含泥量、泥块含量	密度、吸水率、级配、含泥量、泥块含量、针片状颗粒含量、压碎值	密度、吸水率、级配、含泥量、泥块含量、针片状颗粒含量、压碎值	密度、空隙率、级配、含泥量、泥块含量
检测依据	JTG E42—2005	JTG E42—2005	JTG E42—2005	JTG E42—2005	JTG E42—2005
评判依据					
附加说明					
样品处理	1. 领回 2. 不领回√	1. 领回 2. 不领回√	1. 领回 2. 不领回√	1. 领回 2. 不领回√	1. 领回 2. 不领回√
检测时间 要求					
符合性检查					

（续）

接受人		日期	
任务完成后样品处理			
移交人/日期		接受人/日期	

备注：

1.1.2　领样要求

（1）在材料场同批来料的料堆上取样时，应先铲除堆脚等处无代表性的部分，再在料堆的顶部、中部和底部，各由均匀分布的几个不同部位，取得大致相等的若干份组成一组试样，务必使所取试样能代表本批来料的情况和品质。

（2）用四分法将试样数量缩分到符合各项试验规定的数量。

（3）样品规格是否满足检测要求。

领样注意事项：检验人员在检验开始前，应对样品进行有效性检查。

① 检查接收的样品是否适合于检验。

② 样品是否存在不符合有关规定和委托方检验要求的问题。

③ 样品是否存在异常等。

1.1.3　小组讨论

根据填写好的样品流转及检验任务单，对需要检测的项目展开讨论，确定实施方法和步骤。

任务 1.2　粗集料密度、吸水率及检测

引例

根据委托单要求需要对第一工程项目中的碎石①和第二工程项目中碎石②、碎石③进行密度、吸水率检测。

1.2.1　粗集料密度、空隙率

1. 体积与质量的关系

在沥青混合料中，粗集料是指粒径大于 2.36mm 的碎石、破碎砾石、筛选砾石和矿渣等；在水泥混凝土中，粗集料是指粒径大于 4.75mm 的碎石、砾石和破碎砾石。

粗集料物理性质主要有物理常数等，物理常数包括表观密度、毛体积密度、堆积密度和空隙率等。在计算集料的物理常数时，不仅要考虑粗集料的孔隙，还要考虑颗粒间的间隙。如图 1-1 所示的容量筒装满碎石，其体积与质量的关系可以抽象为如图 1-2 所示的粗集料的体积与质量的关系图。

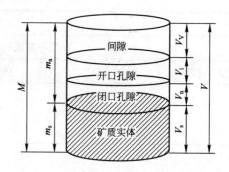

图1-1 容量筒装满碎石　　　图1-2 粗集料的体积与质量的关系图

2. 表观密度

粗集料的表观密度又称作视密度，是集料在规定条件(105～110℃烘干置恒重，温度 20℃)下，单位表观体积(包含矿质实体和闭口孔隙的体积)的质量，表观密度用 ρ_a 表示，由图1-2体积与质量的关系可表示为式(1-1)计算：

$$\rho_a = \frac{m_s}{V_s + V_n} \qquad (1-1)$$

式中：ρ_a——粗集料的表观密度(g/cm^3)；

　　　m_s——矿质实体质量(g)；

　　　V_s——矿质实体体积(cm^3)；

　　　V_n——闭口孔隙体积(cm^3)。

3. 毛体积密度

粗集料的毛体积密度是在规定条件下，单位毛体积(包括矿质实体、开口和闭口孔隙体积)的质量。毛体积密度用 ρ_b 表示。由图1-2体积与质量的关系可表示为式(1-2)计算：

$$\rho_b = \frac{m_s}{V_s + V_n + V_i} \qquad (1-2)$$

式中：　　ρ_b——粗集料的毛体积密度(g/cm^3)；

　　　　　m_s——矿质实体质量(g)；

V_s、V_n、V_i——分别为矿质实体体积、闭口孔隙体积、开口孔隙体积(cm^3)。

4. 堆积密度

粗集料的堆积密度是指粗集料在规定条件下，包括集料颗粒间的间隙体积、集料矿质实体及其闭口、开口孔隙体积在内的单位体积的质量，用 ρ 表示，按式(1-3)计算：

$$\rho = \frac{m_s}{V_s + V_n + V_i + V_v} \qquad (1-3)$$

式中：　　　　　ρ——粗集料的堆积密度(g/cm^3)；

　　　　　　　　m_s——矿质实体质量(g)；

V_s、V_n、V_i、V_v——分别为矿质实体体积、闭口孔隙体积、开口孔隙体积、颗粒间隙体积(cm^3)。

粗集料的堆积密度由于颗粒排列的松紧程度不同，又可分为自然堆积密度、振实堆积密度及捣实堆积密度。

粗集料的堆积密度是将干燥的粗集料装入规定容积的容量筒来测定的，自然堆积密度是按自然下落方式装样而求得的单位体积的质量；振实堆积密度是用振摇方式装样而求得的单位体积的质量。

5. 空隙率

空隙率是指集料在某种装填状态下的空隙体积(含开口孔隙)占装填体积的百分率，按式(1-4)计算：

$$n=\frac{V_i+V_v}{V_s+V_n+V_i+V_v}\times100 \qquad (1-4)$$

式中：V_s、V_n、V_i、V_v——分别为矿质实体体积、闭口孔隙体积、开口孔隙体积、颗粒间隙体积(cm^3)。

空隙率指标也可通过表观密度和堆积密度按式(1-5)来计算：

$$n=\left(1-\frac{\rho}{\rho_a}\right)\times100 \qquad (1-5)$$

式中：n——粗集料的空隙率(%)；

ρ——粗集料的堆积密度(g/cm^3)；

ρ_a——粗集料的表观密度(g/cm^3)。

1.2.2 粗集料密度测定(网篮法)

1. 目的与适用范围

本方法适用于测定各种粗集料的表观相对密度、表干相对密度、毛体积相对密度、表观密度、表干密度、毛体积密度，以及粗集料的吸水率。

2. 仪具与材料

(1)天平或浸水天平(图1-3)：可悬挂吊篮测定集料的水中质量，称量应满足试样数量称量要求，感量不大于最大称量的0.05%。

(2)吊篮：由耐锈蚀材料制成，直径和高度为150mm左右，四周及底部用1～2mm的筛网编制或具有密集的孔眼。

(3)溢流水槽：在称量水中质量时能保持水面高度一定。

(4)烘箱：能控温在105℃±5℃(图1-4)。

(5)毛巾：纯棉制，洁净，也可用纯棉的汗衫布代替。

(6)温度计。

(7)标准筛。

(8)盛水容器(如搪瓷盘)。

(9)其他：刷子等。

图 1-3 浸水天平

图 1-4 烘箱

3. 试验准备

(1) 将试样用标准筛过筛除去其中的细集料,对较粗的粗集料可用 4.75mm 筛过筛;对 2.36~4.75mm 集料,或者混在 4.75mm 以下石屑中的粗集料,则用 2.36mm 标准筛过筛。用四分法或分料器法缩分至要求的质量,分两份备用,对沥青路面用粗集料,应对不同规格的集料分别测定,不得混杂,所取的每一份集料试样应基本上保持原有的级配。在测定 2.36~4.75mm 的粗集料时,试验过程中应特别小心,不得丢失集料。

(2) 经缩分后供测定密度和吸水率的粗集料质量应符合表 1-2 的规定。

表 1-2　测定密度所需要的试样最小质量

公称最大粒径(mm)	4.75	9.5	16	19	26.5	31.5	37.5	63	75
每一份试样的最小质量(kg)	0.8	1	1	1	1.5	1.5	2	3	3

(3) 将每一份集料试样浸泡在水中,并适当搅动,仔细洗去附在集料表面的尘土和石粉,经多次漂洗干净至水完全清澈为止。清洗过程中不得散失集料颗粒。

图 1-5　称取集料的水中质量

4. 试验步骤

(1) 取试样一份装入干净的搪瓷盘中,注入洁净的水,水面至少应高出试样 20mm,轻轻搅动石料,使附着在石料上的气泡完全逸出。在室温下保持浸水 24h。

(2) 将吊篮挂在天平的吊钩上,浸入溢流水槽中,向溢流水槽中注水,水面高度至水槽的溢流孔,将天平调零,吊篮的筛网应保证集料不会通过筛孔流失,对 2.36~4.75mm 粗集料应更换小孔筛网,或在网篮中加放入一个浅盘。

(3) 调节水温在 15~25℃范围内。将试样移入吊篮中。溢流水槽中的水面高度由水槽的溢流孔控制,维持不变,称取集料的水中质量 m_w(图 1-5)。

（4）提起吊蓝，稍稍滴水后，较粗的粗集料可以直接倒在拧干的湿毛巾上（图1-6）。将较细的粗集料（2.36～4.75mm）连同浅盘一起取出，稍稍倾斜搪瓷盘，仔细倒出余水，将粗集料倒在拧干的湿毛巾上，用毛巾吸走从集料中漏出的自由水。此步骤需特别注意不得有颗粒丢失，或有小颗粒附在吊篮上。再用拧干的湿毛巾轻轻擦干集料颗粒的表面水，至表面看不到发亮的水迹，即为饱和面干状态为止。当粗集料尺寸较大时，宜逐颗擦干，注意对较粗的粗集料，拧湿毛巾时不要太用劲，防止拧得太干；对较细的含水较多的粗集料，毛巾可拧得稍干些。擦颗粒的表面水时，既要将表面水擦掉，又千万不能将颗粒内部的水吸出，整个过程中不得有集料丢失，且已擦干的集料不得继续在空气中放置，以防止集料干燥。

图1-6 表干集料

注：对2.36～4.75mm集料，用毛巾擦拭时容易黏附细颗粒集料从而造成集料损失，此时宜改用洁净的纯棉汗衫布擦拭至表干状态。

（5）立即在保持表干状态下，称取集料的表干质量（m_f）。

（6）将集料置于浅盘中，放入105℃±5℃的烘箱中烘干至恒重。取出浅盘，放在带盖的容器中冷却至室温，称取集料的烘干质量（m_a）。

注：恒重是指相邻两次称量间隔时间大于3h的情况下，其前后两次称量之差小于该项试验要求的精密度，即0.1%。一般在烘箱中烘烤的时间不得少于4～6h。

（7）对同一规格的集料应平行试验两次，取平均值作为试验结果。

5. 计算

（1）表观相对密度 γ_a、表干相对密度 γ_s、毛体积相对密度 γ_b 按式（1-6）、式（1-7）、式（1-8）计算至小数点后3位。

$$\gamma_a = \frac{m_a}{m_a - m_w} \tag{1-6}$$

$$\gamma_s = \frac{m_f}{m_f - m_w} \tag{1-7}$$

$$\gamma_b = \frac{m_a}{m_f - m_w} \tag{1-8}$$

式中：γ_a——集料的表观相对密度，无量纲；

γ_s——集料的表干相对密度，无量纲；

γ_b——集料的毛体积相对密度，无量纲；

m_a——集料的烘干质量（g）；

m_f——集料的表干质量（g）；

m_w——集料的水中质量（g）。

(2) 集料的吸水率以烘干试样为基准，按式(1-9)计算，精确至0.01%。

$$w_x = \frac{m_f - m_a}{m_a} \times 100 \qquad (1-9)$$

式中：w_x——粗集料的吸水率(%)。

(3) 粗集料的表观密度(视密度)ρ_a、表干密度ρ_s、毛体积密度ρ_b按式(1-10)、式(1-11)、式(1-12)计算，准确至小数点后3位。不同水温条件下测量的粗集料表观密度需进行水温修正，不同试验温度下水的密度ρ_T及水的温度修正系数α_T按表1-3选用。

表1-3 不同水温时水的密度 ρ_T 及水的温度修正系数 α_T

水温(℃)	15	16	17	18	19	20
水的密度	0.99913	0.99897	0.9988	0.99862	0.99843	0.99822
水温修正系数	0.002	0.003	0.003	0.004	0.004	0.005
水温(℃)	21	22	23	24	25	—
水的密度	0.99802	0.99779	0.99756	0.99733	0.99702	—
水温修正系数	0.005	0.006	0.006	0.007	0.007	—

$$\rho_a = \gamma_a \times \rho_T \quad 或 \quad \rho_a = (\gamma_a - \alpha_T) \times \rho_w \qquad (1-10)$$

$$\rho_s = \gamma_s \times \rho_T \quad 或 \quad \rho_a = (\gamma_s - \alpha_T) \times \rho_w \qquad (1-11)$$

$$\rho_b = \gamma_b \times \rho_T \quad 或 \quad \rho_b = (\gamma_b - \alpha_T) \times \rho_w \qquad (1-12)$$

式中：ρ_a——粗集料的表观密度(g/cm³)；

　　　ρ_s——粗集料的表干密度(g/cm³)；

　　　ρ_b——粗集料的毛体积密度(g/cm³)；

　　　ρ_T——试验温度T时水的密度(g/cm³)；

　　　α_T——试验温度T时的水温修正系数；

　　　ρ_w——水在4℃时的密度(1.000g/cm³)。

6. 精密度或允许差

重复试验的精密度，对表观相对密度、表干相对密度、毛体积相对密度，两次结果相差不得超过0.02，对吸水率不得超过0.2%。

7. 填写试验表格

第一个工程项目中碎石①(4.75~26.5mm)密度检测见表1-4；第二个工程项目中碎石②(4.75~9.5mm)、碎石③(9.5~16mm)密度检测见表1-5和表1-6。

 思考与讨论

简述粗集料表观密度、毛体积密度、堆积密度的含义并比较其大小？

表1-4 粗集料密度及吸水率试验（网篮法）记录表（1）

任务单号		检测依据		JTG E42—2005
样品编号		检测地点		
样品名称	碎石①（4.75～26.5mm）	环境条件		温度 15℃ 湿度 %
样品描述		试验日期		年 月 日

主要仪器设备使用情况	仪器设备名称	型号规格	编号	使用情况
	电子浸水天平	MP6101J	JT-08	正常
	电热鼓风干燥箱	101-3	JT-10	正常
	集料标准筛	0.075～0.6mm, 1.18～53mm	JT-18, 19	正常

试验次数	试样在水中质量 m_w (g)	饱和面干试样质量 $m_f=m'_f-m_0$ (g)	烘干试样质量 $m_a=m'_a-m_0$ (g)	吸水率 $w_x=\dfrac{m_f-m_a}{m_a}\times100$ (%) 单值	平均值	表观相对密度 $\gamma_a=\dfrac{m_a}{m_a-m_w}$ 单值	平均值	毛体积相对密度 $\gamma_b=\dfrac{m_a}{m_f-m_w}$ 单值	平均值	试验温度时水的密度 ρ_T (g/cm³)	表观密度 $\rho_a=\gamma_a\times\rho_T$ (g/cm³)	毛体积密度 $\rho_b=\gamma_b\times\rho_T$ (g/cm³)
1	961.0	1520.7	1500.2	1.35	1.36	2.782	2.782	2.680	2.680	0.9913	2.780	2.678
2	961.3	1521.2	1500.8	1.37		2.782		2.680				

说明：

复核： 试验：

表1-5 粗集料密度及吸水率试验（网篮法）记录表（2）

任务单号			
样品编号			
样品名称	碎石② (4.75～9.5mm)	检测依据	JTG E42—2005
样品描述		检测地点	
		环境条件	温度15℃ 湿度 %
		试验日期	年 月 日

主要仪器设备使用情况	仪器设备名称	型号规格	编号	使用情况
	电子浸水天平	MP61001J	JT-08	正常
	电热鼓风干燥箱	101-3	JT-10	正常
	集料标准筛	0.075～0.6mm, 1.18～53mm	JT-18, 19	正常

试验次数	试样在水中质量 m_w (g)	饱和面干试样质量 $m_f=m_f'-m_0$ (g)	烘干试样质量 $m_a=m_a'-m_0$ (g)	吸水率 $w_x=\dfrac{m_f-m_a}{m_a}\times100$ (%)		表观相对密度 $\gamma_a=\dfrac{m_a}{m_a-m_w}$		毛体积相对密度 $\gamma_b=\dfrac{m_a}{m_f-m_w}$		试验温度时水的密度 ρ_T (g/cm³)	表观密度 $\rho_a=\gamma_a\times\rho_T$ (g/cm³)	毛体积密度 $\rho_b=\gamma_b\times\rho_T$ (g/cm³)
				单值	平均值	单值	平均值	单值	平均值			
1	659.8	1010.5	1000.6	0.99	0.98	2.936	2.936	2.853	2.853	0.99913	2.933	2.851
2	659.5	1010.2	1000.4	0.98		2.935		2.853				

说明：

复核：

表1-6 粗集料密度及吸水率试验（网篮法）记录表（3）

任务单号		检测依据	JTG E42—2005
样品编号		检测地点	
样品名称	碎石③（9.5～16mm）	环境条件	温度 15℃ 湿度 %
样品描述		试验日期	年 月 日

主要仪器设备使用情况	仪器设备名称	型号规格	编号	使用情况
	电子浸水天平	MP6100IJ	JT-08	正常在用
	电热鼓风干燥箱	101-3	JT-10	正常在用
	集料标准筛	0.075～0.6mm, 1.18～53mm	JT-18, 19	正常在用

试验次数	试样在水中质量 m_w (g)	饱和面干试样质量 $m_f = m'_f - m_0$ (g)	烘干试样质量 $m_a = m'_a - m_0$ (g)	吸水率 $w_x = \frac{m_f - m_a}{m_a} \times 100$ (%)		表观相对密度 $\gamma_a = \frac{m_a}{m_a - m_w}$		毛体积相对密度 $\gamma_b = \frac{m_a}{m_f - m_w}$		试验温度时水的密度 ρ_T (g/cm³)	表观密度 $\rho_a = \gamma_a \times \rho_T$ (g/cm³)	毛体积密度 $\rho_b = \gamma_b \times \rho_T$ (g/cm³)
				单值	平均值	单值	平均值	单值	平均值			
1	658.0	1007.9	1000.7	0.72	0.72	2.920	2.920	2.860	2.860	0.99913	2.917	2.858
2	657.9	1007.8	1000.5	0.73		2.920		2.859				

说明：

复核：

任务 1.3　粗集料级配及检测

1.3.1　粗集料级配

级配是指集料中各种粒径颗粒的搭配比例或分布情况。级配对水泥混凝土及沥青混合料的强度、稳定性等有着显著的影响，级配设计也是水泥混凝土和沥青混合料配合比设计的重要组成部分。

粗集料的级配是通过筛析实验确定的。对水泥混凝土用粗集料可采用干筛法筛分试验，对沥青混合料及基层粗集料必须采用水洗法筛分试验。就是将粗集料通过一系列规定筛孔尺寸的标准筛（标准筛为方孔筛，筛孔尺寸为 75mm、63mm、53mm、37.5mm、31.5mm、26.5mm、19mm、16mm、13.2mm、9.5mm、4.75mm、2.36mm、2.36mm、1.18mm、0.6mm、0.3mm、0.15mm、0.075mm），测定出存留在筛上的筛余质量，根据集料试样的质量与存留在各筛孔上的集料质量，就可以求得一系列与集料级配有关的参数：分计筛余百分率、累计筛余百分率、通过百分率。

1.3.2　粗集料筛分试验

1. 目的与适用范围

（1）测定粗集料（碎石、砾石、矿渣等）的颗粒组成对水泥混凝土用粗集料可采用干筛法筛分，对沥青混合料及基层用粗集料必须采用水洗法试验。

（2）本方法也适用于同时含有粗集料、细集料、矿粉的集料混合料筛分试验，如未筛碎石、级配碎石、天然砂砾、级配砂砾、无机结合料稳定基层材料、沥青拌和楼的冷料混合料、热料仓材料、沥青混合料经溶剂抽提后的矿料等。

2. 仪具与材料

（1）试验筛：根据需要选用规定的标准筛（图 1-7）。

（2）摇筛机（图 1-8）。

（3）天平或台秤：感量不大于试样质量的 0.1%。

（4）其他：盘子、铲子、毛刷等。

图 1-7　粗集料标准筛

图 1-8　摇筛机

3. 试验准备

按规定将来料用分料器或四分法缩分至表1-7要求的试样所需量，风干后备用。根据需要可按要求的集料最大粒径的筛孔尺寸过筛，除去超粒径部分颗粒后，再进行筛分。

表1-7 筛分用的试样质量

公称最大粒径(mm)	75	63	37.5	31.5	26.5	19	16	9.5	4.75
试样质量不小于(kg)	10	8	5	4	2.5	2	1	1	0.5

4. 水泥混凝土用粗集料干筛法试验步骤

(1) 取试样一份置于105℃±5℃烘箱中烘干至恒重，称取干燥集料试样的总质量(m_0)，准确至0.1%。

(2) 用搪瓷盘作筛分容器，按筛孔大小排列顺序逐个将集料过筛。人工筛分时，需使集料在筛面上同时有水平方向及上下方向的不停顿的运动，使小于筛孔的集料通过筛孔，直至1min内通过筛孔的质量小于筛上残余量的0.1%为止；当采用摇筛机筛分时，应在摇筛机筛分后再逐个由人工补筛。将筛出通过的颗粒并入下一号筛，和下一号筛中的试样一起过筛，顺序进行，直至各号筛全部筛完为止。应确认1min内通过筛孔的质量确实小于筛上残余量的0.1%。

注：由于0.075mm筛干筛几乎不能把沾在粗集料表面的小于0.075mm部分的石粉筛过去，而且对水泥混凝土用粗集料而言，0.075mm通过率的意义不大，所以也可以不筛，且把通过0.15mm筛的筛下部分全部作为0.075mm的分计筛余，将粗集料的0.075mm通过率假设为0。

(3) 如果某个筛上的集料过多，影响筛分作业时，可以分两次筛分，当筛余颗粒的粒径大于19mm时，筛分过程中允许用手指轻轻拨动颗粒，但不得逐颗筛过筛孔。

(4) 称取每个筛上的筛余量，准确至总质量的0.1%。各筛分计筛余量及筛底存量的总和与筛分前试样的干燥总质量 m_0 相比，相差不得超过 m_0 的0.5%。

5. 沥青混合料及基层用粗集料水洗法试验步骤

(1) 取一份试样，将试样置于105℃±5℃烘箱中烘干至恒重，称取干燥集料试样的总质量(m_3)；准确至0.1%。

注：恒重是指相邻两次称取间隔时间大于3h(通常不少于6h)的情况下，前后两次称量之差小于该项试验所要求的称量精密度。

(2) 将试样置一洁净容器中，加入足够数量的洁净水，将集料全部淹没，但不得使用任何洗涤剂、分散剂或表面活性剂。

(3) 用搅棒充分搅动集料，使集料表面洗涤干净他细粉悬浮在水中，但不得破碎集料或有集料从水中溅出。

(4) 根据集料粒径大小选择组成一组套筛，其底部为0.075mm标准筛，上部为2.36mm或4.75mm筛。仔细将容器中混有细粉的悬浮液倒出，经过套筛流入另一容器中，尽量不将粗集料倒出，以免损坏标准筛筛面。

注：无需将容器中的全部集料都倒出，只倒出悬浮液，且不可直接倒至0.075mm筛上，以免集料掉出损坏筛面。

（5）重复（2）～（4）步骤，直至倒出的水洁净为止，必要时可采用水流缓慢冲洗。

（6）将套筛每个筛子上的集料及容器中的集料全部回收在一个搪瓷盘中，容器上不得有黏附的集料颗粒。

注：沾在0.075mm筛面上的细粉很难回收扣入搪瓷盘中，此时需将筛子倒扣在搪瓷盘上用少量的水并助以毛刷将细粉刷落入搪瓷盘中，并注意不要散失。

（7）在确保细粉不散失的前提下，小心泌去搪瓷盘中的积水，将搪瓷盘连同集料一起置于105℃±5℃烘箱中烘干至恒重，称取干燥集料试样的总质量（m_4），准确至0.1%。以 m_3 与 m_4 之差作为0.075mm的筛下部分。

（8）将回收的干燥集料按干筛方法筛分出0.075mm筛以上各筛的筛余量，此时0.075mm筛下部分应为0，如果尚能筛出，则应将其并入水洗得到的0.075mm的筛下部分，且表示水洗得不干净。

6. 计算

1）干筛法筛分结果的计算

（1）按式（1-13）计算各筛分计筛余量及筛底存量的总和与筛分前试样的干燥总质量 m_0 之差，作为筛分时的损耗，并计算损耗率，若损耗率大于0.5%，应重新进行试验。

$$m_5 = m_0 - \left(\sum m_i + m_{底} \right) \tag{1-13}$$

式中：m_5——由于筛分造成的损耗（g）；

m_0——用于干筛的干燥集料总质量（g）；

m_i——各号筛上的分计筛余（g）；

i——依次为集料最大粒径、…、0.15mm、0.075mm的排序；

$m_{底}$——筛底（0.075mm以下部分）集料总质量（g）。

（2）干筛分计筛余百分率。干筛后各号筛上的分计筛余百分率按式（1-14）计算，精确至0.1%。

$$a_i' = \frac{m_i}{m_0 - m_5} \times 100 \tag{1-14}$$

式中：a_i'——各号筛上的分计筛余百分率（%）；

m_5——由于筛分造成的损耗（g）；

m_0——用于干筛的干燥集料总质量（g）；

m_i——各号筛上的分计筛余（g）；

i——依次为集料最大粒径、…、0.15mm、0.075mm的排序。

（3）干筛累计筛余百分率。各号筛的累计筛余百分率为该号筛以上各号筛的分计筛余百分率之和，按式（1-15）计算，精确至0.1%。

$$A_i' = a_1' + a_2' + \cdots + a_i' \tag{1-15}$$

式中：A_i'——某号筛的累计筛余百分率（%）；

$a_1', a_2', \cdots, a_i'$——依次为集料最大粒径、…、i 号粒径的各号筛上的分计筛余百分率（%）。

（4）干筛各号筛的质量通过百分率。各号筛的质量通过百分率 P_i' 等于100减去该号筛累计筛余百分率 A_i'，按式（1-16）计算，精确至0.1%。

$$P'_i = 100 - A'_i \qquad (1-16)$$

式中：P'_i——某号筛的通过百分率（%）；

$\quad\quad A'_i$——某号筛的累计筛余百分率（%）；

（5）由筛底存量除以干燥集料总质量，按式（1-17）计算 0.075mm 筛的通过率。

$$P_{0.075} = \frac{m_{底}}{m_0} \times 100 \qquad (1-17)$$

式中：$P_{0.075}$——0.075mm 筛的通过百分率（%）；

$\quad\quad m_{底}$——筛底（0.075mm 以下部分）集料总质量（g）。

$\quad\quad m_0$——用于干筛的干燥集料总质量（g）。

（6）试验结果以两次试验的平均值表示，精确至 0.1%。当两次试验结果 $P_{0.075}$ 的差值超过 1% 时，试验应重新进行。

2）水筛法筛分结果的计算

（1）按式（1-18）、式（1-19）计算粗集料中 0.075mm 筛下部分质量 $m_{0.075}$ 和含量 $P_{0.075}$，精确至 0.1%。当两次试验结果 $P_{0.075}$ 的差值超过 1% 时，试验应重新进行。

$$m_{0.075} = m_3 - m_4 \qquad (1-18)$$

$$P_{0.075} = \frac{m_{0.075}}{m_3} = \frac{m_3 - m_4}{m_3} \times 100 \qquad (1-19)$$

式中：$P_{0.075}$——粗集料中小于 0.075mm 的含量（通过率）（%）；

$\quad\quad m_{0.075}$——粗集料中水洗得到的小于 0.075mm 部分的质量（g）；

$\quad\quad m_3$——用于水洗的干燥粗集料总质量（g）；

$\quad\quad m_4$——水洗后的干燥粗集料总质量（g）。

（2）计算各筛分计筛余量及筛底存量的总和与筛分前试样的干燥总质量 m_4 之差，作为筛分时的损耗，并按式（1-20）计算损耗率记入表。若损耗率大于 0.3% 时，应重新进行试验。

$$m_5 = m_3 - \left(\sum m_i + m_{0.075} \right) \qquad (1-20)$$

式中：m_5——由于筛分造成的损耗（g）；

$\quad\quad m_3$——用于水筛筛分的干燥集料总质量（g）；

$\quad\quad m_i$——各号筛上的分计筛余（g）；

$\quad\quad i$——依次为集料最大粒径、…、0.15mm、0.075mm 的排序；

$\quad\quad m_{0.075}$——水洗后得到的 0.075mm 以下部分质量（g），即（$m_3 - m_4$）。

（3）计算其他各筛的分计筛余百分率、累计筛余百分率、通过百分率，计算方法与干筛法相同。当干筛筛分有损耗时，应从总质量中扣除损耗部分。

（4）试验结果以两次试验的平均值表示。

注：如筛底 $m_{底}$ 的值不是 0，应将其并入 $m_{0.075}$ 中重新计算 $P_{0.075}$。

7. 报告

（1）筛分结果以各筛孔的质量通过百分率表示。

（2）对用于沥青混合料、基层材料配合比设计用的集料，宜绘制集料筛分曲线，其横坐标为筛孔尺寸的 0.45 次方（表 1-8），纵坐标为普通坐标，如图 1-9 所示。

（3）同一种集料至少取两个试样平行试验两次，取平均值作为每号筛上筛余量的试验结果，报告集料级配组成通过百分率及级配曲线。

表 1-8　级配曲线的横坐标(按 $x=d_i^{0.45}$ 计算)

筛孔 d_i(mm)	0.075	0.15	0.3	0.6	1.18	2.36	4.75
横坐标 x	0.312	0.426	0.582	0.795	1.077	1.472	2.016
筛孔 d_i(mm)	9.5	13.2	16	19	26.5	31.5	37.5
横坐标 x	2.745	3.193	3.482	3.762	4.370	4.723	5.109

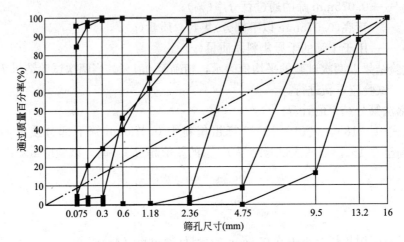

图 1-9　集料筛分曲线与矿料级配设计曲线

8. 填写试验表格

第一个工程项目中碎石①(4.75～26.5mm)的干筛筛分检测见表 1-9；第二个工程项目中碎石②(4.75～9.5mm)、碎石③(9.5～16mm)的水洗法筛分检测见表 1-10 和表 1-11。

表 1-9　粗集料筛分试验(干筛法)记录表

任务单号			检测依据		JTG E42—2005	
样品编号			检测地点			
样品名称	碎石①(4.75～26.5mm)		环境条件		温度　℃ 湿度　%	
样品描述			试验日期		年　月　日	

主要仪器设备使用情况	仪器设备名称	型号规格	编号	使用情况
	集料标准筛	0.075～0.6mm 1.18～53mm	JT-18、19	正常
	电热鼓风干燥箱	101-3	JT-10	正常
	电子静水天平	MP61001J	JT-08	正常
	顶击式振筛机	SZS	JT-03	正常

筛孔尺寸(mm)	干燥试样总质量 m_0(g)	5000.0			干燥试样总质量(g)	5000.0			平均
	筛上质量(g)	分计筛余(%)	累计筛余(%)	通过百分率(%)	筛上质量(g)	分计筛余(%)	累计筛余(%)	通过百分率(%)	通过百分率(%)
31.5	0.0	0.0	0.0	100.0	0.0	0.0	0.0	100.0	100.0

(续)

筛孔尺寸(mm)	干燥试样总质量 m_0(g)		5000.0		干燥试样总质量(g)		5000.0		平均
	筛上质量(g)	分计筛余(%)	累计筛余(%)	通过百分率(%)	筛上质量(g)	分计筛余(%)	累计筛余(%)	通过百分率(%)	通过百分率(%)
26.5	0.0	0.0	0.0	100.0	0.0	0.0	0.0	100.0	100.0
19	1249.0	25.0	25.0	75.0	1229.1	24.6	24.6	75.4	75.2
16	1159.0	23.2	48.2	51.8	1179.2	23.6	48.2	51.8	51.8
9.5	1214.0	24.3	72.5	27.5	1224.1	24.5	72.7	27.3	27.4
4.75	1249.0	25.0	97.5	2.5	1249.1	25.0	97.7	2.3	2.4
2.36	94.9	1.9	99.4	0.6	84.9	1.7	99.4	0.6	0.6
1.18	30.0	0.6	100.0	0.0	30.0	0.6	100.0	0.0	0.0
0.6	0.0	0.0	100.0	0.0	0.0	0.0	100.0	0.0	0.0
0.3	0.0	0.0	100.0	0.0	0.0	0.0	100.0	0.0	0.0
0.15	0.0	0.0	100.0	0.0	0.0	0.0	100.0	0.0	0.0
0.075	0.0	0.0	100.0	0.0	0.0	0.0	100.0	0.0	0.0
筛底 $m_底$	0.0				0.0				
筛分后总量 $\sum m_i$(g)			4995.8		筛分后总量 $\sum m_i$(g)		4996.4		
损耗质量 m_5(g)	4.2	损耗率(%)	0.08		损耗质量 m_5(g)	3.6	损耗率(%)	0.07	

说明：

复核：　　　　　　　　　　　　　　　　　　　　　　　　　　试验：

表 1-10　粗集料筛分试验(水洗法)记录表

任务单号			检测依据	JTG E42—2005	
样品编号			检测地点		
样品名称	碎石②(4.75～9.5mm)		环境条件	温度　℃　湿度　%	
样品描述			试验日期	年　月　日	
主要仪器设备使用情况	仪器设备名称	型号规格	编号	使用情况	
	集料标准筛	0.075～0.6mm、1.18～53mm	JT-18、19	正常	
	电热鼓风干燥箱	101-3	JT-10	正常	
	电子静水天平	MP61001J	JT-08	正常	
	顶击式振筛机	SZS	JT-03	正常	

（续）

					平均
干燥试样总质量 m_3(g)	2110.0		2115.0		
水洗后筛上总质量 m_4(g)	2093.1		2098.1		
水洗后 0.075mm 筛下总质量 $m_{0.075}$(g)	16.9		16.9		
0.075mm 通过率 $P_{0.075}$(%)	0.8		0.8		

	筛孔尺寸(mm)	筛上质量(g)	分计筛余(%)	累计筛余(%)	通过百分率(%)	筛上质量(g)	分计筛余(%)	累计筛余(%)	通过百分率(%)	通过百分率(%)
	37.5									
	31.5									
	26.5									
	19									
	16	0.0	0.0	0.0	100.0	0.0	0.0	0.0	100.0	100.0
	13.2	0.0	0.0	0.0	100.0	0.0	0.0	0.0	100.0	100.0
水洗后干筛法筛分	9.5	2.1	0.1	0.1	99.9	6.3	0.3	0.3	99.7	99.8
	4.75	1459.1	69.2	69.3	30.7	1458.2	69.0	69.3	30.7	30.7
	2.36	539.8	25.6	94.9	5.1	536.8	25.4	94.7	5.3	5.2
	1.18	59.0	2.8	97.7	2.3	63.4	3.0	97.7	2.3	2.3
	0.6	14.8	0.7	98.4	1.6	10.6	0.5	98.2	1.8	1.7
	0.3	0.0	0.0	98.4	1.6	4.2	0.2	98.4	1.6	1.6
	0.15	2.1	0.1	98.5	1.5	2.1	0.1	98.5	1.5	1.5
	0.075	14.8	0.7	99.2	0.8	14.8	0.7	99.2	0.8	0.8
	筛底 $m_底$	0				0				
	干筛后总量 $\sum m_i$(g)	2091.6	扣除损耗后总量(g)	2108.5		干筛后总量 $\sum m_i$(g)	2096.4	扣除损耗后总量(g)	2113.3	
	说明：	损耗质量 m_5(g)	1.5	损耗率(%)	0.07	损耗质量 m_5(g)	1.7	损耗率(%)	0.08	

复核：　　　　　　　　　　　　　　　　　　　　　　　　　试验：

表 1-11　粗集料筛分试验(水洗法)记录表

任务单号		检测依据	JTG E42—2005
样品编号		检测地点	
样品名称	碎石③(9.5~16mm)	环境条件	温度　　℃　湿度　　%
样品描述		试验日期	年　月　日

（续）

主要仪器设备使用情况	仪器设备名称	型号规格	编号	使用情况
	集料标准筛	0.075～0.6mm、1.18～53mm	JT-18、19	正常
	电热鼓风干燥箱	101-3	JT-10	正常
	电子静水天平	MP61001J	JT-08	正常
	顶击式振筛机	SZS	JT-03	正常

干燥试样总质量 m_3(g)	2119.3	2120.0	平均
水洗后筛上总质量 m_4(g)	2103.2	2103.8	
水洗后 0.075mm 筛下总质量 $m_{0.075}$(g)	16.1	16.2	
0.075mm 通过率 $P_{0.075}$(%)	0.8	0.8	

筛孔尺寸(mm)	筛上质量(g)	分计筛余(%)	累计筛余(%)	通过百分率(%)	筛上质量(g)	分计筛余(%)	累计筛余(%)	通过百分率(%)	通过百分率(%)
37.5									
31.5									
26.5									
19									
16	0.0	0	0	100	0.0	0	0	100	100
13.2	231.0	10.9	10.9	89.1	226.8	10.7	10.7	89.3	89.2
9.5	936.6	44.2	55.1	44.9	945.3	44.6	55.3	44.7	44.8
4.75	714.1	33.7	88.8	11.2	710.0	33.5	88.8	11.2	11.2
2.36	127.1	6.0	94.8	5.2	122.9	5.8	94.6	5.4	5.3
1.18	31.8	1.5	96.3	3.7	40.3	1.9	96.5	3.5	3.6
0.6	12.7	0.6	96.9	3.1	8.5	0.4	96.9	3.1	3.1
0.3	4.2	0.2	97.1	2.9	8.5	0.4	97.3	2.7	2.8
0.15	10.6	0.5	97.6	2.4	6.4	0.3	97.6	2.4	2.4
0.075	33.9	1.6	99.2	0.8	33.9	1.6	99.2	0.8	0.8
筛底 $m_底$	0				0				
干筛后总量 $\sum m_i$(g)	2101.9	扣除损耗后总量(g)	2118.0	干筛后总量 $\sum m_i$(g)	2102.4	扣除损耗后总量(g)	2118.6		
说明：	损耗质量 m_5(g)	1.3	损耗率(%)	0.06	损耗质量 m_5(g)	1.4	损耗率(%)	0.06	

（左侧竖排：水洗后干筛法筛分）

复核：　　　　　　　　　　　　　　　　　　　　　　　　　　试验：

思考与讨论

水泥混凝土用粗集料用干筛法，而沥青混合料用粗集料要水洗，为什么？

任务 1.4 粗集料含泥量、泥块含量及检测

1.4.1 粗集料含泥量、泥块含量

含泥量：是指集料中粒径小于 0.075mm 的颗粒含量。泥块含量：是指粗集料中原尺寸大于 4.75mm，经水洗后小于 2.36mm 的颗粒含量。

含泥量、泥块含量存在于集料中或包裹在集料表面的泥土会降低水泥水化反应速度，也会妨碍集料与水泥或沥青的黏附性，影响混合料整体强度。

1.4.2 粗集料含泥量、泥块含量检测

1. 目的与适用范围

测定碎石或砾石中小于 0.075mm 的尘屑、淤泥和黏土的总含量及 4.75mm 以上泥块颗粒含量。

2. 仪具与材料

(1) 台秤：感量不大于称量的 0.1%。

(2) 烘箱：能控温 105℃±5℃。

(3) 标准筛：测泥含量时用孔径为 1.18mm、0.075mm 的方孔筛各 1 只；测泥块含量时，则用 2.36mm 及 4.75mm 的方孔筛各 1 只。

(4) 容器：容积约 10L 的桶或搪瓷盘。

(5) 浅盘、毛刷等。

3. 试验准备

将来样用四分法或分料器法缩分至表 1-12 所规定的量（注意防止细粉丢失并防止所含黏土块被压碎），置于温度为 105℃±5℃的烘箱内烘干至恒重，冷却至室温后分成两份备用。

表 1-12 含泥量及泥块含量试验所需试样最小质量

公称最大粒径(mm)	4.75	9.5	16	19	26.5	31.5	37.5	63	75
试样的最小质量(kg)	1.5	2	2	6	6	10	10	20	20

4. 试验步骤

1) 含泥量试验步骤

(1) 称取试样 1 份（m_0）装入容器内，加水，浸泡 24h，用手在水中淘洗颗粒（或用毛刷洗刷）（图 1-10），使尘屑、黏土与较粗颗粒分开，并使之悬浮于水中；缓缓地将浑浊液倒入 1.18mm 及 0.075mm 的套筛上（图 1-11），滤去小于 0.075mm 的颗粒。试验前筛子

的两面应先用水湿润，在整个试验过程中，应注意避免大于 0.075mm 的颗粒丢失。

（2）再次加水于容器中，重复上述步骤，直到洗出的水清澈为止。

（3）用水冲洗余留在筛上的细粒，并将 0.075mm 筛放在水中（使水面略高于筛内颗粒）来回摇动，以充分洗除小于 0.075mm 的颗粒。而后将两只筛上余留的颗粒和容器中已经洗净的试样一并装入浅盘，置于温度为 105℃±5℃ 的烘箱中烘干至恒重，取出冷却至室温后，称取试样的质量（m_1）。

图 1-10　淘洗颗粒

图 1-11　浑浊液倒入 1.18mm
及 0.075mm 的套筛

2）泥块含量试验步骤

（1）取试样 1 份。

（2）用 4.75mm 筛将试样过筛，称出筛去 4.75mm 以下颗粒后的试样质量（m_2）。

（3）将试样在容器中摊平，加水使水面高出试样表面，24h 后将水放掉，用手捻压泥块，然后将试样放在 2.36mm 筛上用水冲洗，直至洗出的水清澈为止。

（4）小心地取出 2.36mm 筛上试样，置于温度为 105℃±5℃ 的烘箱中烘干至恒重，取出冷却至室温后称量（m_3）。

5. 计算

1）碎石或砾石的含泥量按式（1-21）计算，精确至 0.1%。

$$Q_n = \frac{m_0 - m_1}{m_0} \times 100 \qquad (1-21)$$

式中：Q_n——碎石或砾石的含泥量（%）；

　　　m_0——试验前烘干试样质量（g）；

　　　m_1——试验后烘干试样质量（g）。

以两次试验的算术平均值作为测定值，两次结果的差值超过 0.2% 时，应重新取样进行试验。对沥青路面用集料，此含泥量记为小于 0.075mm 颗粒含量。

2）碎石或砾石中黏土泥块含请按式（1-22）计算，精确至 0.1%。

$$Q_k = \frac{m_2 - m_3}{m_2} \times 100 \qquad (1-22)$$

式中：Q_k——碎石或砾石中黏土泥块含量（%）；

　　　m_2——4.75mm 筛筛余量（g）；

　　　m_3——试验后烘干试样质量（g）。

以两个试样两次试验结果的算术平均值为测定值，两次结果的差值超过 0.1% 时，应重新取样进行试验。

6. 填写试验表格

第一个工程项目中碎石①(4.75～26.5mm)的含泥量、泥块含量检测见表1-13；第二个工程项目中碎石②(4.75～9.5mm)、碎石③(9.5～16mm)的含泥量、泥块含量检测见表1-14和表1-15。

表1-13　粗集料含泥量和泥块含量试验记录表

任务单号			检测依据		JTG E42—2005
样品编号			检测地点		
样品名称	碎石①(4.75～26.5mm)		环境条件		温度　℃ 湿度　%
样品描述			试验日期		年　月　日
主要仪器设备使用情况	仪器设备名称	型号规格		编号	使用情况
	电子天平	YP10KN		JT-06	正常
	集料标准筛	0.075～0.6mm、1.18～53mm		JT-18、19	正常
	电热鼓风干燥箱	101-3A		JT-10	正常

粗集料含泥量试验

试验前烘干试样质量 m_0 (g)	试验后烘干试样质量 m_1 (g)	含泥量 $Q_n = \dfrac{m_0-m_1}{m_0} \times 100$ (%)	
		单值	平均值
6000.5	5941.4	0.1	0.1
6000.6	5942.4	0.1	

备注：

粗集料泥块含量试验

>5mm的烘干试样质量 m_2 (g)	冲洗后>2.5mm烘干试样质量 m_3 (g)	泥块含量 $Q_k = \dfrac{m_2-m_3}{m_2} \times 100$ (%)	
		单值	平均值
6023.6	6023.1	0.0	0.0
6024.5	6024.0	0.0	

备注：

复核：　　　　　　　　　　　　　　　　　　　　　　　　　　　　　　试验：

表 1－14　粗集料含泥量和泥块含量试验记录表

任务单号			检测依据	JTG E42—2005
样品编号			检测地点	
样品名称	碎石②(4.75～9.5mm)		环境条件	温度　℃ 湿度　％
样品描述			试验日期	年　月　日

主要仪器设备使用情况	仪器设备名称	型号规格	编号	使用情况
	电子天平	YP10KN	JT－06	正常
	集料标准筛	0.075～0.6mm、1.18～53mm	JT－18、19	正常
	电热鼓风干燥箱	101－3A	JT－10	正常

粗集料含泥量试验

试验前烘干试样质量 m_0 (g)	试验后烘干试样质量 m_1 (g)	含泥量 $Q_n=\dfrac{m_0-m_1}{m_0}\times100$ (%)	
		单值	平均值
2232.1	2222.0	0.5	0.5
2242.5	2232.3	0.5	

备注：

粗集料泥块含量试验

>5mm 的烘干试样质量 m_2 (g)	冲洗后>2.5mm烘干试样质量 m_3 (g)	泥块含量 $Q_k=\dfrac{m_2-m_3}{m_2}\times100$ (%)	
		单值	平均值
2323.0	2323.0	0.0	0.0
2424.0	2424.0	0.0	

备注：

复核：　　　　　　　　　　　　　　　　　　　　　　　　　　试验：

表 1−15 粗集料含泥量和泥块含量试验记录表

任务单号			检测依据	JTG E42—2005
样品编号			检测地点	
样品名称	碎石③(9.5～16mm)		环境条件	温度 ℃ 湿度 %
样品描述			试验日期	年 月 日

主要仪器设备使用情况	仪器设备名称	型号规格	编号	使用情况
	电子天平	YP10KN	JT−06	正常
	集料标准筛	0.075～0.6mm、1.18～53mm	JT−18、19	正常
	电热鼓风干燥箱	101−3A	JT−10	正常

粗集料含泥量试验

试验前烘干试样质量 m_0 (g)	试验后烘干试样质量 m_1 (g)	含泥量 $Q_n = \dfrac{m_0 - m_1}{m_0} \times 100$ (%)	
		单值	平均值
2462.1	2438.0	0.1	0.1
2573.5	2570.7	0.1	

备注:

粗集料泥块含量试验

>5mm 的烘干试样质量 m_2 (g)	冲洗后＞2.5mm 烘干试样质量 m_3 (g)	泥块含量 $Q_k = \dfrac{m_2 - m_3}{m_2} \times 100$ (%)	
		单值	平均值
2862.7	2862.7	0.0	0.0
2901.6	2901.6	0.0	

备注:

复核: 试验:

思考与讨论

对集料中含泥量和泥块含量的技术要求有什么意义？

任务 1.5 粗集料针片状含量及检测

1.5.1 粗集料针片状含量

是指使用专用规准仪测定的粗集料颗粒的最小厚度(或直径)方向与最大长度(或宽度)方向的尺寸之比小于一定比例的颗粒含量。

粗集料的颗粒级配要合理,粒形也要好,尽量选择扁圆、方圆状多的碎石,少用针片状碎石,随着针片状含量的增加,新拌混凝土和易性变差,针片状碎石的坚韧性较差,其压碎值指标随着针片状含量的增加而增大,从而造成混凝土抗压强度值降低。针片状颗粒含量增加使得沥青混合料的空隙率明显增大,水稳定性和抗疲劳性能明显降低;高温稳定性降低;集料破碎率增大。

粗集料针片状含量检测方法有规准仪法与游标卡尺法。

1.5.2 规准仪法检测粗集料针片状颗粒含量

1. 目的与适用范围

(1) 本方法适用于测定水泥混凝土使用的 4.75mm 以上的粗集料的针状及片状颗粒含量,以百分率计。

(2) 本方法测定的针片状颗粒,是指使用专用规准仪测定的粗集料颗粒的最小厚度(或直径)方向与最大长度(或宽度)方向的尺寸之比小于一定比例的颗粒。

(3) 本方法测定的粗集料中针片状颗粒的含量,可用于评价集料的形状及其在工程中的适用性。

2. 仪具与材料

(1) 水泥混凝土集料针状规准仪和片状规准仪(图 1-12),尺寸应符合表 1-16 的要求。

(2) 天平或台秤:感量不大于称量值的 0.1%。

(3) 标准筛:孔径分别为 4.75mm、9.5mm、16mm、19mm、26.5mm、31.5mm、37.5mm,试验时根据需要选用。

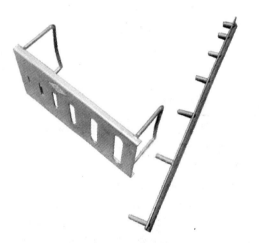

图 1-12 规准仪

表 1-16 水泥混凝土集料针片状颗粒试验的粒级划分及其相应的规准仪孔宽或间距

粒级(方孔筛)(mm)	4.75~9.5	9.5~16	16~19	19~26.5	26.5~31.5	31.5~37.5
针状规准仪上相对应的立柱之间的间距(mm)	17.1 (B1)	30.6 (B2)	42.0 (B3)	54.6 (B4)	69.6 (B5)	82.8 (B6)
片状规准仪上相时应的孔宽(mm)	2.8 (A1)	5.1 (A2)	7.0 (A3)	9.1 (A4)	11.6 (A5)	13.8 (A6)

3. 试验准备

将来样在室内风干至表面干燥,并用四分法或分料器法缩分至满足表 1-17 规定的质量，称量(m)，然后筛分成表1-17所规定的粒级备用。

表1-17　针片状颗粒试验所需的试样最小质量

公称最大粒径(mm)	9.5	16	19	26.5	31.5	37.5	37.5	37.5
试样的最小质量(kg)	0.3	1	2	3	5	10	10	10

4. 试验步骤

(1) 目测挑出接近立方体形状的规则颗粒，将目测有可能属于针片状颗粒的集料按表1-16所规定的粒级用规准仪逐粒对试样进行针状颗粒鉴定，挑出颗粒长度大于针状规准仪上相应间距而不能通过者，为针状颗粒。

(2) 将通过针状规准仪上相应间距的非针状颗粒逐粒对试样进行片状颗粒鉴定，挑出厚度小于片状规准仪上相应孔宽能通过者，为片状颗粒。

(3) 称量由各粒级挑出的针状颗粒和片状颗粒的质量，其总质量为m_1。

5. 计算

碎石或砾石中针片状颗粒含量按式(1-23)计算，精确至0.1%。

$$Q_e = \frac{m_1}{m_0} \times 100 \tag{1-23}$$

式中：Q_e——试样的针片状颗粒含量(%)；

　　　m_1——试样中所含针状颗粒与片状颗粒的总质量(g)；

　　　m_0——试样总质量(g)。

注：如果需要，可以分别计算针状颗粒和片状颗粒的含量百分数。

 特别提示

用规准仪测定粗集料针片状颗粒含量的测定方法，仅适用于水泥混凝土集料。我国的国家标准《建筑用卵石、碎石》(GB/T 14685—2001)也采用此方法。本方法按照《建筑用卵石、碎石》(GB/T 14685—2001)的方法修改，但国家标准中大于37.5mm的碎石及卵石采用卡尺法检测针片状颗粒的含量，这么大的粒径对公路水泥混凝土路面及桥梁几乎不用，所以本方法没有列入。

在本方法的片状规准仪中，针状颗粒及片状颗粒的定义并没有一定的比例。片状规准仪的开口尺寸比例为1:6，但是实际上通过该孔的集料的比例也不一定是小于1:6的。以4.75~9.5mm集料为例，用间距17.1mm鉴定，凡是颗粒长度大于17.1mm者为针状颗粒，则比例为不小于1.8~3.6倍；将通过17.1mm的颗粒用2.8mm宽的片状规准仪鉴定，凡是厚度小于2.8mm的为片状颗粒，则比例为不小于1.7~3.4倍，如果某颗粒长度恰好为17.1mm，而宽度小于2.8mm，则其倍数大于6.1倍。也就是说通不过针状颗粒规准仪及通过片状颗粒规准仪的颗粒的最大长度与最小厚度的比例可能为1.7~6.1倍，所以用规准仪法测定的针片状颗粒含量也要比用卡尺法测定的1:3要少得多。这一点务必注意，两个方法千万不能混用。

1.5.3　游标卡尺法检测粗集料针片状颗粒含量

1. 目的与适用范围

(1) 本方法适用于测定粗集料的针状及片状颗粒含量，以百分率计。

(2) 本方法测定的针片状颗粒，是指用游标卡尺测定的粗集料颗粒的最大长度(或宽度)方向与最小厚度(或直径)方向的尺寸之比大于 3 倍的颗粒。有特殊要求采用其他比例时,应在试验报告中注明。

(3) 本方法测定的粗集料中针片状颗粒的含量,可用于评价集料的形状和抗压碎能力,以评定石料生产厂的生产水平及该材料在工程中的适用性。

2. 仪具与材料

(1) 标准筛:方孔筛 4.75mm。

(2) 游标卡尺:精密度为 0.1mm。

(3) 天平:感量不大于 1g。

3. 试验步骤

(1) 按规范方法,采集粗集料试样。

(2) 按分料器法或四分法选取 1kg 左右的试样。对每一种规格的粗集料,应按照不同的公称粒径,分别取样检验。

(3) 用 4.75mm 标准筛将试样过筛,取筛上部分供试验用,称取试样的总质量 m_0,准确至 1g,试样数量应不少于 800g,并不少于 100 颗。

注:对 2.36～4.75mm 级粗集料,由于卡尺量取有困难,故一般不作测定。

(4) 将试样平摊于桌面上,首先用目测挑出接近立方体的颗粒,剩下可能属于针状(细长)和片状(扁平)的颗粒。

(5) 按如图 1-13 所示的方法将欲测量的颗粒放在桌面上成一稳定的状态,图中颗粒平面方向的最大长度为 L,侧面厚度的最大尺寸为 t,颗粒最大宽度为 $\omega(t<\omega<L)$,用卡尺逐颗测量石料的 L 及 t,将 $L/t\geqslant3$ 的颗粒(即最大长度方向与最大厚度方向的尺寸之比大于 3 的颗粒)分别挑出作为针片状颗粒。称取针片状颗粒的质量 m_1,准确至 1g。

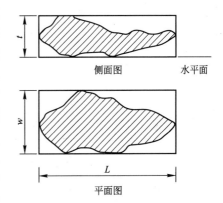

注:稳定状态是指平放的状态,不是直立状态,侧面厚度的最大尺寸 t 为图中状态的颗粒顶部至平台的厚度,是在最薄的一个面上测量的,但并非颗粒中最薄部位的厚度。

图 1-13 针片状颗粒稳定状态

4. 计算

按式(1-24)计算针片状颗粒含量。

$$Q_e=\frac{m_1}{m_2}\times100 \tag{1-24}$$

式中:Q_e——针片状颗粒含量(%);

m_1——试验用的集料总质量(g);

m_2——针片状颗粒的质量(g)。

5. 报告

(1) 试验要平行测定两次,计算两次结果的平均值,如两次结果之差小于平均值的 20%,取平均值为试验值;如大于或等于 20%,应追加测定一次,取三次结果的平均值为测定值。

（2）试验报告应报告集料的种类、产地、岩石名称、用途。

6. 填写试验表格

用规准仪法对第一个工程项目中碎石①（4.75～26.5mm）的针片状含量检测见表 1-18；用游标卡尺法对第二个工程项目中碎石②（4.75～9.5mm）、碎石③（9.5～16mm）的针片状含量检测见表 1-19。

表 1-18 水泥混凝土用粗集料针片状颗粒含量试验

任务单号			检测依据	JTG E42—2005
样品编号			检测地点	
样品名称	碎石①（4.75～26.5mm）		环境条件	温度　℃ 湿度　％
样品描述			试验日期	年　月　日

主要仪器设备使用情况	仪器设备名称	型号规格	编号	使用情况
	针、片状规准仪	—	JT-20	正常
	电子天平	YP10KN	JT-06	正常
	集料标准筛	0.075～0.6mm、1.18～53mm	JT-18、19	正常

试样总质量 m_0 (g)	粒级 (mm)	针状质量 (g)	片状质量 (g)	针片状总质量 m_1 (g)	针片状颗粒含量 $Q_e = \dfrac{m_1}{m_0} \times 100$ (%)
	19～26.5	0	0		
	16～19	9.3	7.1		
	9.5～16	7.6	6.0		
3000.0	4.75～9.5	57.8	42.2	140.0	4.7
	—	—	—		
	—	—	—		
	—	—	—		
	—	—	—		

说明：

复核：　　　　　　　　　　　　　　　　　　　　　　　　　　　　　　试验：

表 1-19 粗集料针片状颗粒含量试验(游标卡尺法)

任务单号		检测依据	JTG E42—2005	
样品编号		检测地点		
样品名称	碎石②(4.75~9.5mm) 碎石③(9.5~16mm)	环境条件	温度　℃ 湿度　%	
样品描述		试验日期	年　月　日	

主要仪器设备使用情况	仪器设备名称	型号规格	编号	使用情况
	集料标准筛	0.075~0.6mm、 1.18~53mm	JT-18、19	正常在用
	游标卡尺	200mm	JT-21	正常在用

	试验用的集料总质量 m_0 (g)	针片状颗粒的质量 m_1 (g)	针片状颗粒含量 $Q_e = \dfrac{m_1}{m_0} \times 100$ (%) 单值	平均值
碎石② (4.75~9.5mm)	1642	184	11.2	11.1
	1578	172	10.9	
碎石③ (9.5~16mm)	400	49	12.3	13.3
	400	57	14.3	

说明:

复核:　　　　　　　　　　　　　　　　　　　　　　　　　　　　　　　　试验:

 思考与讨论

为什么对水泥混凝土中集料和沥青混合料中集料的针片状含量测定分别要采用规准仪法和游标卡尺法?

任务 1.6　粗集料压碎值及检测

1.6.1 粗集料压碎值

在混合料中,粗集料起骨架作用,应具备一定的强度性能,压碎值是指集料在逐渐增加的荷载下，抵抗压碎的能力，是集料强度的相对指标，用以鉴定集料品质。压碎值越大，则集料抵抗压碎能力越差。

1.6.2 粗集料压碎值试验

1. 目的与适用范围

集料压碎值用于衡量石料在逐渐增加的荷载下抵抗压碎的能力，是衡量石料力学性质的指标，以评定其在公路工程中的适用性。

2. 仪具与材料

(1) 石料压碎值试验仪：由内径 150mm、两端开口的钢制圆形试筒、压柱和底板组成，其形状和尺寸(图 1-14)和表 1-20。试筒内壁、压柱的底面及底板的上表面等与石料接触的表面都应进行热处理，使表面硬化，达到维氏硬度 65，并保持光滑状态。

图 1-14　标准筛、量筒、捣棒、压碎值筒

表 1-20　试筒、压柱和底板尺寸

部位	符号	名称	尺寸/mm
试筒	A	内径	150±0.3
	B	高度	125~128
	C	壁厚	≥12
压柱	D	压头直径	149±0.2
	E	压杆直径	100~149
	F	压柱总长	100~110
	G	压头厚度	≥25
底板	H	直径	200~220
	I	厚度(中间部分)	6.4±0.2
	J	边缘厚度	10±0.2

(2) 金属棒：直径 10mm，长 450~600mm，一端加工成半球形。

(3) 天平：称量 2~3kg，感量不大于 1g。

(4) 标准筛：筛孔尺寸 13.2mm、9.5mm、2.36mm 方孔筛各一个。

(5) 压力机：500kN，应能在 10min 内达到 400kN。

(6) 金属筒：圆柱形，内径 112.0mm，高 179.4mm，容积 1767cm^3。

3. 试验准备

(1) 采用风干石料用 13.2mm 和 9.5mm 标准筛过筛，取 9.5～13.2mm 的试样 3 组各 3000g，供试验用。如过于潮湿需加热烘干时，烘箱温度不得超过 100℃，烘干时间不超过 4h。试验前，石料应冷却至室温。

(2) 每次试验的石料数量应满足按下述方法夯击后石料在试筒内的深度为 100mm。

(3) 在金属筒中确定石料数量的方法：将试样分 3 次(每次数量大体相同)均匀装入试模中，每次均将试样表面整平，用金属棒的半球面端从石料表面上均匀捣实 25 次。最后用金属棒作为直刮刀将表面仔细整平。称取量筒中试样质量(m_0)。以相同质量的试样进行压碎值的平行试验。

4. 试验步骤

(1) 将试筒安放在底板上。

(2) 将要求质量的试样分 3 次(每次数量大体相同)均匀装入试模中，每次均将试样表面整平，用金属棒的半球面端从石料表面上均匀捣实 25 次(图 1-15)。最后用金属棒作为直刮刀将表面仔细整平。

(3) 将装有试样的试模放到压力机上，同时加压头放入试筒内石料面上，注意使压头摆平，勿楔挤试模侧壁。

(4) 开动压力机，均匀地施加荷载，在 10min 左右的时间内达到总荷载 400kN，稳压 5s，然后卸荷(图 1-16)。

图 1-15 均匀捣实石料　　　　　　图 1-16 压碎石料

(5) 将试模从压力机上取下，取出试样。

(6) 用 2.36mm 标准筛筛分经压碎的全部试样，可分几次筛分，均需筛到在 1min 内无明显的筛出物为止。

(7) 称取通过 2.36mm 筛孔的全部细料质量(m_1)，准确至 1g。

5. 计算

压碎值按式(1-25)计算，精确至 0.1%。

$$Q_a = \frac{m_2}{m_1} \times 100 \qquad (1-25)$$

式中：Q_a——压碎值(%)；

m_1——试验前试样质量(g)；

m_2——试验后通过 2.36mm 筛孔的细料质量(g)。

6. 报告

以 3 个试样平行试验结果的算术平均值作为压碎值的测定值。

7. 填写试验表格

第一个工程项目中碎石①(4.75~26.5mm)的压碎值检测见表 1-21;第二个工程项目中碎石③(9.5~16mm)的压碎值检测见表 1-22。

表 1-21　粗集料压碎值试验记录表

任务单号			检测依据	JTG E42—2005	
样品编号			检测地点		
样品名称	碎石①(4.75~26.5mm)		环境条件	温度　℃ 湿度　%	
样品描述			试验日期	年　月　日	
主要仪器设备使用情况	仪器设备名称	型号规格	编号	使用情况	
	液压式压力试验机	YA-3000	JS-02	正常	
	压碎值测定仪	—	JT-22	正常	
	电子天平	YP10KN	JT-06	正常	

试验次数	试验前试样质量 m_0 (g)	试验后通过 2.36mm 筛孔的细料质量 m_1 (g)	压碎值 $Q'_a = \dfrac{m_1}{m_0} \times 100(\%)$	
			单值	平均值
1	2476	216	8.7	
2	2476	215	8.7	8.7
3	2476	217	8.8	

说明:

复核:　　　　　　　　　　　　　　　　　　　　　　　　　　　试验:

表 1-22　粗集料压碎值试验记录表

任务单号			检测依据	JTG E42—2005	
样品编号			检测地点		
样品名称	碎石③(9.5~16mm)		环境条件	温度　℃ 湿度　%	
样品描述			试验日期	年　月　日	
主要仪器设备使用情况	仪器设备名称	型号规格	编号	使用情况	
	液压式压力试验机	YA-3000	JS-02	正常	
	压碎值测定仪	—	JT-22	正常	
	电子天平	YP10KN	JT-06	正常	

(续)

试 验 次 数	试验前试样质量 m_0 (g)	试验后通过 2.36mm 筛孔的细料质量 m_1 (g)	压碎值 $Q'_a = \dfrac{m_1}{m_0} \times 100(\%)$	
			单值	平均值
1	2413	432	17.9	
2	2413	430	17.8	17.9
3	2413	434	18.0	

说明:

复核:

 思考与讨论

粗集料的力学性质指标主要有压碎值和磨耗率;对于抗滑表层用粗集料而言,其力学性质指标还有哪些?

粗集料的力学性质指标主要有压碎值和磨耗率;对于抗滑表层用集料而言,其力学性质指标还有磨光值、冲击值和磨耗值。

(1) 磨光值(PSV):在现代高速行车条件下,要求路面石料既不产生较大的磨损,又具有良好的耐磨光性能,也就是说对路面粗糙度提出了更高的要求。集料的磨光值是利用加速磨光骨料并以摆式摩擦系数测定仪测定的磨光后骨料的摩擦系数值来确定。集料的磨光值越高,表示其抗滑性越好。

(2) 冲击值(AIV):粗集料的冲击值是指集料抵抗多次连续重复冲击荷载作用的性能,可采用冲击试验测定。

冲击试验方法是选取颗粒径为 9.5～13.2mm 的集料试样,用金属量筒分 3 次捣实的方法确定试用集料数量,将骨料装于冲击试样仪的盛样器中,用捣实杆捣实 25 次使其初步压实,然后用质量为(13.75+0.05)kg 的冲击锤,沿导杆自 380mm+5mm 处,自由落下,继续锤击 15 次,每次锤击间隔时间少于 1s。试验后,采用 2.36mm 筛子筛分并称重,按式(1-26)计算集料的冲击值。

$$AIV = \frac{m_1}{m} \times 100\% \qquad (1-26)$$

式中:AIV——集料的冲击值;

　　　m——试样总质量;

　　　m_1——冲击破碎后通过 2.36mm 筛的试样质量。

(3) 磨耗值(AAV):集料的磨耗值用以评定抗滑表层的集料抵抗车轮撞击磨耗的能力。按我国现行试样规程《公路工程集料试验规程》(ITG E42—2005)的规定,采用道端磨耗试验机来测定集料的磨耗值。其方法是采用选取粒径为 9.5～13.2mm 的洗净集料试验。经养护 24h,拆模取出试件,准确测出试件质量。将试件安装在道瑞磨耗机的托盘上,托盘以 28～30r/min 的转速旋转,磨 500 转后,取出试件,涮净残沙,准确称出试件质量。按式(1-27)计算其磨耗值。

$$AAV = \frac{3(m_1 - m_2)}{\rho_s} \qquad (1-27)$$

式中：AAV——集料的磨耗值；

m_1——磨耗前试件的质量；

m_2——磨耗后试件的质量；

ρ_s——集料的表干密度。

集料的磨耗值越高，表示骨集耐磨性越差。

任务 1.7 细集料密度及检测

 引例

根据委托单要求需要对第一工程项目中的砂子第二工程项目中石屑进行密度检测。

1.7.1 细集料

在沥青混合料中，细集料是指粒径小于 2.36mm 的天然砂、人工砂（包括机制砂）及石屑；在水泥混凝土中，细集料是指粒径小于 4.75mm 的天然砂、人工砂。

砂按来源可将其分为两大类：一类为天然砂；另一类为人工砂。天然砂石岩石在自然条件下分化而成的，因产地不同可分为河砂、山砂、海砂。河砂颗粒表面圆滑，比较洁净，质地较好，产源广；山砂颗粒表面粗糙有菱角，含泥量和有机物含量较多；海砂虽然具有河砂的特点，但因其在海中故常混有贝壳碎片和盐分等有害杂质。人工砂是将岩石轧碎而成的颗粒，表面粗糙，多菱角，较洁净。一般工程上多使用河砂。根据《建筑用砂》(GB/T 14684—2001)标准，砂按要求分为Ⅰ类、Ⅱ类、Ⅲ类三个级别。

1.7.2 细集料密度

细集料的物理常数主要有表现密度、堆积密度和空隙率等。在计算集料的物理常数时，不仅要考虑细集料颗粒中的孔隙(开口孔隙或闭口孔隙)，还要考虑颗粒间的空隙。其体积与质量的关系与粗集料一样。

1. 表观密度

表观密度是单位表观体积(包含矿质实体和闭口孔隙的体积)的质量。可按式(1-28)计算：

$$\rho_a = \frac{m_s}{V_s + V_n} \qquad (1-28)$$

式中：ρ_a——表观密度(g/cm^3)；

m_s——矿质实体的质量(g)；

V_s——矿质实体体积(cm^3)；

V_n——闭口孔隙体积(cm^3)。

2. 堆积密度

细集料的堆积密度是指粗集料在规定条件下，包括集料颗粒间空隙体积、集料矿质实体及其闭口、开口孔隙体积在内的单位毛体积的质量，用 ρ 表示，按式(1-29)计算：

$$\rho = \frac{m_s}{V_s + V_n + V_i + V_v} \quad\quad (1-29)$$

式中： ρ ——细集料的堆积密度（g/cm³）；

m_s ——矿质实体质量（g）；

V_s、V_n、V_i、V_v ——分别为矿质实体体积、闭口孔隙体积、开口孔隙体积、颗粒间隙体积（cm³）。

细集料的堆积密度由于颗粒排列的松紧程度不同，又可分为堆积密度、紧装密度。

3. 空隙率

空隙率是指集料在某种装填状态下的空隙体积（含开口孔隙）占装填体积的百分率，按式(1-30)计算：

$$n = \frac{V_i + V_v}{V_s + V_n + V_i + V_v} \times 100 = \left(1 - \frac{\rho}{\rho_a}\right) \times 100 \quad\quad (1-30)$$

式中： n ——细集料的空隙率（%）；

V_s、V_n、V_i、V_v ——分别为矿质实体体积、闭口孔隙体积、开口孔隙体积、颗粒间隙体积（cm³）。

ρ ——细集料堆积密度（g/cm³）

ρ_a ——细集料表观密度（g/cm³）

1.7.3 容量瓶法测定表观密度

1. 目的与适用范围

用容量瓶法测定细集料（天然砂、石屑、机制砂）在23℃时对水的表观相对密度和表观密度。本方法适用于含有少量大于2.36mm部分的细集料。

2. 仪具与材料

(1) 天平：称量1kg，感量不大于1g。

(2) 容量瓶（图1-17）：500mL。

(3) 烘箱：能控温在105℃±5℃。

(4) 烧杯（图1-17）：500mL。

(5) 洁净水。

(6) 其他：干燥器、浅盘、铝制料勺、温度计等。

3. 试验准备

将缩分至650g左右的试样在温度为105℃±5℃的烘箱中烘干至恒重，并在干燥器内冷却至室温，分成两份备用。

图 1-17 容量瓶、吸耳球、烧杯、漏斗

4. 试验步骤

(1) 称取烘干的试样约300g（m_0），装入盛有半瓶洁净水的容量瓶中（图1-18）。

(2) 摇转容量瓶（图1-19），使试样在已保温至23℃±1.7℃的水中充分搅动以排除气泡，塞紧瓶塞，在恒温条件下静置24h左右，然后用滴管添水，使水面与瓶颈刻度线平齐，再塞紧瓶塞，擦干瓶外水分，称其总质量（m_2）。

(3) 倒出瓶中的水和试样，将瓶的内外表面洗净，再向瓶内注入同样温度的洁净水

（温差不超过 2℃）至瓶颈刻度线，塞紧瓶塞，擦干瓶外水分，称其总质量（m_1）。

图 1-18　砂装入容量瓶试验

图 1-19　摇转容量瓶

注：在砂的表现密度试验过程中应测量并控制水的温度，试验期间的温差不得超过 1℃。

5. 计算

（1）细集料的表观相对密度按式（1-31）计算至小数点后 3 位。

$$\gamma_a = \frac{m_0}{m_0 + m_1 - m_2}$$ 　　　　　（1-31）

式中：γ_a——集料的表观相对密度，无量纲；

　　　m_0——集料的烘干质量（g）；

　　　m_1——水及容量瓶的总质量（g）；

　　　m_2——试样、水及容量瓶的总质量（g）。

（2）表观密度按式（1-32）计算，精确至小数点后 3 位。

$$\rho_a = \frac{m_0}{m_0 + m_1 - m_2}\rho_T$$ 　　　　　（1-32）

式中：ρ_a——细集料的表观密度（g/cm³）；

　　　ρ_T——试验温度 T 时水的密度（g/cm³）。

6. 报告

以两次平行试验结果的算术平均值作为测定值，如两次结果之差值大于 0.01g/cm³ 时，应重新取样进行试验。

7. 填写试验表格

第一个工程项目中砂子密度检测见表 1-23；第二个工程项目中石屑密度检测见表 1-24。

表 1-23　细集料表观密度试验（容量瓶法）记录表

任务单号		检测依据	JTG E42—2005
样品编号		检测地点	
样品名称	砂子	环境条件	温度　℃ 湿度　%
样品描述		试验日期	年　月　日

(续)

主要仪器设备使用情况	仪器设备名称	型号规格	编号	使用情况
	电热鼓风干燥箱	101-3	JT-10	正常
	电子天平	YP1002N	JT-07	正常
	容量瓶	500mL	JT-47	正常

烘干试样质量 m_0 (g)	瓶+水总质量 m_1 (g)	瓶+水+试样总质量 m_2 (g)	表观相对密度 $\gamma_a = \dfrac{m_0}{m_0+m_1-m_2}$		温度修正系数 α_t	表观密度 $\rho_a = (\gamma_a - \alpha_t) \times \rho_w$ (g/cm³)
			单值	平均值		
300.0	647.5	835.5	2.679	2.680	0.003	2.677
300.0	654.1	842.2	2.681			

说明：

复核： 试验：

表1-24 细集料表观密度试验(容量瓶法)记录表

任务单号		检测依据	JTG E42—2005
样品编号		检测地点	
样品名称	石屑	环境条件	温度 ℃ 湿度 %
样品描述		试验日期	年 月 日

主要仪器设备使用情况	仪器设备名称	型号规格	编号	使用情况
	电热鼓风干燥箱	101-3	JT-10	正常在用
	电子天平	YP1002N	JT-07	正常在用
	容量瓶	500mL	JT-47	正常在用

烘干试样质量 m_0 (g)	瓶+水总质量 m_1 (g)	瓶+水+试样总质量 m_2 (g)	表观相对密度 $\gamma_a = \dfrac{m_0}{m_0+m_1-m_2}$		温度修正系数 α_t	表观密度 $\rho_a = (\gamma_a - \alpha_t) \times \rho_w$ (g/cm³)
			单值	平均值		
300	647.5	842.7	2.863	2.863	0.003	2.860
300	654.1	849.3	2.863			

说明：

复核： 试验：

1.7.4 细集料堆积及紧装密度测定(容量筒法)

1. 目的与适用范围

测定砂自然状态下的堆积密度、紧装密度及空隙率。

2. 仪具与材料

(1) 台秤：称量 5kg，感量 5g。

(2) 容量筒（图 1-20）：金属制，圆筒形，内径 108mm，净高 109mm，筒壁厚 2mm，筒底厚 5mm，容积约为 1L。

(3) 标准漏斗（图 1-21）。

(4) 烘箱：能控温在 105℃±5℃。

(5) 其他：小勺、直尺、浅盘等。

图 1-20　容量筒

图 1-21　标准漏斗

3. 试验准备

(1) 试样制备：用浅盘装来样约 5kg，在温度为 105℃±5℃的烘箱中烘干至恒重，取出并冷却至室温，分成大致相等的两份备用。

注：试样烘干后如有结块，应在试验先予捏碎。

(2) 容量筒容积的校正方法：以温度为 20℃±5℃的洁净水装满容量筒，用玻璃板沿筒口滑移，使其紧贴水面，玻璃板与水面之间不得有空隙。擦干筒外壁水分，然后称量，用式(1-33)计算筒的容积 V。

$$V = m_2 - m_1 \qquad (1-33)$$

式中：V——容量筒的容积(mL)；

m_1——容量筒和玻璃板总质量(g)；

m_2——容量筒、玻璃板和水总质量(g)。

4. 试验步骤

(1) 堆积密度。将试样装入漏斗中，打开底部的活动门，将砂流入容量筒中，也可直接用小勺向容量筒中装试样（图 1-22），但漏斗出料口或料勺距容量筒筒口均应为 50mm 左右，试样装满并超出容量筒筒口后，用直尺将多余的试样沿筒口中心线向两个相反方向刮平，称取质量(m_1)。

(2) 紧装密度。取试样 1 份，分两层装入容量筒。装完一层后，在筒底垫放一根直径为 10mm 的钢筋，将筒按住，左右交替颠击地面各 25 下（图 1-23），然后再装入第二层。第二层装满后用同样方法颠实（但筒底所垫钢筋的方向应与第一层放置方向垂直）。两层装完并颠实后，添加试样超出容量筒筒口，然后用直尺将多余的试样沿筒口中心线向两个相反方向刮平，称其质量（m_2）。

图1－22　容量筒中装试样　　　　图1－23　交替颠击

5. 计算

(1) 堆积密度及紧装密度分别按式(1-34)和式(1-35)算至小数点后3位。

$$\rho = \frac{m_1 - m_0}{V} \qquad (1-34)$$

$$\rho' = \frac{m_2 - m_0}{V} \qquad (1-35)$$

式中：ρ——砂的堆积密度（g/cm^3）；

ρ'——砂的紧装密度（g/cm^3）；

m_0——容量筒的质量（g）；

m_1——容量筒和堆积砂的总质量（g）；

m_2——容量筒和紧装砂的总质量（g）；

V——容量筒容积（mL）。

(2) 砂的空隙率按式(1-36)计算，精确至0.1%。

$$n = \left(1 - \frac{\rho}{\rho_a}\right) \times 100 \qquad (1-36)$$

式中：n——砂的空隙率（%）；

ρ——砂的堆积或紧装密度（g/cm^3）；

ρ_a——砂的表观密度（g/cm^3）。

6. 报告

以两次试验结果的算术平均值作为测定值。

7. 填写试验表格

第一个工程项目中砂子堆积密度检测见表1-25。

思考与讨论

请证明 $n = \dfrac{V_i + V_v}{V_s + V_n + V_i + V_v} \times 100 = \left(1 - \dfrac{\rho}{\rho_a}\right) \times 100$

表 1-25 细集料堆积密度及紧装密度试验记录表

任务单号			
样品编号			
样品名称	砂子		
样品描述			
检测依据	JTG E42—2005		
检测地点			
环境条件	温度 ℃ 湿度 %		
试验日期	年 月 日		

主要仪器设备使用情况	仪器设备名称	型号规格	编号	使用情况
	电热鼓风干燥箱	101-3	JT-10	正常
	电子天平	YP1002N	JT-07	正常
	容量筒	1000mL	JT-12	正常

容量筒、玻璃板和水总质量 m_2' (g)	容量筒和玻璃板总质量 m_1' (g)	容量筒容积 $V=m_2'-m_1'$ (mL)	容量筒的质量 m_0 (g)	容量筒和堆积密度砂总质量 m_1 (g)	砂的堆积密度 $\rho=\dfrac{m_1-m_0}{V}$ (g/cm³) 单值	平均值	砂的表观密度 ρ_a (g/cm³)	砂的空隙率 $n=\left(1-\dfrac{\rho}{\rho_a}\right)\times100$ %	容量筒和紧装密度砂总质量 m_2 (g)	砂的紧装密度 $\rho=\dfrac{m_2-m_0}{V}$ (g/cm³) 单值	平均值
1580.4	593.4	987.0	493.4	1956.5	1.482	1.483	2.680	44.7	2082.6	1.610	1.610
				1957.4	1.483				2083.1	1.611	

备注：

复核： 试验： 记录：

任务 1.8　细集料级配及检测

引例

根据委托单要求需要对第一工程项目中的砂子第二工程项目中的石屑进行级配检测。

1.8.1　细集料级配

级配是集料各级粒径颗粒的分配情况，砂的级配可通过砂的筛分试验确定。

1.8.2　细集料筛分试验

1. 目的与适用范围

测定细集料(天然砂、人工砂、石屑)的颗粒级配及粗细程度。对水泥混凝土用细集料可采用干筛法，如果需要也可采用水洗法筛分；对沥青混合料及基层用细集料必须用水洗法筛分。

注：当细集料中含有粗集料时，可参照此方法用水洗法筛分，但需特别注意保护标准筛筛面不遭损坏。

2. 仪具与材料

(1) 标准筛。

(2) 天平：称量 1000g，感量不大于 0.5g。

(3) 摇筛机。

(4) 烘箱：能控温在 105℃±5℃。

(5) 其他：浅盘和硬、软毛刷等。

3. 试验准备

根据样品中最大粒径的大小，选用适宜的标准筛，通常为 9.5mm 筛(水泥混凝土用天然砂)或 4.75mm 筛(沥青路面及基层用天然砂、石屑、机制砂等)筛除其中的超粒径材料，然后将样品在潮湿状态下充分拌匀，用分料器法或四分法缩分至每份小少于 550g 的试样两份，在 105℃±5℃ 的烘箱中烘干至恒重，冷却至室温后备用。

注：恒重系指相邻两次称量间隔时间大于 3h(通常不少于 6h)的情况下，前后两次称量之差小于该项试验所要求的称量精密度，下同。

4. 试验步骤

1) 干筛法试验步骤

(1) 准确称取烘干试样约 500g(m_1)，准确至 0.5g，置于套筛的最上面一只，即 4.75mm 筛上，将套筛装入摇筛机(图 1-24)，摇筛约 10min，然后取出套筛，再按筛孔大小顺序，从最大的筛号开始，在清洁的浅盘上逐个进行手筛，直到每分钟的筛出量不超过筛上剩余量的 0.1% 时为止，将筛出通过的颗粒并入下一号筛，和下一号筛中的试样一起过筛，以此顺序进行至各号筛全部筛完为止。

注：① 试样如为特细砂时，试样质量可减少到 100g。

② 如试样含泥量超过 5%，不宜采用干筛法。

③ 无摇筛机时，可直接用手筛。

(2) 称量各筛筛余试样的质量(图 1-25)，精确至 0.5g。所有各筛的分计筛余量和底盘中剩余量的总量与筛分前的试样总量，相差不得超过后者的 1%。

图 1-24　摇筛机摇筛　　　　　　　图 1-25　分计筛余称量

2) 水洗法试验步骤

(1) 准确称取烘干试样约 500g(m_1)，准确至 0.5g。

(2) 将试样置一洁净容器中，加入足够数量的洁净水，将集料全部淹没。

(3) 用搅棒充分搅动集料，将集料表面洗涤干净，使细粉悬浮在水中，但不得有集料从水中溅出。

(4) 用 1.18mm 筛及 0.075mm 筛组成套筛，仔细将容器中混有细粉的悬浮液徐徐倒出，经过套筛流入另一容器中，但不得将集料倒出。

注：不可直接倒至 0.075mm 筛上，以免集料掉出损坏筛面。

(5) 重复步骤(2)～(4)，直至倒出的水洁净且小于 0.075mm 的颗粒全部倒出。

(6) 将容器中的集料倒入搪瓷盘中，用少量水冲洗，使容器上黏附的集料颗粒全部进入搪瓷盘中，将筛子反扣过来，用少量的水将筛上集料冲入搪瓷盘中。操作过程中不得有集料散失。

(7) 将搪瓷盘连同集料一起置于 105℃±5℃烘箱中烘干至恒重，称取干燥集料试样的总质量(m_2)，准确至 0.1%。m_1 与 m_2 之差即为通过 0.075mm 筛部分。

(8) 将全部要求筛孔组成套筛(但不需 0.075mm 筛)，将已经洗去小于 0.075mm 部分的干燥集料置于套筛上(通常为 4.75mm 筛)，将套筛装入摇筛机，摇筛约 10min，然后取出套筛，再按筛孔大小顺序，从最大的筛号开始，在清洁的浅盘上逐个进行手筛，直至每分钟的筛出量不超过筛上剩余量的 0.1%时为止，将筛出通过的颗粒并入下一号筛，和下一号筛中的试样一起过筛，这样顺序进行，直至各号筛全部筛完为止。

注：如为含有粗集料的集料混合料，套筛筛孔根据需要选择。

（9）称量各筛筛余试样的质量，精确至0.5g。所有各筛的分计筛余量和底盘中剩余量的总质量与筛分前后试样总量 m_2 的差值不得超过后者的1%。

5. 计算

（1）计算分计筛余百分率。各号筛的分计筛余百分率为各号筛上的筛余量除以试样总量（m_1）的百分率，精确至0.1%。对沥青路面细集料而言，0.15mm筛下部分即为0.075mm的分计筛余，测得的 m_1 与 m_2 之差即为小于0.075mm的筛底部分，按式（1-37）计算，精确至0.1%。

$$a_i = \frac{m_i}{M} \times 100 \qquad (1-37)$$

式中：a_i——某号筛的分计筛余百分率（%）；

m_i——存留在某号筛上的质量（g）；

M——试样的总质量（g）。

（2）计算累计筛余百分率。各号筛的累计筛余百分率为该号筛及大于该号筛的各号筛的分计筛余百分率之和，按式（1-38）计算，精确至0.1%。

$$A_i = a_1 + a_2 + \cdots + a_i \qquad (1-38)$$

式中：$a_1, a_2, \cdots, a_i$——各筛的分计筛余百分率（%）。

A_i——某号筛累计筛余百分率（%）。

（3）计算质量通过百分率。各号筛的质量通过百分率等于100减去该号筛的累计筛余百分率，按式（1-38）计算，精确至0.1%。

$$P_i = 100 - A_i \qquad (1-39)$$

式中：P_i——通过百分率（%）

（4）根据各筛的累计筛余百分率或通过百分率，绘制级配曲线。

（5）天然砂的细度模数按式（1-40）计算，精确至0.01。

$$M_x = \frac{(A_{0.15} + A_{0.3} + A_{0.6} + A_{1.18} + A_{2.36}) - 5A_{4.75}}{100 - A_{4.75}} \qquad (1-40)$$

式中：M_x——砂的细度模数；

$A_{0.15}, A_{0.3}, \cdots, A_{4.75}$——分别为0.15mm，0.3mm，…，4.75mm各筛上的累计筛余百分率（%）。

（6）进行两次平行试验，以试验结果的算术平均值作为测定值。如两次试验所得的细度模数之差大于0.2，应重新进行试验。

6. 填写试验表格

第一个工程项目中砂子级配检测见表1-26；第二个工程项目中石屑级配检测见表1-27。

 思考与讨论

筛分试验目的是什么？哪些试验结果会导致筛分试验需要重做？

表 1-26　水泥混凝土用细集料筛分试验记录表

任务单号				检测依据		JTG E42—2005	
样品编号				检测地点			
样品名称		砂子		环境条件		温度　℃ 湿度　%	
样品描述				试验日期		年　月　日	

主要仪器设备使用情况	仪器设备名称	型号规格	编号	使用情况
	集料标准筛	0.075～0.6mm 1.18～53mm	JT-18.19	正常
	电子天平	YP1002N	JT-07	正常
	顶击式振筛机	SZS	JT-03	正常
	电热鼓风干燥箱	101-3	JT-10	正常

＞9.5mm 含量		试验前质量(g)	＞9.5mm 质量(g)	＞9.5mm 含量(%)
		500.0	0.0	0.0

筛孔尺寸(mm)	试样总质量 m_{10}(g) 500.0 分计筛率质量 m_{1i}(g)	分计筛率百分率 $a_{1i}=\dfrac{m_{1i}}{m_{10}}\times100$ (%)	累计筛率百分率 $A_{1i}=a_{11}+\cdots+a_{1i}$ (%)	试样总质量 m_{20}(g) 500.0 分计筛率质量 m_{2i}(g)	分计筛率百分率 $a_{2i}=\dfrac{m_{2i}}{m_{20}}\times100$ (%)	累计筛率百分率 $A_{2i}=a_{21}+\cdots+a_{2i}$ (%)	平均累计筛率百分率 $A_i=\dfrac{A_{1i}+A_{2i}}{2}$ (%)	质量通过百分率 $P_i=100-A_i$ (%)	颗粒级配区累计筛率(Ⅱ)区 (%)
9.5	0.0	0.0	0.0	0.0	0.0	0.0	0.0	100.0	0
4.75	42.0	8.4	8.4	44.0	8.8	8.8	8.6	91.4	10～0
2.36	54.0	10.8	19.2	53.0	10.6	19.4	19.3	80.7	25～0
1.18	46.8	9.4	28.6	45.0	9.0	28.4	28.5	71.5	50～10
0.6	113.3	22.7	51.2	112.0	22.4	50.8	51.0	49.0	70～41
0.3	157.0	31.4	82.6	159.0	31.8	82.6	82.6	17.4	92～70
0.15	77.0	15.4	98.0	79.0	15.8	98.4	98.2	1.8	100～90
＜0.15	5.0	1.0	99.0	5.0	1.0	99.4	99.2	0.8	
筛分后总量 $\sum m$(g)	495.1	损耗率	0.98	497.0	损耗率	0.6			

说明：

复核：　　　　　　　　　　　　　　　　　　　　　　　　　　试验：

水泥混凝土用细集料曲线图

细度模数		1	2
$M_x = \dfrac{(A_{0.15}+A_{0.3}+A_{0.6}+A_{1.18}+A_{2.36})-5A_{4.75}}{100-A_{4.75}}$	单值	2.59	2.58
	平均值	2.59	

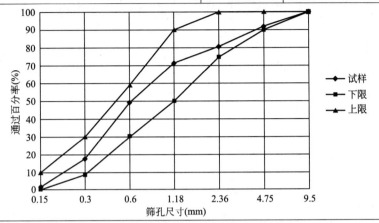

说明：

复核：   试验：

表1-27 沥青路面用细集料筛分试验记录表

任务单号		检测依据		JTG E42—2005	
样品编号		检测地点			
样品名称	石屑	环境条件		温度 ℃ 湿度 %	
样品描述		试验日期		年 月 日	
主要仪器设备使用情况	仪器设备名称	型号规格	编号	使用情况	
	集料标准筛	0.075~0.6mm 1.18~53mm	JT-18.19	正常	
	电子天平	YP1002N	JT-07	正常	
	顶击式振筛机	SZS	JT-03	正常	
	电热鼓风干燥箱	101-3	JT-10	正常	

试验次数	试验前总质量 m_1(g)	洗净后烘干总质量 m_2(g)	<0.075mm 质量 $m_{<0.075}=m_1-m_2$(g) $m_{i<0.075}=m_{iA}-m_{iB}$
1	500	459.0	41.0
2	500	456.0	44.0

（续）

筛孔尺寸(mm)	分计筛余质量 m_{1i} (g)	分计筛余百分率 $a_{1i}=\dfrac{m_{1i}}{m_{1A}}$ (%)	累计筛余百分率 $A_{1i}=a_{11}+\cdots+a_{1i}$ (%)	分计筛余质量 m_{2i} (g)	分计筛余百分率 $a_{2i}=\dfrac{m_{2i}}{m_{2A}}$ (%)	累计筛余百分率 $A_{2i}=a_{21}+\cdots+a_{2i}$ (%)	平均累计筛余百分率 $A_i=\dfrac{A_{1i}+A_{2i}}{2}$ (%)	质量通过百分率 $P_i=100-A_i$ (%)	颗粒级配区 S16 (%)
9.5	0.0	0.0	0.0	0.0	0.0	0.0	0.0	100.0	
4.75	2.5	0.5	0.5	1.5	0.3	0.3	0.4	99.6	100
2.36	157.5	31.5	32.0	160.5	32.1	32.4	32.2	67.8	80～100
1.18	113.0	22.6	54.6	110.0	22.0	54.4	54.5	45.5	50～80
0.6	67.0	13.4	68.0	72.0	14.4	68.8	68.4	31.6	25～60
0.3	47.5	9.5	77.5	37.5	7.5	76.3	76.9	23.1	8～45
0.15	32.0	6.4	83.9	36.0	7.2	83.5	83.7	16.3	0～25
0.075	38.5	7.7	91.6	37.5	7.5	91.0	91.3	8.7	0～15
<0.075	41.0	8.2	100.0	44.0	8.8	100	100	0.0	
筛分后总量 $\sum m_i$ (g)	495.1	损耗率	0.98	497.0	损耗率	0.6			

备注：

任务 1.9　细集料含泥量、泥块含量及检测

 引例

根据委托单要求需要对第一工程项目中的砂子和第二工程项目中的石屑进行含泥量、泥块含量检测。

1.9.1　含泥量、泥块含量

含泥量是指集料中粒径小于 0.075mm 的颗粒含量。

泥块含量是指细集料中原尺寸大于 1.18mm，经水洗后小于 0.6mm 的颗粒含量。

存在于集料中或包裹在集料表面的泥土会降低水泥水化反应速度，也会妨碍集料与水泥或沥青的黏附性，影响混合料的整体强度。

1.9.2　筛洗法检测含泥量、泥块含量

1. 目的与适用范围

（1）本方法仅用于测定天然砂中粒径小于 0.075mm 的尘屑、淤泥和黏土的含量。本方法不适用于人工砂、石屑等矿粉成分较多的细集料。

（2）测定混凝土用砂中颗粒大于 1.18mm 的泥块含量。

2. 仪具与材料

（1）天平：称量 1kg，感量不大于 1g。

（2）烘箱：能控温在 105℃±5℃。

（3）标准筛：孔径 0.075mm、孔径 0.6mm 及 1.18mm 的方孔筛。

（4）其他：筒、浅盘等。

3. 筛洗法检测含泥量试验准备

将来样用四分法缩分至每份约 1000g，置于温度为 105℃±5℃的烘箱中烘干至恒重，冷却至室温后，称取约 400g（m_0）的试样两份备用。

4. 筛洗法检测含泥量试验步骤

（1）取烘干的试样一份置于筒中，并注入洁净的水，使水面高出砂面约 200mm，充分拌和均匀后，浸泡 24h，然后用手在水中淘洗试样，使尘屑、淤泥和黏土与砂粒分离，并使之悬浮于水中，缓缓地将浑浊液倒入 1.18mm 至 0.075mm 的套筛上，滤去小于 0.075mm 的颗粒，试验前筛子的两面应先用水湿润，在整个试验过程中应注意避免砂粒丢失。

注：不得直接将试样放在 0.075mm 筛上用水冲洗，或者将试样放在 0.075mm 筛上后在水中淘洗，以免误将小于 0.075mm 的砂颗粒当做泥冲走。

（2）再次加水于筒中，重复上述过程，直至筒内砂样洗出的水清澈为止。

（3）用水冲洗剩留在筛上的细粒，并将 0.075mm 筛放在水中（使水面略高出筛中砂粒的上表面）来回摇动，以充分洗除小于 0.075mm 的颗粒；然后将两筛上筛余的颗粒和筒中已经洗净的试样一并装入浅盘，置于温度为 105℃±5℃的烘箱中烘干至恒重，冷却至室温，称取试样的质量（m_1）。

5. 筛洗法检测泥块试验准备

将来样用四分法缩分至每份约 2500g，置于温度为 105℃±5℃的烘箱中烘干至恒重，冷却至室温后，用 1.18mm 筛筛分，取筛上的砂约 400g（m_0）的试样两份备用。

6. 筛洗法检测泥块试验步骤

取烘干的试样一份置于筒中，并注入洁净的水，使水面高出砂面约 200mm，充分拌和均匀后，静置 24h，然后用手在水中捻碎泥块，再把试样放在 0.6mm 筛上，用水淘洗至水清澈为止。

筛余下来的试样应小心从筛里取出，并在温度为 105℃±5℃的烘箱中烘干至恒重，冷却至室温，称取试样的质量（m_2）。

7. 计算

砂的含泥量按式（1-41）计算至 0.1%。

$$Q_n = \frac{m_0 - m_1}{m_0} \times 100 \tag{1-41}$$

式中：Q_n——砂的含泥量（%）；

m_0——试验前的烘干试样质量（g）；

m_1——试验后的烘干试样质量（g）。

市政工程**材料**

以两个试样试验结果的算术平均值作为测定值。两次结果的差值超过0.5%时，应重新取样进行试验。

砂的泥块含量按式(1-42)计算至0.1%。

$$Q_k = \frac{m_1 - m_2}{m_1} \times 10 \tag{1-42}$$

式中：Q_k——砂的含泥量(%)；

　　　m_1——试验前的烘干试样质量(g)；

　　　m_2——试验后的烘干试样质量(g)。

以两个试样试验结果的算术平均值作为测定值。两次结果的差值超过0.4%时，应重新取样进行试验。

8. 填写试验表格

第一个工程项目中砂子含泥量、泥块含量检测见表1-28；第二个工程项目中石屑含泥量、泥块含量检测见表1-29。

表1-28　细集料含泥量试验记录表

任务单号			检测依据		
样品编号			检测地点		
样品名称		砂子	环境条件		温度　℃ 湿度　%
样品描述			试验日期		年 月 日
主要仪器设备使用情况	仪器设备名称	型号规格	编号		使用情况
	电热鼓风干燥箱	101-3	JT-10		正常
	电子静水天平	MP61001J	JT-08		正常
	集料标准筛	0.075~0.6mm、1.18~53mm	JT-18、19		正常

烘干原试样质量 m_0 (g)	冲洗烘干后试样质量 m_1 (g)	含泥量 $Q_n = \frac{m_0 - m_1}{m_0} \times 100$ (%)	
		单值	平均值
400.0	398.0	0.5	0.5
400.0	398.4	0.4	

烘干原试样质量 m_1 (g)	冲洗烘干后试样质量 m_2 (g)	泥块含量 $Q_k = \frac{m_1 - m_2}{m_1} \times 100$ (%)	
		单值	平均值
200.0	200.0	0.0	0.0
200.0	200.0	0.0	

说明：

复核：　　　　　　　　　　　　　　　　　　　　　　　试验：

表1-29 细集料含泥量试验记录表

任务单号			检测依据	
样品编号			检测地点	
样品名称	石屑		环境条件	温度 ℃ 湿度 %
样品描述			试验日期	年 月 日

主要仪器设备使用情况	仪器设备名称	型号规格	编号	使用情况
	电热鼓风干燥箱	101-3	JT-10	正常在用
	电子静水天平	MP61001J	JT-08	正常在用
	集料标准筛	0.075~0.6mm、1.18~53mm	JT-18、19	正常在用

烘干原试样质量 m_0 (g)	冲洗烘干后试样质量 m_1 (g)	含泥量 $Q_n=\dfrac{m_0-m_1}{m_0}\times100$ (%)	
		单值	平均值
400.0	398.4	0.4	0.4
400.0	399.0	0.3	

烘干原试样质量 m_1 (g)	冲洗烘干后试样质量 m_2 (g)	泥块含量 $Q_k=\dfrac{m_1-m_2}{m_1}\times100$ (%)	
		单值	平均值
200.0	200.0	0.0	0.0
200.0	200.0	0.0	

说明：

复核： 试验：

思考与讨论

粗细集料的含泥量和泥块含量测定有何区别？

任务 1.10 完成集料检测项目报告

检 测 报 告

报告编号：JL2012-1

检测项目：_____集料检测_____

委托单位：_____

受检单位：_____

检测类别：_____委托_____

班级		检测小组组号	
组长		手机	
检测小组成员			

地址：   邮政编码：

电话：   电子信箱：

检 测 报 告

报告编号： 共 页 第 页

样品名称	砂子、碎石	检测类别	委托
委托单位		送样人	
见证单位		见证人	
受检单位		样品编号	JL2012-1
工程名称		规格或牌号	
现场桩号或结构部位		厂家或产地	
抽样地点		出产日期	
样本数量		取样(成型)日期	
代表数量		收样日期	
样品描述	袋装，符合检测要求	检测日期	
附加说明	砂子　规格：中砂 碎石　规格：5～31.5mm		

检 测 声 明

1. 本报告无检测实验室"检测专用章"或公章无效；

2. 本报告无编制、审核和批准人签字无效；

3. 本报告涂改、错页、换页、漏页无效；

4. 复制报告未重新加盖本检测实验室"检测专用章"或公章无效；

5. 未经本检测实验室书面批准，本报告不得复制报告或作为他用；

6. 如对本检测报告有异议或需要说明之处，请于报告签发之日起十五日内向本单位提出；

7. 委托试验仅对来样负责。

检 测 报 告

报告编号：   共　页　第　页

检测参数	计量单位	技术要求	检测结果	单项评定
碎石①表观密度	g/cm³		2.780	
碎石①毛体积密度	g/cm³		2.679	
碎石①含泥量	%		0.1	
碎石①泥块含量	%		0.0	
碎石①针片状颗粒含量	%		4.7	
碎石①压碎值	%		8.7	
砂子表观密度	g/cm³		2.677	
砂子堆积密度	kg/m³		1.482	
砂子空隙率	%		44.7	
砂子含泥量	%		0.4	
砂子泥块含量	%		0.0	

矿料名称	通过下列筛孔(mm)的百分率(%)							
砂子	9.5	4.75	2.36	1.16	0.6	0.3	0.15	<0.15
	100.0	91.4	80.7	71.5	49.0	17.4	1.8	0.8
碎石	31.5	26.5	19	16	9.5	4.75	2.36	1.18
	100.0	100.0	75.2	51.8	27.4	2.4	0.6	0

检测依据/综合判定原则	检测依据：《公路工程集料试验规程》（JTG E42－2005 ）
检测结论	见本页

备注：

编制：　　　　　　审核：　　　　　　批准：　　　　　　签发日期：（盖章）

检 测 报 告

报告编号：共 页 第 页

检测参数	计量单位	技术要求	检测结果	单项评定
碎石②表观密度	g/cm³		2.933	
碎石③表观密度			2.917	
碎石②毛体积密度	g/cm³		2.851	
碎石③毛体积密度			2.858	
碎石②含泥量	%		0.5	
碎石③含泥量			0.1	
碎石②泥块含量	%		0.0	
碎石③泥块含量			0.0	
碎石②针片状颗粒含量	%		11.0	
碎石③针片状颗粒含量			13.3	
碎石②压碎值	%			
碎石③压碎值			17.9	
石屑表观密度	g/cm³		2.860	
石屑含泥量	%		0.4	
石屑泥块含量	%		0.0	

矿料名称	通过下列筛孔(mm)的百分率(%)								
石屑	9.5	4.75	2.36	1.18	0.6	0.3	0.15	0.075	<0.075
	100	99.6	67.8	45.5	31.6	23.1	16.3	8.7	0.0
碎石②	13.2	9.5	4.75	2.36	1.18	0.6	0.3	0.15	0.075
	100.0	99.8	30.7	5.2	2.3	1.7	1.6	1.5	0.8
碎石③	16	13.2	9.5	4.75	2.36	1.18	0.6	0.3	0.15	0.075
	100	89.2	44.8	11.2	5.3	3.6	3.1	2.8	2.4	0.8

检测依据/综合判定原则	检测依据：《公路工程集料试验规程》(JTG E42—2005)
检测结论	见本页

备注：

编制：审核：批准：签发日期：(盖章)

专业知识延伸阅读

1. 岩石的技术性质

岩石的技术性质主要包括物理性质、力学性质和化学性质。

1) 物理性质

岩石的物理性质包括：物理常数（如真实密度、毛体积密度和孔隙率）、吸水性（如吸水率、饱和吸水率）和耐候性。

（1）物理常数。岩石的物理常数是岩石矿物组成结构状态的反映，它与岩石的技术性质有密切的关系，岩石的内部组成结构主要是由矿质实体和孔隙［包括与外界连通的开口孔隙（图1-26）和不与外界连通的闭口孔隙］组成，各部分质量与体积的关系如图1-27所示。

图 1-26　岩石外观示意图

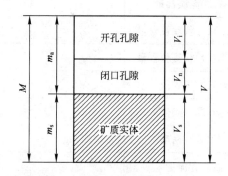

图 1-27　岩石质量体积关系图

① 真实密度。岩石的真实密度是岩石在规定条件（105～110℃下烘干至恒重，温度20℃±2℃下称量）下单位体积（不包括开口和闭口孔隙）的质量，用 ρ_t 表示。由图1-27岩石质量体积关系可表示为式（1-43）：

$$\rho_t = \frac{m_s}{V_s} \tag{1-43}$$

式中：ρ_t——岩石的真实密度（g/cm³）；

　　　m_s——岩石矿质实体的质量（g）；

　　　V_s——岩石矿质实体的体积（cm³）。

由于测定岩石密度是在空气中称量岩石质量的，所以岩石中的空气质量 $m_a=0$，矿质实体的质量就等于岩石的质量，即 $m_s=M$，故式（1-43）可改写为式（1-44）：

$$\rho_t = \frac{M}{V_s} \tag{1-44}$$

 特别提示

岩石真实密度的测定方法按我国现行《公路工程岩石试验规程》（JTG E41—2005）采用"密度瓶法"。将岩石样品粉碎磨细后，在105～110℃下烘干至恒重，温度20℃±2℃下称量其质量。然后在密度瓶内加水经煮沸后，使水充分进入孔隙中，通过"置换法"测定真实体积。最后计算其真实密度。岩石的密度越大，其工程性能越好，一般工程用岩石的密度为 2.5～3.1g/cm³。

② 毛体积密度。岩石的毛体积密度是岩石在规定条件下，烘干岩石(包括矿质实体和孔隙体积)单位体积的质量。根据岩石的含水状态，毛体积密度可分为干密度、饱和密度和天然密度。毛体积密度用 ρ_b 表示，单位为 g/cm³。由图 1-27 体积与质量的关系可表示为式(1-45)：

$$\rho_b = \frac{m_s}{V_s + V_n + V_i} \tag{1-45}$$

式中：　　ρ_b——岩石的毛体积密度(g/cm³)；

　　　　　m_s——矿质实体的质量(g)；

V_s、V_n、V_i——分别为矿质实体体积、闭口孔隙体积、开口孔隙体积(cm³)。

由于 $m_s = M$，岩石的矿质实体体积与孔隙体积之和即岩石的毛体积，$V_s + V_n + V_i = V$，故式(1-45)可改写为式(1-46)：

$$\rho_b = \frac{M}{V} \tag{1-46}$$

特别提示

毛体积密度的测定方法，按我国现行《公路工程岩石试验规程》(JTG E41—2005)规定，利用量积法、水中称量法和蜡封法来测定毛体积密度。量积法适用于能制备成规则试件的各类岩石；水中称量法适用于除遇水崩解、溶解和干缩膨胀的其他各类岩石；蜡封法适用于不适用上述两种方法试验的岩石。毛体积密度越大，岩石的孔隙率越小，工程性能越好。

③ 孔隙率。岩石的孔隙率是岩石的孔隙体积占其总体积的百分率。孔隙率用 n 表示，单位为％。由图 1-27 可表示为式(1-47)：

$$n = \frac{V_n + V_i}{V} \times 100 \tag{1-47}$$

孔隙率也可由真实密度和毛体积密度计算求得，由式(1-48)得：

$$n = \left(1 - \frac{\rho_b}{\rho_t}\right) \times 100 \tag{1-48}$$

岩石的物理常数不仅反映岩石内部组成状态，而且间接地反映岩石的力学性质(例如，相同矿物组成的岩石，孔隙率越低，其强度越高)。尤其是岩石的孔结构，会影响其所轧制成的集料与水泥或沥青的吸收、吸附等化学作用的程度。

(2) 吸水性。岩石吸水性是在规定的条件下吸收水的能力。由于岩石的孔结构(孔隙尺寸和分布状态)的差异，在不同试验条件下吸收能力不同，为此，我国现行《公路工程岩石试验规程》(JTG E41—2005)规定，采用吸水率和饱水率两项指标来表征岩石的吸水性。

① 吸水率。岩石吸水率是指在室内常温(20℃±2℃)和大气压条件下，岩石试件最大的吸水质量占烘干(105～110℃干燥至恒重)岩石试件质量的百分率。岩石吸水率采用自由吸水法测定。岩石吸水率按式(1-49)计算：

$$w_x = \frac{m_2 - m_1}{m_1} \times 100 \tag{1-49}$$

式中：w_x——岩石试件的吸水率(%)；

    m_1——烘干至恒重时的试件质量(g)；

    m_2——吸水至恒重时试件质量(g)。

 特别提示

    按我国现行《公路工程岩石试验规程》(JTG E41—2005)规定，吸水率采用自由吸水法测定。其方法为首先将试件放入温度为105～110℃的烘箱内，12～24h取出，冷却至室温，称其质量；然后把试件放入盛水容器内，每2h注水1/4，直至高出试件20mm，自由吸水48h后，取出、擦干并称其质量；最后代入式(1-49)计算。

    ② 饱水率。岩石饱水率是在室内常温(20℃±2℃)和真空抽气(抽气真空度为残压2.67kPa)后的条件下，岩石试件最大吸收质量占烘干岩石试件质量的百分率。饱水率大于吸水率。饱水率的计算方法与吸水率相似。岩石饱水率采用沸煮法或真空抽气法测定。

    吸水率、饱水率能有效地反映岩石微裂隙的发育程度，可用来判断岩石的抗冻性和抗分化等性能。

    (3) 耐候性。道路与桥梁都是暴露于大自然中无遮盖的建筑物，经常受到各种自然因素的影响，用于道路与桥梁建筑的岩石抵抗大气自然因素作用的性能称为耐候性。

    天然岩石在道路和桥梁结构物中，长期受到各种自然因素的综合作用，力学强度逐渐衰降。工程使用中引起岩石组织结构的破坏而导致力学强度降低的因素，首先是温度的变化；其次是岩石在潮湿的条件下，受到正、负气温的交替冻融作用，引起岩石内部组织结构的破坏。在这两种因素中究竟何者为主，需根据气候条件决定。在大多数地区，后者占主导地位。目前已列入我国《公路工程岩石试验规程》(JTG E41—2005)的耐候性指标有抗冻性和坚固性。

    ① 抗冻性。岩石试样在饱和状态下抵抗反复冻结和融化的性能为抗冻性。

    一般采用经过规定冻融循环后的质量损失百分率和冻融系数表征其抗冻性。即

$$L = \frac{m_s - m_f}{m_s} \times 100 \tag{1-50}$$

式中：L——试件经冻融循环后的质量损失百分率(%)；

    m_s——试验前烘干试件的质量(g)；

    m_f——试验后烘干试件的质量(g)。

    冻融系数是反映石料试件经冻融循环试验后，其强度的变化程度，按式(1-51)计算。

$$K = \frac{R_2}{R_1} \times 100 \tag{1-51}$$

式中：K——冻融系数；

    R_1——未经冻融循环试验的石料试件的饱水抗压强度(MPa)；

    R_2——经冻融循环试验后的石料试件的饱水抗压强度(MPa)。

    水在结冰时，体积增大约9%，对孔壁产生约100MPa的压力，在压力的反复作用下孔壁会开裂，但当岩石吸收水分体积占开口孔隙体积90%以下时，岩石不会因冻结而产生破坏。因此对岩石抗冻性要求，要根据岩石本身吸水率大小及所处的环境和气候条件来考虑。一般要求在寒冷地区，冬季月平均气温低于-15℃(因岩石本身毛细孔中的水在此温

度下才结冰)的重要工程,岩石吸水率大于0.5%时,都需要对岩石进行抗冻性试验。

 特别提示

按我国现行《公路工程岩石试验规程》(JTG E41—2005)规定,抗冻性采用直接冻融法测定。其方法是岩石试样在饱和状态下,在−15℃时冻结4h后,放入20℃±5℃水中溶解4h,为冻融循环一次,如此反复冻结和融化至规定的次数为止。经历规定的冻融循环次数(如10次、15次、25次等),详细检查各时间有无剥落、裂缝、分层及掉脚等现象,并记录检查情况。将冻融试验后的试件烘至恒重,称其质量,并计算岩石的冻融质量损失率。

② 坚固性。评定岩石试样经饱和硫酸钠溶液多次浸泡与烘干循环后,不发生显著破坏或强度降低的性能。

采用经过饱和硫酸钠多次浸泡与烘干循环后的质量损失百分率表征其坚固性。即

$$Q = \frac{m_1 - m_2}{m_1} \times 100 \qquad (1-52)$$

式中：Q——试件经硫酸钠溶液多次浸泡后的质量损失率(%);

m_1——试验前烘干试件的质量(g);

m_2——试验后烘干试件的质量(g)。

 特别提示

按我国现行《公路工程岩石试验规程》(JTG E41—2005)规定,坚固性测定方法是将烘干岩石试件置于饱和硫酸钠溶液中浸泡20h后,将试件取出置于105～110℃的烘箱内烘烤4h,完成第一个循环。待试件冷却至20～25℃后,即可开始第二个循环。从第二个循环开始起,浸泡和烘烤的时间均为4h。待完成5个循环后,观察试件有无破坏现象,将试件洗净烘干,并称其质量。计算质量损失率。

2) 力学性质

(1) 单轴抗压强度。道路用石料的单轴抗压强度,按《公路工程岩石试验工程》(JTG E41—2005)的规定,将石料制备成标准试件(道路工程用石料制备成边长为50mm±2mm的立方体试件;桥梁工程用石料制备成边长为70mm±2mm的立方体试件),经吸水饱和后,在单轴受压并按规定的加载条件下,达到极限破坏时的抗压强度,按式(1-53)计算:

$$R = \frac{P}{A} \qquad (1-53)$$

式中：R——石料的极限单轴抗压强度(MPa);

P——石料受压破坏时的极限荷载值(N);

A——石料受力截面积(mm^2)。

石料的单轴抗压强度取决于石料的组成结构(如矿物组成、岩石结构和构造、裂隙分布等),同时取决于试验条件(如试件的几何外形、加载速度、温度和湿度等)。

(2) 磨耗性。是指石料抵抗撞击、边缘剪力和摩擦等联合作用的性质。按《公路工程集料试验规程》(JTG E42—2005)采用洛杉矶磨耗试验法测定。

试验机是由一个直径为 710mm±5mm、内侧长为 510mm±5mm 的圆鼓和鼓中的搁板所组成。试验用的试样是按一定规格组成的级配石料，总质量为(5000±50)g。把试样加入磨耗鼓的同时，加入 12 个钢球，钢球总质量为(5000±50)g。磨耗鼓以 30～33r/min 的速度旋转，在旋转时，由于搁板的作用，可将石料和钢球带到高处落下。经 500 次旋转后，将石料试样取出，用边长为 1.7mm 的方孔筛筛去试验中的石屑，用水洗净留在筛上的试样，烘干至恒重并称其质量。石料的磨耗率按式(1-54)计算：

$$Q = \frac{m_1 - m_2}{m_1} \times 100\% \qquad (1-54)$$

式中：Q——石料磨耗率；

m_1——装入圆桶中的试样质量(g)；

m_2——试验后洗净烘干的试样质量(g)。

3）岩石的化学性质

构成岩石的各种造岩矿物具有不同的化学成分，当岩石受雨水和大气中的气体(O_2、CO_2、CO、SO_2、SO_3 等)作用时，会发生化学反应，这种现象称为化学风化。化学反应主要有水化、氧化、还原、溶解、脱水、碳化等反应，在含有碳酸钙和铁质成分的岩石中容易产生这些反应。由于这些反应在探索表面发生，因此风化就表现为岩石表面有剥落现象。化学风化与物理风化经常同时进行。例如，在物理风化作用下石料产生裂缝，雨水就渗入其中，促进了化学风化的发生。另外，发生化学风化作用之后，使石材的空隙率增加，就更易受物理风化的影响。从抗物理风化、化学风化的综合性能来看，一般花岗岩最佳，安石岩次之，软质砂岩和凝灰岩最差。大理岩的主要成分碳酸钙的化学性质不稳定，容易风化。

2. 市政工程用石料制品

1）道路路面用石料制品

道路路面用石料制品包括直接铺砌路面用的整齐石块、半整齐石块和不整齐石块三类，用作路面基层用的锥形石块、石片等。各种岩石的技术要求和规格简要分述如下。

（1）高级铺砌用整齐石块。由高强、硬质、耐磨的岩石经精凿加工而成，需以水泥混凝土为底层，并且用水泥砂浆灌缝找平，所以这种路面造价很高，只有在特殊要求的路面，如特重交通以及履带车等行驶的路面使用，这种石块的尺寸一般按设计要求确定。大方石块规格为 300mm×300mm×(120～1500)mm，小方石块规格为 120mm×120mm×250mm，抗压强度不低于 100MPa，洛杉矶磨耗率不大于 5%。

（2）半整齐石块。由岩石经粗凿而成立方体的"方石块"或长方体条石。顶面和底面平行，顶面面积与底面面积之比不小于 40%～75%。用作半整齐石块的岩石主要有花岗岩。其顶面不用加工，顶面的平整性较差，一般只在特殊地段，如土基尚未沉降密实的桥头引道及干道，铁轮履带车经常通过的地段使用。

（3）铺砌用不整齐石块。齐石块又称拳石，它是由粗加工而得到的石块，要求顶面为一平面，底面与顶及基本平行，顶面积于底面积之比大于 40%～60%，其优点是造价不高，经久耐用，缺点是不平整，行车震动大。

（4）锥形石块。又称大石块，用于路面底基层，是由片石进一步加工而得到的粗料，要求上小下大接近截锥形，其底面积不宜小于 100cm²，以便于砌摆稳定。高度一般分为 160mm±20mm、200mm±20mm、250mm±20mm 等，通常厚度为高度的 1.1～1.4 倍。

除特殊情况外一般不采用大石块基基层。

2）桥梁工程用石料

桥梁工程中所用石料主要有片石、块石、方块石、粗料石、细料石、镶面石等。

（1）片石。由打眼放炮采到的石料其形状不受限制，但薄片者不得使用。一般片石的边长不应小于15mm，体积不小于0.01m³，每块质量约在30kg以上。用于圬工工程主体的片石，其极限抗压强度不应小于20MPa。

（2）块石。是向成层岩中打眼放炮开采获得，或用楔子打入成层岩的明缝或暗缝中劈出的石料。块石形状大致方正，无尖角，有两个较大的平行面，边长可不加工。其厚度不小于20cm，宽度为厚度的1.5～2.0倍，长度为厚度的1.5～3.0倍。砌缝宽度可达30～35mm。石料的极限抗压强度应符合设计要求。

（3）方块石。在块石中选择形状比较整齐的石料经过修整，使石料大致方正，厚度不小于20cm，宽度为厚度的1.5～2.0倍，长度为厚度的1.5～4.0倍。砌缝宽度不大于20mm。石料的极限抗压强度应符合设计要求。

（4）粗料石。粗料石外形较为方正，截面的宽度、高度不应小于200mm，而且不小于长度的1/4，表面区凸深度不大于10mm，叠砌宽度不大于20mm。石料的极限抗压强度应符合设计要求。

（5）细料石。经过细加工，外形规格，规格尺寸同粗料石，其表面区凸深度不大于5mm，叠砌面区凸深度应不大于10mm。制作为长方形的称为条石；长、宽、高大致相等的称为方料石；楔形的称为拱石。

（6）镶面石。镶面石受气候因素的影响，损坏较快，一般应选用较好的、坚硬的岩石，如限于石料来源，也可用与墩台本体一样的岩石。石料的外露面可沿四周琢成2cm口的边，中间部分仍保持原来的天然石面。石料上、下两侧均加工粗琢成垛口，垛口的宽度不得小于10mm，琢面应垂直于外露面。

项目小结

集料是市政工程中用量最大的一类材料。

本项目主要对来自两个工程项目的集料作了检测：第一个工程项目104国道长兴雉城过境段改建工程，浙江某交通工程有限公司对该工程中某标段某结构部位使用的混凝土中组成材料碎石①(4.75～26.5mm)和砂子；第二个工程项目是浙江省某有限公司对杭宁高速公路2010年养护专项工程第13合同段上面层使用的AC-13C型沥青混合料碎石②(4.75～9.5mm)、碎石③(9.5～16mm)和石屑。基于集料检测实际工作过程进行任务分解并讲解了每个任务具体内容。

任务1.1 承接集料检测项目：要求根据委托任务和合同填写样品流转及检验任务单。

任务1.2 粗集料密度、吸水率及检测：讲解粗集料表观密度、毛体积密度、堆积密度等指标，并用网篮法和容量筒法分别对其进行检测。

任务1.3 粗集料级配及检测：讲解粗集料级配及级配参数；分计筛余百分率、累计筛余百分率、通过百分率，并用干筛法对碎石①、用水洗法对碎石②、碎石③进行级配检测。

任务 1.4 粗集料含泥量、泥块含量及检测：讲解粗集料含泥量、泥块含量指标，并用筛洗法对其进行了检测。

任务 1.5 粗集料针片状含量及检测：讲解粗集料针片状含量指标，并用规准仪法对碎石①和游标卡尺法对碎石②、碎石③进行了检测。

任务 1.6 粗集料压碎值及检测：讲解粗集料压碎值指标，并对其进行了检测。

任务 1.7 细集料密度及检测：讲解细集料表观密度、堆积密度、空隙率等指标，并用容量瓶法和容量筒法分别对其进行检测。

任务 1.8 细集料级配及检测：讲解细集料级配及级配参数；分计筛余百分率、累计筛余百分率、通过百分率、细度模数，并用干筛法对砂子、用水洗法对石屑进行级配检测。

任务 1.9 细集料含泥量、泥块含量及检测：讲解细集料含泥量、泥块含量指标，并用筛洗法对其进行了检测。

任务 1.10 完成集料检测项目报告：根据委托要求，完成集料检测报告。

通过专业知识延伸阅读，了解岩石技术性质和市政工程石料制品。

职业考证练习题

一、单选题

1. 通过采用集料表干质量计算得到的密度是（　　）。

A. 表观密度　　　　B. 毛体积密度　　　　C. 真密度　　　　D. 堆积密度

2. 粗集料的压碎值较小，说明该粗集料有（　　）。

A. 较好的耐磨性　　B. 较差的耐磨性　　　C. 较好的承载力　　D. 较差的承载能力

3. 碎石或卵石吸水率测定时烘箱的温度控制在（　　）℃。

A. 100±5　　　　　B. 105±5　　　　　　C. 110±5　　　　　D. 120±5

4. 粗集料的公称粒径通常比最大粒径（　　）。

A. 小一个粒级　　　B. 大一个粒级　　　　C. 相等　　　　　　D. 无法确定

5. 随着粗骨料最大粒径的增大，骨料的空隙率及总表面积则随之（　　）。

A. 均减小　　　　　B. 均增大　　　　　　C. 基本不变　　　　D. 前者减小，后者增大

6. 通过 37.5mm 筛、留在 31.5mm 筛上的该粒级粗集料，用于水泥混凝土时当其颗粒长度大于（　　）mm 为针状颗粒。

A. 90　　　　　　　B. 75.6　　　　　　　C. 82.8　　　　　　D. 88.6

7. 不会影响到砂石材料取样数量的因素是（　　）。

A. 公称最大粒径　　B. 试验项目　　　　　C. 试验内容　　　　D. 试验时间

8. 细度模数的大小表示砂颗粒的粗细程度，是采用筛分中得到的（　　）计算出的。

A. 各筛上的筛余量　B. 各筛的分计筛余　　C. 累计筛余　　　　D. 通过量

9. 石料的真实密度可用式 $\rho_t = M/V_s$ 计算，式中 V_s 为（　　）。

A. 石料实体体积　　B. 石料的表观体积　　C. 石料毛体积　　　D. 石料堆积体积

10. 进行细集料砂当量试验时，（　　）试剂必不可少。

A. 无水氯化钙　　　B. 盐酸　　　　　　　C. 甲醛　　　　　　D. EDTA

二、判断题

1. 粗集料密度试验时的环境温度应在 10～25℃ 之间。（　　）

2. 粗集料压碎值试验，取 9.5～13.2mm 的试样 3 组，各 3000g 供试验用。（   ）

3. 细度模数的大小反映了砂中粗细颗粒的分布状况。（   ）

4. 粗集料粒径越大，其总面积越小，需要水泥浆的数量越少。（   ）

5. 集料的磨耗率越低，沥青路面的抗滑性越好。（   ）

6. 用筛分法进行颗粒分析，计算小于某粒径的土质百分数时，试样总质量是试验前试样总重。（   ）

7. 粗集料的磨耗损失(洛杉矶法)取两次平行试验结果的算术平均值为测定值，两次试验的差值应不大于 3%，否则须重做试验。（   ）

8. 在通过量与筛孔尺寸为坐标的级配范围图上，级配线靠近范围图上线的砂相对较粗，靠近下线的砂则相对较细。（   ）

9. 集料的吸水率就是含水率。（   ）

10. 根据通过量计算得到的砂的细度模数值越大，则砂的颗粒越粗。（   ）

三、多选题

1. 限制集料中的含泥量是因为含量过高会影响（   ）。

A. 混凝土的凝结时间　　　　　　　　B. 集料与水泥石的黏附

C. 混凝土的需水量　　　　　　　　　D. 混凝土的强度

2. 石料的毛体积密度可采用（   ）测定。

A. 表干称重法　　　B. 封蜡法　　　C. 比重瓶法　　　D. 李氏比重瓶法

3. 粗集料针片状颗粒含量(游标卡尺法)试验中按（   ）选取 1kg 左右的试样。

A. 分料器法　　　B. 四分法　　　C. 三分法　　　D. 二分法

4. 砂的细度模数计算中不应包括的颗粒是（   ）。

A. 4.75mm 颗粒　　　B. 0.075mm 颗粒　　　C. 底盘上的颗粒　　　D. 0.15mm 颗粒

5. 集料的表观密度是指单位表观体积集料的质量，表观体积包括（   ）。

A. 矿料实体体积　　　B. 开口孔隙体积　　　C. 闭口孔隙体积　　　D. 毛体积

四、简答题

1. 简述粗集料自然堆积密度的测定步骤。

2. 真密度、毛体积密度、表观密度、堆积密度含意中的单位体积各指什么？

3. 简述压碎值操作步骤。

4. 网篮法测粗集料毛体积密度试验方法有哪些？

5. 取集料试样 500g 进行筛分试验，各号筛上的筛余质量见表分析某水泥混凝土用细集料的级配组成并计算其细度模数，见表 1-30。

表 1-30　细集料筛分试验的计算示例

筛孔尺寸(mm)	9.5	4.75	2.36	1.18	0.60	0.30	0.15	底盘
筛余质量 m_i(g)	0	15	63	99	105	115	75	38
分计筛余百分率 a_i(%)								
累计筛余百分率 A_i(%)								
通过百分率 p_i(%)								

① 分别计算分计筛余百分率、累计筛余百分率、通过百分率，将结果填入表中。

② 计算细度模数。

项目2

水泥检测

教学目标

教学目标	能力(技能)目标	认知目标
	1. 能试验检测水泥各项技术指标 2. 能完成水泥检测报告	1. 掌握水泥细度、标准稠度用水量、凝结时间、安定性、水泥胶砂强度技术指标含义和评价 2. 了解其他水泥

项目导入

水泥检测项目来源于 104 国道长兴雉城过境段改建工程施工单位浙江某交通工程有限公司对该项目使用的水泥委托某试验室进行水泥检测。

任务分析

为了完成这个水泥检测项目，根据委托内容，基于工作过程进行任务分解如下。

任务 2.1	承接水泥检测项目
任务 2.2	水泥细度及检测
任务 2.3	水泥标准稠度用水量及检测
任务 2.4	水泥凝结时间及检测
任务 2.5	水泥安定性及检测
任务 2.6	水泥胶砂试件制作养护
任务 2.7	水泥胶砂强度及检测
任务 2.8	完成水泥检测项目报告

任务2.1 承接水泥检测项目

 引例

受浙江某交通工程有限公司委托，拟对104国道长兴雉城过境段改建工程某上部结构C50混凝土中所用水泥进行检测。为此实验室首先应承接项目，填写检验任务单。

2.1.1 填写检验任务单

由收样室收样员给出水泥检测项目委托单，由试验员按检测项目委托单填写样品流转及检验任务单，见表2-1；未填空格由学生填写完整。

表2-1 样品流转及检验任务单

接受任务检测室	水泥实训室	移交人		移交日期	
样品名称	水泥				
样品编号					
规格牌号	P·O 52.5				
厂家产地	长兴				
现场桩号或结构部位	上部构造				
取样或成型日期					
样品来源					
样本数量	100kg				
样品描述	袋装、无结块				
检测项目	细度、凝结时间、安定性、强度等				
检测依据	JTG E30—2005				
评判依据	GB 175—2007				
附加说明	无				
样品处理	1. 领回 2. 不领回√	1. 领回 2. 不领回	1. 领回 2. 不领回	1. 领回 2. 不领回	
检测时间要求					
符合性检查	合格				
接受人			日期		
任务完成后样品处理					
移交人/日期			接受人/日期		
备注：					

2.1.2 领样要求

（1）水泥出厂质量证明报告单；

（2）水泥未受潮，无结块等异常现象；

（3）水泥牌号是否跟任务单一致；

（4）样品数量是否满足检测要求（水泥物理性能指标检测需样品数量约20kg）。

领样注意事项：检验人员在检验开始前，应对样品进行有效性检查，其内容包括以下事项。

① 检查接收的样品是否适合于检验；

② 样品是否存在不符合有关规定和委托方检验要求的问题；

③ 样品是否存在异常等。

2.1.3 小组讨论

根据填写好的样品流转及检验任务单，对需要检测的项目展开讨论，确定实施方法和步骤。

任务2.2 水泥细度及检测

 引例

一般而言，水泥颗粒越细，水化活性越高。水泥细度是水泥主要物理性质技术指标之一。GB 175—2007 中规定硅酸盐水泥、普通硅酸盐水泥的 $80\mu m$ 筛筛余量不大于10%。超过该值，即可判定该水泥为不合格品。

2.2.1 水泥细度

1. 细度定义

细度是指水泥颗粒的粗细程度。细度越大，凝结硬化速度越快，早期强度越高。一般认为，水泥颗粒粒径小于 $40\mu m$ 时才具有较大的活性。但水泥颗粒太细，在空气中的硬化收缩也较大，使混凝土发生裂缝的可能性增加。此外，水泥颗粒细度提高会导致粉磨能耗增加，生产成本提高。为充分发挥水泥熟料的活性，改善水泥性能，同时考虑水泥能耗的节约，就要合理控制水泥细度。

2. 水泥细度表示方法

（1）筛析法：以 $45\mu m$ 方孔筛和 $80\mu m$ 方孔筛上的筛余量百分率表示。筛析法分负压筛析法和水筛法两种，鉴定结果发生争议时以负压筛法为准。

（2）比表面积法：以每千克水泥所具有的表面积（㎡）表示。比表面积采用勃氏法测定。

2.2.3 水泥细度检测（负压筛析法）

1. 目的与适用范围

本方法适用于硅酸盐水泥、普通硅酸盐水泥、矿渣硅酸盐水泥、粉煤灰硅酸盐水泥、火山灰硅酸水泥、复合硅酸盐水泥、道路硅酸盐水泥及指定采用本方法的其他品种水泥。

2. 仪器设备

(1) 电子分析天平量程不大于 200g，感量不大于 0.01g。电子分析天平图 2-1 所示。

(2) 负压筛析仪(图 2-2)由筛座、负压筛(方孔边长 0.080mm)，负压源及收尘器组成。其中筛座由转速为 30r/min±2r/min 的喷气嘴、负压表、控制板、微电机及壳体等部分构成。

图 2-1　电子分析天平

图 2-2　负压筛析仪

3. 试验步骤

(1) 水泥样品应充分拌匀，通过 0.9mm 方孔筛，记录筛余物情况，要防止过筛时混进其他水泥。

(2) 筛析试验前，应把负压筛放在筛座上，盖上筛盖，接通电源，检查控制系统，调节负压至 4000～6000Pa 范围内。

(3) 称取试样 25g，置于洁净的负压筛中，盖上筛盖，放在筛座上，开动筛析仪连续筛析 2min，在此期间如有试样附着在筛盖上，可轻轻地敲击，使试样落下。筛毕，用天平称取筛余物，精确至 0.01g。

(4) 当工作负压小于 4000Pa 时，应清理吸尘器内水泥，使负压恢复正常。

4. 结果评定

(1) 水泥试样筛余百分率按公式(2-1)计算：

$$F=\frac{R_s}{m}\times100\%$$ (2-1)

式中：F——水泥试样的筛余百分率(%)；

R_s——水泥筛余物的质量(g)；

m——水泥试样的质量(g)。

计算结果精确至 0.1%。

(2) 评定：根据国家标准评定是否合格。

规定：①硅酸盐水泥的细度：比表面积不小于 300m²/kg。②其余四品种水泥在 80μm 方孔筛上重筛余量不大于 10%。

5. 筛余结果的修正

为使试验结果可比，应采用试验筛修正系数方法来修正计算结果。修正系数测定，按规范进行，合格评定时，每个样品应称取两个试样分别筛析，取筛余平均值为筛析结果。若两次筛余结果绝对误差大于 0.5%时(筛余值大于 5.0%时可放宽至 1.0%)，应再做一次试验，取两次相近结果的算术平均值作为最终结果。

6. 填写试验表格(表 2 - 2)

表 2 - 2　水泥细度试验

任务单号			检测依据			
样品编号			检测地点			
样品名称	水泥		环境条件	温度　℃ 湿度　%		
样品描述			试验日期	年　月　日		

主要仪器设备使用情况	仪器设备名称	型号规格	编号	使用情况
	水泥负压筛析仪	FSY - 150	SN - 17	正常
	电子分析天平	FA2104	SN - 03	正常

试验方法			负压筛法			
试验次数	试样质量 m (g)	筛余物质量 R_s (g)	筛余百分数 $F=\dfrac{R_s}{m}\times100(\%)$		修正系数	修正后筛余百分数 (%)
			单值	平均值		
1	25.00	1.05	4.1	4.2	1.0	4.2
2	25.00	1.15	4.3			

说明：

复核：　　　　　　　　　　记录：　　　　　　　　　　　　　　试验：

 思考与讨论

水泥试验筛如何标定?

用标准样品在试验筛上的测定值与标准样品的标准值的比值来反映试验筛孔的准确度。

1) 标定操作

将标准样品装入干燥洁净的密闭广口瓶内，盖上盖子摇动 2min，消除结块。静置 2min 后，用一根干燥洁净的搅棒搅匀样品。按前述试验操作步骤测定标准样品的试验筛上的筛余百分数。每个试验筛的标定应称取两个标准样品连续进行，中间不得插做其他试验。

2）标定结果

两个样品结果的算术平均值为最终值，但当两个样品筛余结果相差大于0.3%时，应称第三个样品进行试验，并取接近的两个结果进行平均作为最终结果。

3）修正系数计算

试验筛修正系数按式（2-2）计算

$$C=F_n/F_t \tag{2-2}$$

式中：C——试验筛修正系数；

F_n——标准样品的筛余标准值（%）；

F_t——标准样品在试验筛上的筛余值（%）。

修正系数计算精确至0.01。

注：修正系数C在0.80～1.20范围内时，试验筛可继续适用，C可作为结果修正系数；当C值超过0.80～1.20范围时，试验筛应予淘汰。

4）水泥试样结果修正

水泥试样筛余百分数结果修正按式（2-3）计算

$$F_c=CF \tag{2-3}$$

式中：C——试验筛修正系数；

F_c——水泥试样修正后的筛余百分数（%）；

F——水泥试样修正前的筛余百分数（%）。

任务2.3　水泥标准稠度用水量及检测

引例

为了使得水泥凝结时间和安定性测定结果具有可比性，在此两项测定时必须采用标准稠度水泥净浆，为了使得任务2.4和任务2.5顺利完成，我们必须先测出水泥标准稠度用水量。

2.3.1　水泥标准稠度用水量

水泥净浆达到标准稠度时所需的拌和水量称为标准稠度用水量。水泥标准稠度用水量的标准测定方法为试杆法，以标准试杆沉入净浆并距离底板6mm±1mm的水泥净浆为标准稠度净浆。其拌和用水量为该水泥标准稠度用水量，按水泥质量的百分比计；水泥标准稠度用水量的代用测定方法为试锥法，分为调整水量法和不变水量法，采用调整水量法测定标准稠度用水量时，拌和水量应按经验确定加水量；采用不变水量法测定时，拌和水量为142.5mL，水量精确到0.5mL，如发生争议时，以调整水量法为准。

2.3.2　水泥标准稠度用水量测定

1. 目的与适用范围

本方法适用于硅酸盐水泥、普通硅酸盐水泥、矿渣硅酸盐水泥、粉煤灰硅酸盐水泥、火山灰硅酸盐水泥、复合硅酸盐水泥、道路硅酸盐水泥及指定采用本方法的其他品种水泥。

2. 仪器设备

(1) 水泥净浆搅拌机(图2-3)。

(2) 标准法维卡仪(图2-4)。

图2-3 水泥净浆搅拌机　　　　图2-4 标准法维卡仪

① 初凝时间测定用立式试模。

② 标准稠度试杆(长度为50mm±1mm、直径为10mm±0.05mm)。

③ 初凝用试针(长度为50mm±1mm)。

④ 终凝用试针(长度为30mm±1mm、直径为1.13mm±0.05mm)。

(3) 湿气养护箱:应使温度控制在(20±1)℃,相对湿度大于90%。

(4) 天平:称量精确至1g。

(5) 量水器:最小刻度为0.1mL,精确至1%。

3. 试验步骤(试杆法)

(1) 仪器的校核和调整。检查维卡仪的金属棒能否自由滑动,试杆接触玻璃板时将指针对准零点,检查搅拌机是否运行正常。

(2) 水泥净浆的拌制。用水泥净浆搅拌机搅拌,搅拌锅和搅拌叶片先用湿布擦过,将拌和水倒入搅拌锅内,然后在5~10s内小心将称好的500g水泥加入水中,防止水和水泥溅出;拌和时,先将锅放在搅拌机的锅座上,升至搅拌位置,启动搅拌机,低速搅拌120s,停15s,同时将叶片和锅壁上的水泥浆刮入锅中间,接着高速搅拌120s停机。

(3) 标准稠度用水量的测定。拌和结束后,立即将拌制好的水泥净浆装入已置于玻璃底板上的试模中(图2-5),用小刀插捣,轻轻震动数次,刮去多余的净浆;抹平后迅速将试模和底板移动到维卡仪上,并将其中心定在试杆下,降低试杆直接与水泥净浆表面接触,拧紧螺钉1~2s后,突然放松,使试杆垂直自由沉入水泥净浆中。在试杆停止沉入或释放试杆30s时记录试杆距底板之间的距离,升起试杆后,立即擦净;整个操作应在搅拌后1.5min内完成。以试杆沉入净浆并距底板6mm±1mm的水泥净浆为标准稠度净浆,其拌和水量为该水泥的标准稠度用水量(P),按水泥质量的百分比计。当试杆距玻璃板小于5mm时,应适当减水,重复水泥浆的拌制和上述过程,若距离大于7mm时,则应适当加水,并重复水泥浆的拌制和上述过程。

图2-5 水泥净浆装入试模

4. 结果评定

标准稠度用水量按式(2-4)计算：

$$P = \frac{W}{500} \times 100\%\qquad\qquad(2-4)$$

式中：W——用水费(mL)。

5. 填写试验表格

水泥标准稠度用水量检测记录见表2-3。

表2-3 水泥标准稠度用水量、凝结时间、安定性试验

任务单号			检测依据			
样品编号			检测地点			
样品名称	水泥		环境条件		温度 ℃ 湿度 %	
样品描述			试验日期		年 月 日	
主要仪器设备使用情况	仪器设备名称	型号规格		编号	使用情况	
	水泥净浆搅拌机	NJ-160		SN-05	正常	
	混凝土恒温恒湿养护箱	HBY-15B		SN-11	正常	
	水泥试体沸煮箱	FZ-31A		SN-08	正常	

水泥标准稠度用水量测定(标准法)

用水量(mL)	试杆沉入净浆并距底板的距离(mm)	标准稠度用水量(%)
130.5	6.0	26.1

凝结时间的测定(标准定)

水泥加入水的时间 t_1 (h：min)	试针沉至距底板 4mm±1mm 的时间 t_2 (h：min)	试针沉入试体 0.5mm 时的时间 t_3 (h：min)	初凝时间 $t_4 = t_2 - t_1$ (min)	终凝时间 $t_5 = t_3 - t_1$ (min)
8：10	10：33	11：42	143	212

续表

安定性的测定（标准定）				
试验次数	沸煮前雷氏夹指针尖端间的距离 A (mm)	沸煮后雷氏夹指针尖端间的距离 C (mm)	试件沸煮后雷氏夹指针尖端增加距离 C−A (mm)	
			单值	平均值
1	15.1	15.5	0.4	0.5
2	15.1	15.7	0.6	

说明：

复核：　　　　　　　　记录：　　　　　　　　试验：

 思考与讨论

简述试锥法测定水泥标准稠度用水量。其与试杆法有何区别？

试锥法测定水泥标准稠度用水量如下。

（1）试验前检查项目：仪器金属棒应能自由滑动；试锥降至锥模顶面位置时，指针应对准标尺零点；搅拌机运转应正常。

（2）水泥浆拌制和试杆法拌制相同。

（3）拌和结束后，立即将拌好的净浆装入试锥内，用小刀插捣，振动数次后，刮去多余净浆，磨平后迅速放到试锥下面固定位置上。将试锥降至净浆表面处，拧紧螺钉1～2s后，突然放松，让试锥垂直自由沉入净浆中，到试锥停止下沉或释放试锥30s后记录试锥下沉深度。整个操作应在搅拌后1.5min内完成。

（4）用调整水量法测定时，以试锥下沉深度28mm±2mm的水泥净浆为标准稠度净浆，其拌和水量为该水泥的标准稠度用水量(P)，按水泥质量的百分比计。如下沉深度超出范围，须另称试样，调整水量，重新试验，直至达到28mm±2mm为止。

（5）用不变水量法测定时，根据试锥下沉深度 S(mm)，按式(2-5)计算得到标准稠度用水量。

$$P=33.4-0.185S \qquad\qquad (2-5)$$

当试锥下沉深度小于13mm时，应该用调整水量法测定。

试锥法与试杆法的区别如下。

（1）试锥换成试杆。

（2）试锥下沉深度28mm±2mm的水泥净浆为标准稠度净浆（调整水量法）；试杆沉入净浆并距底板6mm±1mm的水泥净浆为标准稠度净浆。

任务2.4 水泥凝结时间及检测

引例

水泥的凝结时间，对水泥混凝土的施工具有十分重要的意义。水泥的初凝时间不宜过短，以便在水泥的施工过程中有足够的时间对混凝土进行搅拌、运输、浇注和振捣等操作；终凝时间不宜过长，以使混凝土能尽快硬化，产生强度，提高模板周转率，加快施工进度。我国现行国家标准(GB 175—2007)规定：矿渣水泥、火山灰水泥、粉煤灰水泥、复合水泥硅酸盐水泥初凝时间不得小于45min，终凝不得大于390min。普通硅酸盐水泥初凝不得小于45min，终凝不得大于600min。

2.4.1 凝结时间

凝结时间是指从水泥加水时至水泥浆失去可塑性所需的时间。凝结时间分初凝时间和终凝时间。初凝时间是从加水至水泥浆开始失去可塑性所经历的时间；终凝时间是从水泥加水至水泥浆完全失去可塑性所经历的时间。终凝时间以试针沉入水泥标准稠度净浆至一定深度所需的时间表示。凝结时间的测定是以标准稠度的水泥净浆在标准温度、湿度下用凝结时间测定仪测定。

2.4.2 凝结时间测定

1. 目的与适用范围

本方法适用于硅酸盐水泥、普通硅酸盐水泥、矿渣硅酸盐水泥、粉煤灰硅酸盐水泥、火山灰硅酸盐水泥、复合硅酸盐水泥、道路硅酸盐水泥及指定采用本方法的其他品种水泥。

2. 仪器设备

(1) 标准法维卡仪。

(2) 其他仪器设备与标准稠度用水量相同。

3. 试验步骤

(1) 测定前准备工作。调整凝结时间测定仪的试针接触玻璃板时将指针对准零点。

(2) 试件的制备。以标准稠度的水泥净浆一次装满试模，振动数次刮平，立即放入湿气养护箱中。记录水泥全部加入水中的时间作为凝结时间的起始时间。

(3) 初凝时间的测定(图2-6)。试件在湿气养护箱中养护至加水后30min时进行第一次测定。测定时，从湿气养护箱中取出试模放到试针下，降低试针与水泥净浆表面接触，拧紧螺钉1~2s，突然放松，试针垂直自由地沉入水泥净浆。观察试针停止下降或释放试针30s时试针的读数。当试针沉至距底板4mm±1mm时，为水泥到达初凝状态，由水泥全部加入水中至初凝状态所经历时间为水泥的初凝时间，用"min"表示。

(4) 终凝时间的测定(图2-7)。为了准确观测试针沉入的状态，在终凝针上安装了一个环形附件。在完成初凝时间测定后，立即将试模连同浆体以平移的方式从玻璃板上取下，翻转180°，直径大端向上，小端向下放在玻璃板上，再放入湿气养护箱中继续养护，临近终凝时间每隔15min测定一次，当试针沉入试体0.5mm时，即环形附件开始不能在试体上留下痕迹时，为水泥达到终凝状态，由水泥全部加入水中至终凝状态所经历的时间为水泥的终凝时间，用"min"表示。

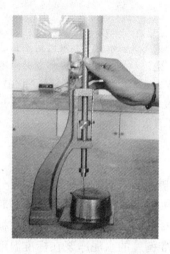

图2-6 水泥初凝时间测定   图2-7 水泥终凝时间测定

（5）测定时应注意，最初的测定操作时应用手轻轻扶持金属柱，使其徐徐下降，以防试针撞弯，但结果要以自由落下为准。在整个测试过程中试针沉入的位置至少要距试模内壁10mm，临近初凝时，每隔5min测定一次，临近终凝时每隔15min测定一次，到达初凝或终凝时应立即重复测一次，当两次结论相同时才能定为到达初凝或终凝状态。每次测定不能让试针落入原针孔，每次测试完毕须将试针擦净并将试模放回湿气养护箱内，整个测试过程要防止试模受振。

4. 填写试验表格（表2-3）

思考与讨论

水泥是如何凝结硬化的？

凝结硬化是水泥加水拌和为浆体后，逐渐失去可塑性变为水泥石后，且水泥石强度逐渐发展的完整过程。但在研究过程中，我们将凝结硬化人为地分为两个过程：水泥加水拌和后，水泥浆逐渐失去可塑性的过程称为"凝结"；水泥石强度逐渐发展的过程称为"硬化"。

水泥的凝结硬化过程，是由于发生了一系列的化学反应（水化反应）和物理变化。其化学反应如下：

$$2(3CaO \cdot SiO_2) + 6H_2O \longrightarrow 3CaO \cdot 2SiO_2 \cdot 3H_2O + 3Ca(OH)_2$$

$$2(2CaO \cdot SiO_2) + 4H_2O \longrightarrow 3CaO \cdot 2SiO_2 \cdot 3H_2O + Ca(OH)_2$$

$$3CaO \cdot Al_2O_3 + 6H_2O \longrightarrow 3CaO \cdot Al_2O_3 \cdot 6H_2O$$

$$4CaO \cdot Al_2O_3 \cdot Fe_2O_3 + 7H_2O \longrightarrow 3CaO \cdot Al_2O_3 \cdot 6H_2O + CaO \cdot Fe_2O_3 \cdot H_2O$$

$$3CaO \cdot Al_2O \cdot 6H_2O + 3(CaSO_4 \cdot 2H_2O) + 19H_2O \longrightarrow 3CaO \cdot Al_2O_3 \cdot 3CaSO_4 \cdot 31H_2O$$

硅酸盐水泥加水后,铝酸三钙立刻发生变化,硅酸三钙和铁铝酸四钙也很快水化。而硅酸二钙则是水化较慢。一般认为硅酸盐水泥与水作用后生成的主要水化物有:水化硅酸凝胶(分子式简写为 C-S-H)、水化铁酸钙凝胶、氢氧化钙、水化铝酸钙晶体(图2-8为水化硫铝酸钙晶体)。在充分水化的水泥石中,C-S-H-凝胶约占70%,Ca(OH)$_2$约占20%。

水泥和水接触后,水泥颗粒表面的熟料先溶于水,然后与水反应,或固态熟料直接与水反应,生成相应的水化产物,水化产物先溶解于水,由于各种水化产物的溶解度很小,而其生成的速度大于其向溶液中扩散的速度,一般在几分钟内,水泥颗粒周围的溶液就成为水化产物的过饱和溶液,并析出水化硅酸钙凝胶、水化硫铝酸钙、氢氧化钙和水化铝酸钙晶体等水化产物。在水化初期,水化产物颗粒不多时,水泥颗粒之间还是分离的,水泥浆具有可塑性。随着时间的推移,水泥颗粒的不断水化,水化产物不断增多,使水泥颗粒的空隙逐渐减小,并逐渐接近以至于相互接触,形成凝聚结构。凝聚结构的形成,使水泥浆开始失去可塑性,这就是水泥的"初凝"。随着以上过程的不断进行,固态的水化产物不断增多,颗粒间的接触点数目增加,结晶体和凝胶相互贯穿形成的凝聚-结晶网状结构不断加强,而固相颗粒之间的空隙(毛细孔)不断减小,结构逐渐紧密。使水泥浆体完全失去可塑性,水泥表现为"终凝"。之后水泥石进入僵化阶段。进入僵化阶段后,水泥的水化速度逐渐减慢,水化产物随时间的增加而逐渐增加,扩展到毛细孔中,使结构更趋致密,强度逐渐提高(图2-9)。

图2-8 水化硅酸钙、氢氧化钙晶体

图2-9 致密的水化硅酸钙凝胶

任务2.5 水泥安定性及检测

 引例

水泥在凝结硬化过程中,如果产生不均匀变形或变形太大,会使构件产生膨胀裂缝,甚至开裂,影响工程质量和强度,严重的还会引起工程事故。水泥的安定性这个指标如果不合格,则该水泥可判定为不合格品,严禁在工程上使用。

2.5.1 体积安定性

水泥体积安定性是指水泥在凝结硬化过程中体积变化的均匀性。

引起水泥体积安定性不良的主要原因是熟料中含有过量的游离 CaO、MgO、SO_3 或掺入的石膏过多。

国家标准（GB 175—2007）规定：硅酸盐水泥的体积安定性用沸煮法检验必须合格。沸煮法分雷氏法（标准法）和试饼法（代用法）两种。两者有争议时，以标准法为准。

2.5.2　安定性测定（雷氏法）

1. 目的与适用范围

本方法适用于硅酸盐水泥、普通硅酸盐水泥、矿渣硅酸盐水泥、粉煤灰硅酸盐水泥、火山灰硅酸盐水泥、复合硅酸盐水泥、道路硅酸盐水泥及指定采用本方法的其他品种水泥。

2. 仪器设备

仪器设备有：雷氏夹、雷氏夹膨胀值测定仪等。

（1）雷式夹：由铜质材料制成，其结构如图（2-10）所示。当用 300g 砝码校正时，两根针的针尖距离增加应在（17.5±2.5）mm 范围内。

（2）雷式夹膨胀测定仪：其标尺最小刻度为 0.5mm，如图 2-11 所示。

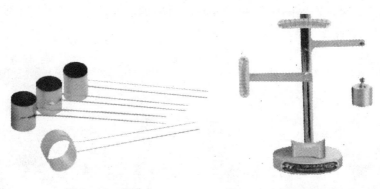

图 2-10　雷氏夹　　　　图 2-11　雷氏夹膨胀值测定仪

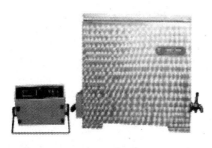

图 2-12　沸煮箱

（3）煮沸箱：有效容积约为 410mm×240mm×310mm，如图 2-12 所示；篦板结构不影响试验结果，篦板与加热器之间的距离大于 50mm。箱的内层由不易锈蚀的金属材料制成，能在（30±5）min 内将箱内的实验用水由室温加热至沸腾状态并保持 3h 以上，整个过程不需要补充水量。

（4）其他：水泥净浆搅拌机、天平、湿气养护箱、小刀等。

3. 试验步骤

（1）测定前准备工作：每个试样需成型两个试件，每个雷式夹需配备两块质量为 75～85g 的玻璃板，一垫一盖，并先在与水泥接触的玻璃和雷式夹表面都要稍稍涂上一层油。

（2）将制备好的标准稠度水泥净浆立即一次装满雷式夹，用宽约 10mm 的小刀插捣数次，抹平，并盖上涂油的玻璃板，然后将试件移至湿气养护箱内养护（24±2）h。

（3）移去玻璃板取下试件，先测量雷式夹指针尖的距离（A），精确至 0.5mm。然后将试件放入煮沸箱水中的算板上，指针朝上，试件之间互不交叉，调好水位与水温，接通电源，在（30 ± 5）min 之内加热至沸腾，并保持 3h$\pm$5min。

（4）取出煮沸后冷却至室温的试件，用雷式夹膨胀测定仪测量试件雷式夹两指针尖的距离（C），精确至 0.5mm。

当两个试件煮沸后增加距离（$C-A$）的平均值不大于 5.0mm 时既认为水泥安定性合格。当两个试件的（$C-A$）值相差超过 4.0mm 时，应用同一样品立即重做一次试验。再如此，则认为该水泥安定性不合格。

4. 填写试验表格（表 2-3）

思考与讨论

简述试饼法如何检测水泥体积安定性？与雷氏法比较有何优缺点？

（1）试饼法检测水泥体积安定性：

① 准备两块 100mm×100mm 的玻璃板。凡与水泥净浆接触的玻璃板都要稍稍涂上一层隔离剂。

② 将制好的净浆取出一部分分成两等份，使之呈球形，放在预先准备好的玻璃板上，轻轻振动玻璃板并用湿布擦净的小刀由边缘向中央抹动，做成直径为 70～80mm、中心厚约 10mm、边缘渐薄、表面光滑的试饼放入湿气养护箱内养护 24h$\pm$2h。

③ 调整好沸煮箱内的水位，使之在整个沸煮过程中都没过试件，不需要中途添补试验用水，同时保证水在 30min$\pm$5min 内能沸腾。

④ 移去玻璃板取下试件，先检查试饼是否完整（如已开裂、翘曲，要检查原因，确无外因，该试饼已属不合格品，不必沸煮），在试饼无缺陷的情况下将试饼放在沸煮箱的水中算板上，然后在 30min$\pm$5min 之内加热至沸腾，并恒沸 3h$\pm$5min。

⑤ 沸煮结束后，放掉热水，打开箱盖，待冷却后取出试件进行判别，目测试饼无裂缝，用钢直尺和试饼底部靠紧，以两者不透光为不弯曲）的试饼为安定性合格；反之不合格。当两个试件判别结果有矛盾时，该水泥的安定性为不合格。

（2）与雷氏法比较优缺点：优点判别简单直观，缺点主观性影响较大，无定量判别。

任务 2.6　水泥胶砂试件制作养护

引例

根据国家标准《通用硅酸盐水泥》（GB 175—2007）和《水泥胶砂强度检验方法（ISO 法）》（GB 17671—1999）的规定，测定水泥强度时，应首先制作水泥胶砂试件，现行标准规定：将水泥、标准砂及水按规定的比例，用规定方法制成标准试件，在标准条件下养护。

2.6.1　水泥胶砂试件制作

1. 目的与适用范围

本方法适用于硅酸盐水泥、普通硅酸盐水泥、矿渣硅酸盐水泥、粉煤灰硅酸盐水泥、石灰石硅酸盐水泥、复合硅酸盐水泥、道路硅酸盐水泥及指定采用本方法的其他品种水泥。

2. 仪器设备

（1）行星式胶砂搅拌机：是搅拌叶片和搅拌锅相反方向转动的搅拌设备（图 2-13）。叶片和锅由耐磨的金属材料制成，叶片和锅底、锅壁之间的间隙为叶片和锅壁最近的距离。

（2）试模：可装拆的三联试模，由隔板、端板、底座等部分组成，可同时成型三个截面为 40mm×40mm×160mm 的菱形试件（图 2-14）。

图 2-13 行星式胶砂搅拌机　　　图 2-14 试模

（3）胶砂试件成型振实台（图 2-15），由装有两个对称偏心轮的电动机产生振动，使用时固定于混凝土基座上。

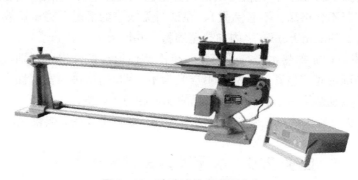

图 2-15 胶砂试件成型振实台

（4）套模、两个播料器、刮平直尺、标准养护箱等。

3. 水泥胶砂试件制作养护

（1）水泥胶砂试件是由水泥、中国 ISO 标准砂、拌和用水按 1∶3∶0.5 的比例拌制而成。一锅胶砂可成型三条试体，每锅材料用量见表 2-4，按规定称量好各种材料。

表 2-4 每锅胶砂材料用量

材料	水泥	中国 ISO 标准砂	水
用量	450g±2g	1350g±5g	225mL±1mL

（2）将水加入胶砂搅拌锅内，再加入水泥，把锅放在固定架上，升至固定位置，在漏斗上加好砂；然后启动机器，低速搅拌 30s，在第二个 30s 开始时，同时均匀地加入标准砂，再高速搅拌 30s 停 90s(在第一个 15s 内用一胶皮刮具将叶片上和锅壁上的胶砂刮入锅内)，然后再继续高速搅拌 60s。胶砂搅拌完成。各阶段的搅拌时间误差应在 ±1s 内。胶砂搅拌如图 2-16 所示。

（3）将试模内壁均匀涂刷一层机油，并将空试模和套模固定在振实台上。

（4）用勺子将搅拌锅内的水泥胶砂分两次装模。装第一层时，每个槽里先放入 300g 胶砂，并用大播料器刮平，接着振动 60 次，再装第二层胶砂，用小播料器刮平，在振动 60 次。胶砂装模如图 2-17 所示。

图 2-16　胶砂搅拌　　　　　　　图 2-17　胶砂装模

（5）移走套模，取下试模，用金属直尺以近似 90°的角度架在试模模顶一端，沿试模长度方向做割据动作慢慢向另一端移动，一次将超过试模部分的胶砂刮去，并用同一直尺以近似水平的情况将试件表面抹平。

（6）将成型好的试件连同试模一起放入标准养护箱内（图 2-18），在温度（20℃±1℃）、相对湿度不低于 90% 的条件下养护。

（7）养护到 20～24h 脱模（对于龄期为 24h 的应在破坏试验前 20min 内脱模）。将试件从养护箱中取出，同时编上成型与测试日期，然后脱模，脱模时应防止损伤试件。对于硬化较慢的水泥允许 24h 后脱模，但须记录脱模时间。

（8）试件脱模后，将做好标记的试体立即水平或竖直放在 20℃±1℃ 水中养护（图 2-19），水平放置时刮平面应朝上，试体放在不易腐烂篦子上，并彼此保持一定间距，以让水与试体的 6 个面接触。养护期间试体之间间隔或试体上表面的水深不得小于 5mm。（注意：不宜用木篦子。）

每个养护池只养护同类型的水泥试件。最初用自来水装满养护池（容量器），随后随时加水保持适当的恒定水位。不允许在养护期间全部换水，除 24h 龄期后延迟至 48h 脱模的试体外，任何到龄期的试体应在试验（破型）前 15min 从水中取出，揩去试体表面的沉积物，并用湿布覆盖到试验为止。

试体龄期从水泥加水搅拌开始试验时算起，不同龄期强度在下列时间里进行：24h±15min；48h±30min；72h±45min；7d±2h；28d±8h。

图 2-18　养护箱　　　　　图 2-19　试件水中养护

 思考与讨论

简述水泥胶砂试件作养护的温湿度有何要求？

任务 2.7　水泥胶砂强度及检测

 引例

　　强度是水泥技术要求中最基本的指标，也是水泥的重要技术性质之一，它直接反应了水泥的质量水平和使用价值。水泥的使用强度较高，其胶结能力也越大。水泥强度有抗压强度和抗折强度。

2.7.1　水泥强度

　　水泥的强度主要取决于熟料的矿物组成和水泥的细度，此外还与水灰比、试验方法、试验条件、养护龄期等因素有关。

　　我国现行标准《水泥胶砂强度检验方法(ISO 法)》(GB 17671—1999)规定：将水泥、标准砂及水按规定的比例(水泥：标准砂：水。1：3：0.5)用规定方法制成 40mm×40mm×160mm 的标准试件，在标准条件(24h 之内在温度 20℃±1℃，相对湿度不低于 90% 的养护箱或雾室内，24h 后在 20℃±1℃ 的水中)下养护；达到规定龄期(3d，28d)测其抗折强度和抗压强度，根据 3d、28d 的抗折强度和抗压强度划分硅酸盐水泥的强度等级。硅酸盐强度等级分为 42.5、42.5R、52.5、52.5R、62.5 和 62.5R。硅酸盐水泥及普通硅酸盐水泥各强度等级、各龄期的强度指标见表 2-5。

表 2-5　硅酸盐水泥、普通硅酸盐水泥的强度指标

品种	强度等级	抗压强度(MPa)		抗折强度(MPa)	
		3d	28d	3d	28d
硅酸盐水泥	42.5	≥17.0	≥42.5	≥3.5	≥6.5
	42.5R	≥22.0	≥42.5	≥4.0	≥6.5

（续）

品种	强度等级	抗压强度（MPa）		抗折强度（MPa）	
		3d	28d	3d	28d
硅酸盐水泥	52.5	≥23.0	≥52.5	≥4.0	≥7.0
	52.5R	≥27.0	≥52.5	≥5.0	≥7.0
	62.5	≥28.0	≥62.5	≥5.0	≥8.0
	62.5R	≥32.0	≥62.5	≥5.5	≥8.0
普通硅酸盐水泥	42.5	≥17.0	≥42.5	≥3.5	≥6.5
	42.5R	≥22.0	≥42.5	≥4.0	≥6.5
	52.5	≥23.0	≥52.5	≥4.0	≥7.0
	52.5R	≥27.0	≥52.5	≥5.0	≥7.0

　　硅酸盐水泥分两种型号：普通型和早强型（也称 R 型），早强型水泥早期强度发展较快，从表 2－5 中可以看出，早强型水泥 3d 的抗压强度较同强度等级的普通型水泥强度提高 10％～24％；早强型水泥的 3d 强度可达 28d 强度的 50％。早强型水泥可用于早期强度要求高的工程中。为了确保水泥在工程中的使用质量，生产厂控制出厂水泥的 28d 强度，均留有一定的富余强度。通常富余强度系数为 1.00～1.13。

2.7.2　水泥强度测定

1. 目的与适用范围

　　本方法适用于硅酸盐水泥、普通硅酸盐水泥、矿渣硅酸盐水泥、粉煤灰硅酸盐水泥、火山灰硅酸盐水泥、复合硅酸盐水泥、道路硅酸盐水泥及石灰石硅酸盐水泥的抗折与抗压强度检验。

2. 仪器设备

（1）水泥电动抗折强度试验机（图 2－20）。

（2）抗压强度试验机及夹具（图 2－21）。

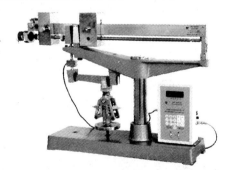

图 2－20　水泥电动抗折强度试验机　　　图 2－21　夹具

3. 试验步骤

1）抗折强度测定（图 2－22）

杠杆式抗折试验机试验时，试件放入前，应使杠杆成水平状态，将试件成型侧面朝上放入抗折试验机内。试件放入后调准夹具，使杠杆在试件折断时尽可能地接近水平位置。抗折试验加荷速度为50N/s±10N/s，直至折断。保持两个半截棱柱体处于潮湿状态直至抗压试验。

抗折强度 R_f 按式（2-6）计算：

$$R_f = \frac{1.5F_f L}{b^3} \qquad (2-6)$$

式中：R_f——标准试件的抗折强度（MPa）；

$\quad$ F_f——试件折断时施加在棱柱体中部的荷载（N）；

$\quad$ L——支撑圆柱之间的距离（mm），为100mm。

$\quad$ b——试件断面正方形的边长，为40mm。

抗折强度计算值精确至0.1MPa。

2）抗压强度测定（图2-23）

图2-22　抗折强度试验　　　　　图2-23　抗压强度试验

抗折试验后的断块应立即进行抗压试验。抗压试验须用抗压夹具进行，试件受压面为试件成型的两个侧面，面积为40mm×40mm。试验前清除试件受压面与加压板间的砂粒或杂物。试件的底面靠近夹具定位销，断块试件应对准抗压夹具中心，并使夹具对准压力机压板中心，在半截棱柱体的侧面上进行，半截棱柱中心与压力机压板受压中心差应在±0.5mm内，棱柱体露在压板外的部分约10mm，以2400N/s±200N/s的速度均匀地加荷直至破坏。

抗压强度 R_c 以MPa表示，按式（2-7）计算：

$$R_c = \frac{F_c}{A} \qquad (2-7)$$

式中：R_c——试件的抗压强度（MPa）；

$\quad$ F_c——试件破坏时的最大荷载（N）；

$\quad$ A——试件受压部分面积（mm^2，40mm×40mm=1600mm^2）。

抗压强度计算值精确至0.1MPa。

4. 试验结果评定

（1）以一组三个棱柱体抗折强度的平均值作为试验结果。当三个强度值中有一个超出平均值的±10%，当将其剔除后再取平均值作为抗折强度试验结果。

（2）以一组三个棱柱体上得到的 6 个抗压强度测量值的算术平均值作为试验结果。如 6 个测定值中有一个超出平均值的 ±10%，将其剔除，以剩下 5 个的平均值为测定结果，如果 5 个测定值中再有超过它们平均值的 ±10% 的，则此组结果作废。

（3）各试体的抗折强度记录至 0.1MPa，按规定计算平均值，计算精确到 0.1MPa。各个半棱柱体得到的单个抗压强度结果计算至 0.1MPa。按规定计算平均值，计算精确至 0.1MPa。

5. 填写试验表格

水泥胶砂强度试验结果见表 2-6。

表 2-6　水泥胶砂强度试验

任务单号				检测依据			
样品编号				检测地点			
样品名称				环境条件		温度　℃ 湿度　%	
样品描述				试验日期		年　月　日	
主要仪器设备使用情况	仪器设备名称		型号规格	编号		使用情况	
	水泥胶砂搅拌仪		NT-2000	SN-09		正常	
	胶砂振动台		NT-2000	SN-10		正常	
	水泥抗折试验机		DKZ-5000	SN-12		正常	
成型时间		龄期					
		3d			28d		
抗折	极限荷载 F_f(N)	—	—	—	—	—	—
	弯拉强度 $R_f = \dfrac{1.5 F_f L}{b^3}$(MPa)	5.1	5.1	5.5	8.5	8.4	8.3
	平均(MPa)	5.3			8.4		
抗压	极限荷载 F_c(N)	45280　43840　41920	44960　45440　43360		85030　83570　84400	85300　86360　86080	
	抗压强度 $R_c = \dfrac{F_c}{A}$(MPa)	28.3　27.4　26.2	28.1　28.4　27.1		53.1　52.2　52.8	53.3　54.0　53.8	
	平均(MPa)	27.6			53.2		

说明：

复核：　　　　　　　　　　记录：　　　　　　　　　　试验：

 思考与讨论

影响水泥强度的因素有哪些？又是如何影响的？

任务 2.8 完成水泥检测项目报告

检 测 报 告

报告编号：

检测项目： <u>水泥物理性能检测</u>

委托单位： <u>　　　　　　　　　　</u>

受检单位： <u>　　　　　　　　　　</u>

检测类别： <u>　　　委托　　　</u>

班级		检测小组组号	
组长		手机	
检测小组成员			

地址：   邮政编码：

电话：   电子信箱：

检 测 报 告

报告编号： 共 页 第 页

样品名称	水泥	检测类别	委托
委托单位		送样人	
见证单位		见证人	
受检单位		样品编号	
工程名称	104国道长兴雉城过境段改建工程	规格或牌号	P·O 52.5
现场桩号或结构部位	上部构造	厂家或产地	长兴
抽样地点		出产日期	
样本数量	100kg	取样（成型）日期	
代表数量	2袋	收样日期	
样品描述	袋装、无结块	检测日期	
附加说明	无		

检 测 声 明

1. 本报告无检测实验室"检测专用章"或公章无效；

2. 本报告无编制、审核和批准人签字无效；

3. 本报告涂改、错页、换页、漏页无效；

4. 复制报告未重新加盖本检测实验室"检测专用章"或公章无效；

5. 未经本检测实验室书面批准，本报告不得复制报告或作为他用；

6. 如对本检测报告有异议或需要说明之处，请于报告签发之日起十五日内向本单位提出；

7. 委托试验仅对来样负责。

检 测 报 告

报告编号： 　　　　　　　　　　　　　　　　　　　　　共　　页　第　　页

检测参数		计量单位	国家标准	检测结果				单项评定
标准稠度用水量		%		26.1				
初凝时间		min	≥45	143				合格
终凝时间		min	≤600	212				合格
细度		%	≤10	412				合格
安定性			必须合格	0.5				合格
3d 强度	抗折	MPa	≥4.0	5.1	5.1	5.5	$\overline{X}$=5.3	合格
	抗压		≥22.0	28.3	27.4	26.2	$\overline{X}$=27.6	
				28.1	28.4	27.1		
28d 强度	抗折	MPa	≥7.0	8.5	8.4	8.3	$\overline{X}$=8.4	合格
	抗压		≥52.5	53.1	52.2	52.8	$\overline{X}$=53.2	
				53.3	54.0	53.8		

检测依据/综合 判定原则	1. 检测依据：《公路工程水泥及水泥混凝土试验规程》（JTG E30—2005） 2. 评判依据：《通用硅酸盐水泥》（GB 175—2007）
检测结论	见本页

备注：

编制：　　　　审核：　　　　　批准：　　　　　　签发日期：（盖章）

 思考与讨论

除了报告中水泥测定的物理性质指标外，水泥还有哪些化学性质指标？

水泥的化学指标主要是控制水泥中有害化学成分，若超过最大允许限量值，即意味着对水泥的性能和质量可能产生有害和潜在影响。

1）氧化镁含量

在水泥熟料中，常含有少量未与其他矿物结合的游离氧化镁，这种多余的氧化镁是高温时形成的方镁石，它水化为氢氧化镁的速度很慢，常在水泥硬化以后才开始水化，产生体积膨胀，可导致水泥石结构产生裂缝甚至破坏，因此是引起水泥体积安定性不良的原因之一。我国现行标准《通用硅酸盐水泥》(GB 175—2007)规定：水泥中氧化镁的含量不大于5.0%，如果压蒸试验合格，则允许放宽到6.0%。

2）三氧化硫含量

水泥中的三氧化硫主要是生产时为调节凝结时间加入石膏而产生的。石膏超过一定限量后，水泥性能会变坏，甚至水泥石体积会产生膨胀，导致结构破坏。我国《通用硅酸盐水泥》(GB 175—2007)规定：水泥中三氧化硫含量应不大于3.5%。

3）烧失量

水泥煅烧不佳或受潮后，均会导致烧失量增加。烧失量测定是以水泥在950～1000℃下灼烧15～20min冷却至室温称量。如此反复灼烧，直至恒重，然后计算灼烧前后质量损失率。我国《通用硅酸盐水泥》(GB 175—2007)规定：Ⅰ型硅酸盐水泥烧失量不得大于3.0%，Ⅱ型硅酸盐水泥烧失量不得大于3.5%。普通水泥烧失量不得大于5.0%。

4）不溶物

水泥中不溶物是指用盐酸溶解滤去不溶残渣，经NaOH渗液处理再用盐酸中和，过滤后所得残渣再经高温灼烧至恒重后称量，灼烧后不溶物质量占试样总质量比例为不溶物。我国《通用硅酸盐水泥》(GB 175—2007)规定：Ⅰ型硅酸盐水泥烧失量不得大于0.75%，Ⅱ型硅酸盐水泥烧失量不得大于1.5%。

5）氯离子

水泥中的氯离子含量过高，其主要原因是掺加了混合材料和外加剂，同时氯离子又是混凝土中钢筋锈蚀的重要因素，所以我国《通用硅酸盐水泥》(GB 175—2007)规定：水泥中氯离子含量不得大于0.06%。

6）碱含量

水泥中碱含量是按$Na_2O+0.658K_2O$计算值表示。若水泥中的碱含量高，就可能会产生碱集料反应，从而导致混凝土产生膨胀破坏。因此用活性集料时，应采用低碱水泥，碱含量应不得大于0.6%，或有供需双方商定。

 思考与讨论

如何判定水泥合格品与不合格品，以及水泥的运输储存有何要求？

(1) 水泥合格品与不合格品判定。按国家标准《通用硅酸盐水泥》(GB 175—2007)规定：检测结果符合不溶物、烧失量、氧化镁、三氧化硫、氯离子、初凝时间、终凝时间、安定性及强度的规定为合格品，不符合上述规定中的任何一项技术要求为不合格品。

(2) 水泥储存要求。硅酸盐水泥在储存和运输过程中，应按不同品种、不同强度等级及出厂日期分别储运，不得混杂，要注意防潮、防水，地面应铺放防水隔离材料或用木板加设隔离层。袋装水泥的堆放高度不得超过10袋。即使是良好的储存条件，水泥也不宜久存。在空气中因水蒸气及CO_2的作用，水泥会发生部分水化和碳化，使水泥的强度及胶结力降低。一般水泥在储存3个月后，强度降低10%～20%，6个月后降低15%～

30％，1年后降低25％～40％。水泥的有效储存期是3个月，存放期超过3个月的水泥在使用时必须重新鉴定其技术性能。虽未过期但已受潮结块的水泥，必须重新检验后方可使用，不同品种的水泥不得混合使用；对同一品种的水泥，强度等级不同，或出厂期相差太久，也不得混合使用。

专业知识延伸阅读

水泥是一种水硬性胶凝材料，也是市政工程中用量最大的建筑材料之一，在市政工程中常用的是通用硅酸盐水泥，通用硅酸盐水泥是以硅酸盐水泥熟料和适量石膏及规定的混合材料制成的水硬性胶凝材料。按混合材料的品种和掺量分为硅酸盐水泥、普通硅酸盐水泥、矿渣硅酸盐水泥、火山灰质硅酸盐水泥、粉煤灰硅酸盐水泥和复合硅酸盐水泥，另外为满足工程特性要求的不同有道路水泥、膨胀水泥、快硬水泥。下面作一简单介绍。

1. 硅酸盐水泥、普通硅酸盐水泥

1）定义

现行国家标准 GB 175—2007 规定：凡由硅酸盐水泥熟料、0～0.5％的石灰石或粒化高炉矿渣和适量石膏磨细制成的水硬胶凝材料称为硅酸盐水泥。硅酸盐水泥分两种类型：不掺加混合材料的称Ⅰ型硅酸盐水泥，代号 P·Ⅰ；在硅酸盐水泥熟料粉磨时掺加不超过水泥质量5％石灰石或粒化高炉矿渣混合材料的称Ⅱ型硅酸盐水泥，代号 P·Ⅱ。硅酸盐水泥在国际上统称波特兰水泥。

凡由硅酸盐水泥熟料、6％～15％混合材料、适量石膏磨细制成的水硬性胶凝材料，称为普通硅酸盐水泥（简称普通水泥），代号 P·O。掺活性混合材料时，最大掺量不得超过15％，其中允许用不超过水泥质量5％的窑灰或不超过水泥质量10％的非活性混合材料来代替；掺非活性混合材料时，最大掺量不得超过水泥质量的10％。

2）技术性质

按国家标准《通用硅酸盐水泥》（GB 175—2007)规定：硅酸盐水泥和普通硅酸盐水泥的强度等级划分及强度指标要求见表2-5，其他如细度、凝结时间、安定性、不溶物、MgO含量、SO_3含量、碱含量和氯离子等物理化学技术指标要求见表2-7。

表2-7　硅酸盐水泥和普通硅酸盐水泥技术标准

指标		细度（比表面积）（m²/kg）	凝结时间(min)		安定性	强度(MPa)	不溶物		MgO质量分数	SO₃质量分数	烧失量		碱含量Na₂O+0.658 k₂O 计（%）	氯离子（%）
			初凝	终凝										
技术标准	硅酸盐水泥	≥300	≥45	≤390	必须合格	见表	P·Ⅰ ≤0.75	P·Ⅱ ≤1.50	≤5.0	≤3.5	P·Ⅰ ≤3.0	P·Ⅱ ≤3.5	≤0.60	≤0.60
	普通硅酸盐水泥	≥300	≥45	≤390	必须合格	见表	—		≤5.0	≤3.5	≤5.0		≤0.60	≤0.60
试验方法		GB/T 8074	GB/T 1346		GB/T 750	GB/T 17671	GB/T 17671							JC/T 420

3）特性及应用

硅酸盐水泥凝结硬化快，早期和后期强度均较高，适用于有早强要求、冬季施工、高强的混凝土工程；抗冻性好，适用于严寒地区反复冻融的混凝土工程；水化热大，不宜用于大体积混凝土工程；耐腐蚀性和耐热性差，不宜用于腐蚀环境和高温环境；抗碳化性能好；干缩性小；耐磨性好，可用于道路水泥路面。

普通硅酸盐水泥的组成与硅酸盐水泥非常相似，因此其特性与硅酸盐水泥相近。但由于掺入的混合材料相对较多，与硅酸盐水泥相比，其早期硬化速度稍慢，3d 的抗压强度稍低，抗冻性与耐磨性能也稍差。在应用范围方面，与硅酸盐水泥也相同，广泛用于各种混凝土或钢筋混凝土工程，是我国主要水泥品种之一。

2. 矿渣水泥、火山灰水泥、粉煤灰水泥、复合硅酸盐水泥

1）定义

凡由硅酸盐水泥熟料和粒化高炉矿渣，再加适量石膏磨细制成的水硬性胶凝材料称为矿渣硅酸盐水泥（简称矿渣水泥），代号 P·S。水泥中粒化高炉矿渣掺加量按质量百分比记为 20%～70%。允许用石灰石、粉煤灰、火山灰质混合材料中的一种材料代替矿渣，代替数量不得超过水泥质量的 8%，代替后水泥中粒化高炉矿渣不得少于 20%。

凡由硅酸盐水泥熟料和火山灰质混合材料，再加适量石膏磨细制成的水硬性胶凝材料称为火山灰质硅酸盐水泥（简称火山灰水泥），代号 P·P。水泥中火山灰质混合材料掺加量按质量百分比计为 20%～50%。

凡由硅酸盐水泥熟料和粉煤灰，再加适量石膏磨细制成的水硬性胶凝材料称为粉煤灰硅酸盐水泥（简称粉煤灰水泥），代号 P·F。水泥中粉煤灰掺加量按质量百分比计为 20%～40%。

凡由硅酸盐水泥、两种或两种以上规定的混合材料，再加适量石膏磨细制成的水硬性胶凝材料，称为复合硅酸盐水泥（简称复合水泥），代号 P·C。水泥中混合材料总掺加量按质量百分比计应大于 15%，但不超过 50%。

2）技术性质

按国家标准《通用硅酸盐水泥》（GB 175—2007）规定：矿渣水泥、火山灰水泥、粉煤灰水泥、复合硅酸盐水泥中细度、凝结时间、安定性、氧化镁含量、三氧化硫含量技术指标要求见表 2-8，这四种水泥按规定龄期的抗压强度和抗折强度划分为 32.5、32.5R、42.5、42.5R、52.5、52.5R 六个强度等级，各强度等级水泥的各龄期强度不得低于表 2-9 中的数值。

表 2-8　矿渣水泥、火山灰水泥、粉煤灰水泥、复合硅酸盐水泥技术标准

指标	细度 80μm 筛余量	凝结时间（min）		安定性	强度 MPa	MgO 质量分数	SO₃ 质量分数		碱含量 Na₂O+0.658K₂O 计（质量分数）	氯离子（质量分数）
		初凝	终凝				P·S	P·P P·F P·C		
技术要求	≤10	≥45	≤600	必须合格	见表	≤6.0	≤4.0	≤3.5	供需双方定	≤0.60
试验方法	GB/T 1345	GB/T 1346		GB/T 750	GB/T 17671	GB/T 176				JC/T 420

表 2-9　矿渣水泥、火山灰水泥、粉煤灰水泥和复合硅酸盐水泥强度要求

强度等级	抗压强度(MPa)		抗折强度(MPa)	
	3d	28d	3d	28d
32.5	10.0	32.5	2.5	5.5
32.5R	15.0	32.5	3.5	5.5
42.5	15.0	42.5	3.5	6.5
42.5R	19.0	42.5	4.0	6.5
52.5	21.0	52.5	4.0	7.0
52.5R	23.0	52.5	4.5	7.0

3) 特性及应用

与硅酸盐水泥和普通硅酸盐水泥相比,四种水泥的共同特性和各自特性如下。

(1) 水泥共同特性是:凝结硬化速度较慢,早期强度较低,后期强度增长较快;水化热较低;对湿热敏感性较高,适合蒸汽养护;抗硫酸盐腐蚀能力较强;抗冻性、耐磨性较差等。

(2) 水泥各自特性为:矿渣水泥和火山灰水泥的干缩值较大,矿渣水泥耐热性较好,粉煤灰水泥的干缩值较小,抗裂性较好。

(3) 复合硅酸盐水泥的特性取决于所掺混合材料的种类、掺量及相对比例,与矿渣水泥、火山灰水泥、粉煤灰水泥有不同程度的相似。由于复合水泥中掺入了两种或两种以上的混合材料,其水化热较低,而早期强度较高,使用效果较好,适用于一般混凝土工程。

3. 道路硅酸盐水泥

1) 定义

由道路硅酸盐水泥熟料、0~10%活性混合材料和适量石膏磨细制成的水硬性胶凝材料,称为道路硅酸盐水泥(简称道路水泥)。道路硅酸盐水泥熟料以硅酸钙为主要成分,含有较多铁铝酸钙的熟料。

2) 技术要求

根据《道路硅酸盐水泥》(GB 13693—2005)规定,道路硅酸盐水泥的技术要求见表 2-10。

表 2-10　道路硅酸盐水泥的技术标准

项目	技术标准
氧化镁	含量不超过 5.0%
三氧化硫	含量不超过 3.5%
烧失量	不得大于 3.0%
比表面积	为 300~450m²/kg

（续）

项目	技术标准
凝结时间	初凝不得早于 1.5h，终凝不得迟于 10h
安定性	用煮沸法检验必须合格
干缩率	28d 干缩率不得大于 0.10％
耐磨性	28d 磨损量应不大于 3.60kg/m²
碱含量	由供需双方商定。若使用活性骨料，用户要求提供碱水泥时，水泥中碱含量应不超过 0.60％

注：表中的百分数均指占水泥质量的百分数。

道路硅酸盐水泥各龄期的强度不得低于表 2-11 的规定。

表 2-11 道路水泥的强度要求

强度等级	抗折强度（MPa）		抗压强度（MPa）	
	3d	28d	3d	28d
32.5	3.5	6.5	16.0	32.5
42.5	4.0	7.0	21.0	42.5
52.5	5.0	7.5	26.0	52.5

3）特性及应用

道路硅酸盐水泥具有早期强度高、抗折强度高、耐磨性好、干缩率小的特性、适用于道路路面和对耐磨、抗干缩等性能要求较高的工程。

4. 快硬硅酸盐水泥

1）定义

凡以硅酸盐为主要成分的水泥熟料，加入适量石膏经磨细制成的早期强度增进率较快的水硬性胶凝材料，称为快硬硅酸盐水泥，简称快硬水泥。熟料中硬化最快的矿物成分是铝酸三钙和硅酸三钙。制造快硬水泥时，应适当提高它们的含量，通常硅酸三钙为 50％～60％，铝酸三钙为 8％～14％，铝酸三钙和硅酸三钙的总量应不少于60％～65％。为加快硬化速度，可适当提高水泥的粉磨细度。快硬水泥以 3d 强度确定其强度等级。快硬水泥主要用于配制早强混凝土，适用于紧急抢修工程和低温施工工程。

2）技术要求

快硬硅酸盐水泥的技术标准见表 2-12。

表 2-12 快硬硅酸盐水泥的技术标准

项目	技术标准
氧化镁	含量不超过 5.0％
三氧化硫	含量不超过 4.0％

（续）

项目	技术标准
细度	$80\mu m$ 筛余量不大于 10%
凝结时间	初凝不得早于 1.5h，终凝不得迟于 10h
安定性	用煮沸法检验必须合格

3）工程应用

快硬水泥具有早期强度提高快的特点，其 3d 抗压强度可达到强度等级，后期强度仍有一定增长，因此适用于紧急抢修工程、冬季施工工程。用于制造预应力钢筋混凝土或混凝土预制构件，可提高早期强度，缩短养护期，加快周转。不宜用于大体积混凝土工程，快硬水泥的缺点是干缩率大，储存期超过一个月，须重新检验。

5．膨胀水泥

1）定义和种类

膨胀水泥是在凝结硬化过程中不产生收缩，而具有一定膨胀性能的水泥。这种特性可减少和防止混凝土的收缩裂缝，增加密实度，也可用于生产自应力水泥砂浆或混凝土。膨胀型水泥根据所产生的膨胀量（自应力值）和用途也可分为两类：收缩补偿型膨胀水泥（简称膨胀水泥）和自应力型膨胀水泥（简称自应力水泥）。膨胀水泥的膨胀量较小，自应力值小于 2.0MPa，通常为 0.5MPa；而自应力水泥的膨胀量较大，其自应力值不小于 2.0MPa。

膨胀型水泥的品种较多，根据其基本组成有硅酸盐膨胀水泥、明矾石膨胀水泥、铝酸盐膨胀水泥、铁铝酸盐膨胀水泥、硫铝酸盐膨胀水泥等。

2）技术性质

各种膨胀水泥的膨胀性不同，其技术指标要求也不同，通常规定的技术指标包括：比表面积、凝结时间、膨胀率、强度等，具体数值要求见表 2-13。

表 2-13　自应力水泥技术标准

性能指标		类别		
		硅酸盐自应力水泥	铝酸盐自应力水泥	硫铝酸盐自应力水泥
比表面积（m²/kg）		＞340	＞560	＞370
凝结时间（min）	初凝	≥30min	≥30min	≥30min
	终凝	≤8h	≤3h	≤4h
砂浆膨胀率（%）		≤3	7d＞1.2 28d＞1.5	7d＞1.5 28d＞2.0
砂浆自应力值（MPa）		2～4	7d＞3.5 28d＞4.5	＞4.5
强度（MPa）	抗压	＞8.0	7d＞30 28d＞35	3d＞35 28d＞52.5
	抗折	—	—	3d＝4.8 28d＝6.0

3）工程应用

膨胀型水泥适用于补偿收缩混凝土结构工程、防渗抗裂混凝土工程、补强和防渗抹面工程，常用于水泥混凝土路面、机场道路、自应力混凝土工程、堵漏工程、修补工程以及大口径混凝土管及其接缝、梁柱和管道接头、固接机器底座和地脚螺栓。

思考与讨论

通用水泥的主要特点及适用范围？

通用水泥的主要特点及适用范围见表 2 - 14。

表 2 - 14　通用水泥的主要特点及适用范围

品种	主要特点	适用范围	不适用范围
硅酸盐水泥	1. 早强快硬 2. 水化热高 3. 耐冻性好 4. 耐热性差 5. 耐腐蚀性差 6. 对外加剂的作用比较敏感	1. 适用快硬早强工程 2. 配制强度等级较高的混凝土	1. 大体积混凝土 2. 受化学侵蚀水及压力作用的工程
普通硅酸盐水泥	1. 早强 2. 水化热较高 3. 耐冻性较好 4. 耐热性较差 5. 耐腐蚀性较差 6. 低温时凝结时间有所延长	1. 地上、地下及水中的混凝土、钢筋混凝土和预应力混凝土结构，包括早期强度要求较高的工程 2. 配制建筑砂浆	1. 大体积混凝土 2. 受化学侵蚀水及压力作用的工程
矿渣硅酸盐水泥	1. 早期强度低，后期强度增长较快 2. 水化热较低 3. 耐热性较好 4. 抗硫酸侵蚀性好 5. 抗冻性较差 6. 干缩性较大	1. 大体积工程 2. 配制耐热混凝土 3. 蒸汽养护的构件 4. 一般地上、地下的混凝土和钢筋混凝土结构 5. 配制建筑砂浆	1. 早期强度要求较高的混凝土工程 2. 严寒地区并在水位升降范围内的混凝土工程
火山质硅酸盐水泥	1. 早期强度低，后期强度增长较快 2. 水化热较低 3. 耐热性较差 4. 抗硫酸侵蚀性好 5. 抗冻性较差 6. 干缩性较大 7. 抗渗性较好	1. 大体积工程 2. 有抗渗要求的工程 3. 蒸汽养护的构件 4. 一般的地上、地下的混凝土和钢筋混凝土结构 5. 配制建筑砂浆	1. 早期强度要求较高的混凝土工程 2. 严寒地区并在水位升降范围内的混凝土工程 3. 干燥环境中的混凝土工程 4. 有耐磨要求的工程
粉煤灰硅酸盐水泥	1. 早期强度低，后期强度增长较快 2. 水化热较低 3. 耐热性较差 4. 抗硫酸侵蚀性好 5. 抗冻性较差 6. 干缩性较小	1. 大体积工程 2. 有抗渗要求的工程 3. 一般混凝土工程 4. 配制建筑砂浆	1. 早期强度要求较高的混凝土工程 2. 严寒地区并在水位升降范围内的混凝土工程 3. 有抗碳化要求的工程

项目小结

水泥是重要的市政工程材料之一。

本项目主要对 104 国道长兴雉城过境段改建工程、浙江某交通工程有限公司施工单位某项目桥梁上部结构使用的水泥原材料进行检测，基于水泥检测实际工作过程进行任务分解并讲解了每个任务的具体内容。

任务 2.1 承接水泥检测项目：要求根据委托任务和合同填写流转和样品单。

任务 2.2 水泥细度及检测：讲解水泥细度指标，并用负压筛法对其进行检测。

任务 2.3 水泥标准稠度用水量及检测：讲解水泥标准稠度用水量指标，并用试杆法对其进行检测。

任务 2.4 水泥凝结时间及检测：讲解水泥凝结时间指标，并用标准法对其进行检测。

任务 2.5 水泥安定性及检测：讲解水泥安定性指标，并用雷氏法对其进行检测。

任务 2.6 水泥胶砂试件制作养护：进行了水泥胶砂试件的制作和养护。

任务 2.7 水泥胶砂强度及检测：对水泥进行了抗压和抗折强度检测。

任务 2.8 完成水泥检测项目报告：根据委托要求，完成水泥检测报告。

通过专业知识延伸阅读，了解其他水泥。

职业考证练习题

一、单选题

1. 水泥胶砂强度检验方法(ISO 法)成型水泥胶砂试件时所需的材料有：①水泥；②标准砂；③水。正确的加料顺序是(　　)。

A. ①③②　　　　　B. ③②①　　　　　C. ③①②　　　　　D. ②①③

2. 用负压筛法检测水泥细度的正确步骤(　　)。

①称取代表性的试样 25g；②将负压筛压力调准至 4000~6000Pa；③开动负压筛，持续筛析 2min；④倒在负压筛上，扣上筛盖并放到筛座上；⑤称取筛余物；⑥计算。

A. ①②③④⑤⑥　　B. ⑤④③①②⑥　　C. ②①④③⑤⑥　　D. ②⑤④③①⑥

3. 水泥的物理力学性质技术要求包括细度、凝结时间、安定性和(　　)。

A. 烧失量　　　　　B. 强度　　　　　　C. 碱含量　　　　　D. 三氧化硫含量

4. 水泥强度低于商品标识强度的指标，应(　　)。

A. 按实测强度使用　B. 视为废品　　　　C. 降低等级使用　　D. 视为不合格产品

5. 试饼法检验水泥的安定性时，试饼成型后(　　)放入煮沸箱中沸煮。

A. 立即

B. 在养护箱中养护 12h 后

C. 在养护箱中养护 24h 后

D. 在养护箱中养护 3d 后

6. 安定性试验的沸煮法主要是检验水泥中是否含有过量的(　　)。

A. Na_2O　　　　　B. SO_3　　　　　C. 游离 MgO　　　D. 游离 CaO

7. 三块水泥胶砂试块进行抗折强度试验，测得的极限荷载分别是 3.85kN、3.60kN、3.15kN，则最后的试验结果为( )。

A. 作废　　　　　　B. 8.44MPa　　　　　　C. 7.91MPa　　　　　　D. 8.73MPa

8. 硅酸盐类水泥不适宜用作( )。

A. 道路混凝土　　　　　　　　　　　　B. 大体积混凝土

C. 早强混凝土　　　　　　　　　　　　D. 耐久性要求高的混凝土

9. 当水泥的( )指标不符合要求时,该水泥判定为废品水泥。

A. 强度　　　　　　　　　　　　　　　B. 初凝时间

C. 细度　　　　　　　　　　　　　　　D. 游离氧化钙和氧化镁含量

10. 水泥胶砂 3d 龄期强度试验应在( )时间里进行。

A. 72h±30min　　　　　　　　　　　　B. 72h±45min

C. 72h±60min　　　　　　　　　　　　D. 72h±90min

二、判断题

1. 储存期超过 3 个月的水泥,使用时应重新测定其强度。( )

2. 水泥标准稠度用水量是国家标准规定的。( )

3. 水泥技术性质中,凡氧化镁、三氧化硫、终凝时间、体积安定性中的任一项不符合国家标准规定均视为废品水泥。( )

4. 生产水泥时掺入适量石膏主要目的是提高强度。( )

5. 水泥的初凝不能过早,终凝不能过迟。( )

6. 水泥颗粒越细,水化速度越快,早期强度越高。( )

7. 国家标准规定,以标准维卡仪的试杆沉入水泥净浆距底板 6mm±1mm 时的净浆稠度为标准稠度。( )

8. 在沸煮法测定水泥安定性时,当试饼法测试结果与雷氏法有争议时,以雷氏法为准。( )

9. 水泥胶砂抗压强度试验的结果不能采用去掉一个最大值和一个最小值然后平均的方法进行结果计算。( )

10. 水泥胶砂抗弯拉强度试验应采用跨中三分点双荷载加载方式进行试验。( )

三、多选题

1. 当水泥的( )等指标不符合要求时,该水泥判定为不合格水泥。

A. 强度　　　　　　　　　　　　　　　B. 初凝时间

C. 细度　　　　　　　　　　　　　　　D. 游离氧化钙和氧化镁含量

2. 在下列项目中,( )是水泥的常规物理力学性能检验项目。

A. 烧失量　　　　B. 细度　　　　C. 三氧化硫　　　　D. 安定性

3. 判断水泥为不合格品的依据是( )。

A. 初凝时间　　　　B. 终凝时间　　　　C. 抗折强度　　　　D. 抗压强度

4. 对水泥胶砂强度试验结果带来一些影响的试验条件是( )。

A. 试验材料的配合比　　　　　　　　　B. 养护方式

C. 所用水泥品种　　　　　　　　　　　D. 压力机的量程范围

5. 水泥细度可采用( )测定。

A. 水筛法　　　　B. 干筛法　　　　C. 负压筛析法　　　　D. 比表面积法

四、简答题

1. 简述 JTGE 30—2005 规程对水泥胶砂强度检验时的温湿度要求。

2. 简述采用标准方法测定水泥净浆标准稠度用水量的试验步骤。

3. 水泥胶砂强度力学测定方法?

4. 简述水泥抗压强度试验对压力试验机的要求。

5. 某工地新购入一批 42.5 级普通硅酸盐水泥,取样送实验室检测,试验结果见表 2-15。

表 2 - 15 42.5 级普通硅酸盐水泥检验结果

龄期	抗折破坏荷载(kN)			抗压破坏荷载(kN)					
3d	1.45	1.80	1.70	25	31	31	30	28	29
28d	3.20	3.35	3.05	80	76	75	73	74	75

试问该水泥强度是否达到规定的强度等级？若该水泥存放 6 个月后，是否凭上述试验结果判定该水泥仍按原强度等级使用，为什么？

项目3

沥青检测

教学目标

能力(技能)目标	认知目标
1. 能试验检测石油沥青主要技术指标 2. 能完成沥青检测报告	1. 掌握石油沥青三大指标(针入度、延度、软化点)与集料黏附性技术指标的含义、评价 2. 了解其他品种沥青

项目导入

本项目检测沥青来源于杭宁高速 2010 年养护专项工程第十三合同段上面层所用沥青，受浙江省某交通工程有限公司委托，拟对沥青进行基本性能检测。

任务分析

为了完成这个沥青检测项目，根据委托内容和基于项目工作过程进行任务分解如下。

任务 3.1	承接沥青检测项目任务
任务 3.2	沥青针入度检测
任务 3.3	沥青延度检测
任务 3.4	沥青软化点检测
任务 3.5	沥青与集料黏附性检测
任务 3.6	完成沥青检测项目报告

任务 3.1　承接沥青检测项目任务

 引例

受浙江省某交通工程有限公司委托，拟对杭宁高速 2010 年养护专项工程第十三合同段上面层所用沥青进行检测。首先应承接项目，填写检验任务单，见表 3-1。

3.1.1　填写检验任务单

由收样室收样员给出沥青检测项目委托单，由试验员按检测项目委托单填写样品流转及检验任务单，见表 3-1；未填空格由学生填写完整。

表 3-1　样品流转及检验任务单

接受任务检测室	沥青及沥青混合料检测室	移交人		移交日期	
样品名称	沥青				
样品编号					
规格牌号	AH-70#				
厂家产地	省公路物资				
现场桩号或结构部位	面层				
取样或成型日期					
样品来源	厂家				
样本数量	15kg				
样品描述	桶装				
检测项目	沥青针入度(25℃，5s，100g)、延度 15℃、软化点、与集料黏附性				
检测依据	JTG E20—2011				
评判依据	JTG F40—2004				
附加说明					
样品处理	1. 领回 2. 不领回√	1. 领回 2. 不领回	1. 领回 2. 不领回	1. 领回 2. 不领回	
检测时间要求					
符合性检查	合格				
接受人			日期		
任务完成后样品处理					
移交人/日期		接受人/日期			

备注：

3.1.2 领样要求

(1) 沥青表面应无灰尘，避免影响检测数据。

(2) 样品数量是否满足检测要求(检测需样品数量约10kg)。

3.1.3 小组讨论

根据填写好的样品流转及检验任务单，对需要检测的项目展开讨论，确定实施方法和步骤。

任务3.2 沥青针入度检测

 引例

根据检验任务单要求，需要对沥青针入度指标进行检测。

3.2.1 沥青针入度

沥青针入度试验能有效反映黏稠石油沥青的相对黏度，其指标作为划分沥青技术等级的主要指标。沥青的标号是用针入度来划分的。

针入度是指在规定温度和时间内，附加一定质量的标准针垂直贯入沥青试验的深度，以0.1mm计。沥青针入度试验能有效反映黏稠石油沥青的相对黏度，其指标作为划分沥青技术等级的主要指标。在相同试验条件下，针入度越大，表明沥青越软(稠度越小)。实质上，针入度是测量沥青稠度的一种指标，通常稠度高的沥青，其黏度也高。

3.2.2 沥青针入度测定

1. 目的与适用范围

本方法适用于测定道路石油沥青，聚合物改性沥青针入度以及液体石油沥青蒸馏或乳化沥青蒸发后残留物的针入度，以0.1mm计。

2. 仪器与材料技术要求

(1) 针入度仪(图3-1)。我国现行试验方法《公路工程沥青及沥青混合料试验规程》(JTG E20—2011)规定：标准针和针连杆组合件总质量为(50±0.05)g，另加(50±0.05)g的砝码一个，试验时为总质量(100±0.05)g。仪器应有放置平底玻璃保温皿的平台，并有调节水平的装置，针连杆应与平台相垂直。应有针连杆制动按钮，使针连杆可自由下落。

(2) 标准针。由硬化回火的不锈钢制成，洛氏硬度HRC54~60，表面粗糙度$Ra0.2$~$0.3\mu m$，针及针杆总质量$2.5g±0.05g$。针应设有固定用装置盒，以免碰撞针尖。每根针必须附有计量部门的检验单，并定期进行检验。其形状如图3-2所示。

(3) 盛样皿。金属制，圆柱形平底。小盛样皿的内径55mm，深35mm(适用于针入度小于200的试样)；大盛样皿内径70mm，深45mm(适用于针入度为200~350的试样)；对针入度大于350的试样需要使用特殊盛样皿，其深度小于60mm，试样体积不少于 125mL。

图 3 - 1　沥青针入度仪　　　　　　图 3 - 2　标准针

（4）恒温水浴。容量不少于 10L，控温精度为 ±0.1℃。水中应备有一带孔的隔板（台），位于水面下不少于 100mm，距水浴底不少于 50mm 处。

（5）平底玻璃皿。容量不少于 1L，深度不少于 80mm。内设有一不锈钢三脚支架，能使盛样皿稳定。

（6）温度计。0～50℃，分度 0.1℃。

（7）盛样皿盖。平板玻璃，直径不小于盛样皿开口尺寸。

（8）其他。秒表、三氯乙烯、电炉或沙浴、石棉网、金属锅或瓷把坩埚铁夹等。

3. 试验操作步骤

1）准备工作

（1）准备试样。按我国现行《公路工程沥青及沥青混合料试验规程》（JTG E20—2011)中的试验方法。

（2）按试验要求将恒温水槽调节到要求的试验温度 25℃，或 15℃、30℃、5℃，保持稳定。

（3）将试样注入盛样皿中，试样高度应超过预计针入度值 10mm，并盖上盛样皿，以防落入灰尘。盛有试样的盛样皿在 15～30℃室温中冷却 [≥1.5h(小盛样皿)，≥2h(大盛样皿)，≥3h(特殊或盛样皿)] 后移入保持规定试验温度 ±0.1℃的恒温水槽中 [≥1.5h(小盛样皿)，≥2h(大试样皿)，≥2.5h(特殊盛样皿)]。

（4）调整针入度仪使之水平，检查针连杆和导轨，以确认无水和其他外来物，无明显摩擦。用三氯乙烯或其他溶剂清洗标准针并拭干，将标准针插入针连杆，用螺钉紧固，按试验条件，加上附加砝码。

2）试验步骤

（1）取出达到恒温的盛样皿，并移入水温控制在试验温度 ±0.1℃(可用恒温水槽中的水)的平底玻璃皿中的三脚支架上，试样表面以上的水层深度不少于 10mm。

（2）将盛有试样的平底玻璃皿置于针入度仪的平台上，慢慢放下针连杆，用适当位置的反光镜或灯光反射观察，使针尖恰好与试样表面接触，将位移计和刻度盘指针复位为零。

（3）开动试验，按下释放健，这时计时和标准针落下贯入试样同时开始，至 5s 时自动停止。

（4）读取位移计和刻度盘指针读数，准确至0.1mm。

（5）同一试样平行试验至少3次，各测试点之间及与盛样皿边缘的距离不应少于10mm。每次试验后应将盛有盛样皿的平底玻璃皿放入恒温水槽，使平底玻璃皿中水温保持试验温度。每次试验应换一根干净标准针或将标准针取下用蘸有三氯乙烯溶剂的棉花或布揩净，再用干棉花或布擦干。

（6）测定针入度大于200的沥青试样时，至少用3支标准针，每次试验后将针留在试样中，直至3次平行试验完成后，才能将标准针取出。

（7）测定针入度指数 PI 时，按同样的方法在15℃，25℃，30℃（或5℃）3个温度条件下分别测定沥青的针入度。

常用的试验温度为25℃（当计算针入度指数 PI 时可采用15℃、25℃、30℃或5℃），标准针贯入时间为5s。例如：某沥青在上述试验条件下，测得标准贯入的深度为100(1/10mm)，则其针入度值可表示为：

$$P(25℃，100g，5s)=100(1/10mm)$$

4. 评定

（1）同一试样3次平行试验结果的最大值和最小值之差在允许偏差范围内时见表3-2，计算3次试验结果的平均值，取整数作为针入度试验结果，以0.1mm为单位。

表3-2　针入度试验允许误差

针入度(0.1mm)	允许差值(0.1mm)
0～49	2
50～149	4
150～49	12
250～500	20

当试验值不符合要求时，应重新进行。

（2）精密度或允许差。

① 当试验结果小于50(0.1mm)时，重复性试验的允许差为2(0.1mm)，复现性试验的允许差为4(0.1mm)。

② 当试验结果大于50(0.1mm)时，重复性试验的允许差为平均值的4%，复现性试验的允许差为平均值的8%。

注意：重复性是用本方法在正常和正确操作情况下，由同一操作人员，在同一实验室内，使用同一仪器，并在短期内，对相同试样所做多个单次测试结果，在95%概率水平两个独立测试结果的最大差值。4个条件：相同的测量环境；相同的测量仪器及在相同的条件下使用；相同的位置；在短时间内的重复。复现性是在不同测量条件下，如不同的方法、不同的观测者、在不同的检测环境对同一被检测的量进行检测时，其测量结果一致的程度。

5. 填写试验表格

针入度试验记录见表3-5。

思考与讨论

请叙述沥青的组分和结构，对针入度会有何影响？

1. 石油沥青的组分

石油沥青的化学成分非常复杂，为了便于分析和研究，目前将石油沥青分离为化学性质相近，而且与其路用性质有一定联系的几个组，这些组就称为"组分"。

我国现行《公路工程沥青及沥青混合料试验规程》(JTG E20—2011)中规定有三组分和四组分两种分析法。三组分分析法将石油沥青分为：油分、树脂和沥青质三个组分。四组分分析法将石油沥青分为：饱和分、芳香分、胶质和沥青质四个组分。除了上述组分外，石油沥青中还含有其他化学组分：石蜡及少量的沥青酸和地沥青酸酐。石油沥青三组分分析法的各组分情况见表3-3和表3-4。

表3-3 石油沥青三组分分析法的各组分情况

组分	平均分子量	外观特征	对沥青性质的影响	在沥青中的含量
油分	200~700	淡黄色透明液体	使沥青具有流动性，但其含量较多时，沥青的温度稳定性较差	40%~60%
树脂	800~3000	红褐色黏稠半固体	使沥青具有良好塑性和黏结性能	15%~30%
沥青质	1000~5000	深褐色固体微末状微粒	决定沥青的温度稳定性和黏结性能	10%~30%

表3-4 石油沥青四组分分析法的各组分情况

组分	平均分子量	相对密度(g/cm³)	外观特征	对沥青性质的影响
饱和分	625	0.89	无色液体	使沥青具有流动性，但其含量的增加会使沥青的稠度降低
芳香分	730	0.99	黄色至黄色液体	使沥青具有良好的塑性
胶质	970	1.09	棕色黏稠液体	具有胶溶作用，使沥青质胶团能分散在饱和分和芳香分组成的分散介质中，形成稳定的胶体结构
沥青质	3400	1.15	深棕色至黑色固体	在有饱和分存在的条件下，其含量的增加可使沥青获得较低的感温性

2. 石油沥青的结构

沥青为胶体结构。沥青的技术性能不仅取决于他的化学组分，而且也取决于他的胶体结构。

在沥青中，分子量很高的沥青质吸附了极性较强的胶质，胶质中极性最强的部分吸附在沥青质的表面，然后逐步向外扩散，极性逐渐减小，直至与芳香分接近，成为分散在饱和分中的胶团，形成稳定的胶体结构。

1）溶胶型结构［图 3 - 3(a)］

当沥青中沥青质含量较少，同时有一定数量的胶质使得胶团能够完全胶溶而分散在芳香分和饱和分的介质中。此时，沥青质胶团相距较远，它们之间的吸引力很小，胶团在胶体结构中运动较为自由，这种胶体结构的沥青就称为胶溶型结构沥青。

这种结构沥青的特点是，稠度小，流动性大，塑性好，但温度稳定性较差。通常，大部分直馏沥青都属于溶胶型沥青。这类沥青在路用性上，具有较好的自愈性，低温时的变形能力较强，但高温稳定性较差。

2）凝胶型结构［图 3 - 3(b)］

当沥青中沥青质含量较高，并有相当数量的胶质来形成胶团，这样，沥青质胶团之间的距离缩短，吸引力增大，胶团移动较为困难，形成空间网格结构，这就是凝胶型结构。

这种结构的沥青弹性和黏结性能较好，高温稳定性较好，但其流动性和塑性较差。

3）溶-凝胶型结构［图 3 - 3(c)］

当沥青中沥青质含量适当，并且有较多数量的胶质，所形成的胶团数量较多，距离相对靠近，胶团之间有一定的吸引力，这种介于溶胶与凝胶之间的结构就称为溶-凝胶型结构。

这类沥青的路用性能较好，高温时具有较低的感温性，低温时又具有较好的变形能力。大多数优质的石油沥青都属于这种结构类型。

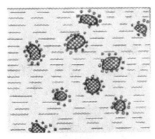 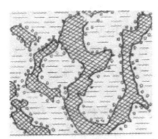 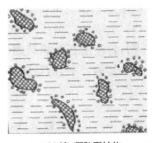

(a) 溶胶型结构　　　　　(b) 凝胶型结构　　　　　(c) 溶-凝胶型结构

图 3 - 3　石油沥青的结构类型图

3. 对针入度影响

一般，沥青中油分组分越多，会使得沥青的针入度值越大；反之，沥青质、树脂组分越多，会使得沥青的针入度值越小，沥青越黏稠。

任务 3.3　沥青延度检测

引例

根据检验任务单要求，需要对沥青延度指标进行检测。

3.3.1　沥青延度

塑性是指石油沥青在外力作用时产生变形而不破坏的性能，在常温下，沥青的塑性较好，对振动和冲击作用有一定承受能力，因此常将沥青铺作路面。沥青的塑性用延度（延伸度）表示。延度越大，表明沥青的塑性越好。延度是评定沥青塑性的重要指标。

沥青延度是将沥青做成 8 字形标准试件,根据要求通常采用温度为 25℃、15℃、10℃、5℃,以 5cm/min±0.25cm/min(当低温采用 1cm/min±0.5cm/min)的速度拉伸至断裂时的长度(cm),即为延度。沥青路面之所以有良好的柔性,在很大程度上取决于这种性质。

3.3.2　沥青延度检测

1. 目的和适用范围

本方法适用于测定道路石油沥青、聚合物改性沥青、液体石油沥青蒸馏残留物和乳化沥青蒸发残留物等材料的延度。

2. 仪器与材料技术要求

(1) 延度仪(图 3-4)。延度仪的测量长度不宜大于 150cm,仪器应有自动控温、控速系统。应满足试件浸没于水中,能保持规定的试验温度,以规定的拉伸速度拉伸试件,且试验时应无明显振动。

(2) 延度试模:黄铜制成,由试模底板、2 个端模和 2 个测模组成,延度试模可从试模底板上取下(图 3-5)。

(3) 恒温水槽:容量不少于 10L,控制温度的准确度为 0.1℃。水槽中应设有带孔搁架,搁架距水槽底不得少于 50mm。试件浸入水中深度不小于 100mm。

(4) 温度计:量程 0~50℃,分度值 0.1℃。

(5) 甘油滑石粉隔离剂(甘油与滑石粉的质量比 2∶1)。

(6) 其他:平刮刀,石棉网,食盐,酒精等。

图 3-4　延度仪

图 3-5　延度试模

3. 试验操作步骤

1) 准备工作

(1) 准备试样:按我国现行《公路工程沥青及沥青混合料试验规程》(JTG E20—2011)中的试验方法。

(2) 将隔离剂拌和均匀,涂于清洁干燥的试模底板和两个侧模的内侧表面,并将试模在试模底板上装妥。

(3) 将沥青试样仔细自试模的一端至另一端往返数次缓缓注入模中(图 3-6),最后略高出试模,灌模时应注意勿使气泡混入。

（4）试件在室温中冷却不少于 1.5h，然后用热刮刀刮除高出试模的沥青，使沥青面与试模面齐平。沥青的刮法应自试模的中间刮向两端，且表面应刮得平滑。将试模连同底板再浸入规定试验温度的水槽中 1.5h。

（5）检查延度仪延伸速度是否符合规定要求，然后移动滑板使其指针正对标尺的零点。将延度仪注水，并保温达试验温度±0.1℃。

2）试验步骤

（1）将保温后的试件连同底板移入延度仪的水槽中，然后将盛有试样的试模自玻璃板或不锈钢板上取下，将试模两端的孔分别套在滑板及槽端固定板的金属柱上（图 3-7），并取下侧模。水面距试件表面应不小于 25mm。

图 3-6　沥青浇注入模　　　　　图 3-7　沥青延度拉伸

（2）开动延度仪，并注意观察试样的延伸情况。此时应注意，在试验过程中，水温应始终保持在试验温度规定范围内，且仪器不得有振动，水面不得有晃动。当水槽采用循环水时，应暂时中断循环，停止水流。

在试验中，如发现沥青细丝浮于水面或沉入槽底时，则应在水中加入酒精或食盐，调整水的密度至与试样相近后，重新试验。

（3）试件拉断时，读取指针所指标尺上的读数，以 cm 表示。在正常情况下，试件延伸时应成锥尖状，拉断时实际断面接近于零。如不能得到这种结果，则应在报告中注明。

4. 结果评定

同一试样，每次平行试验不少于 3 个，如 3 个测定结果均大于 100cm，试验结果记作＞100cm；特殊需要也可分别记录实测值，如 3 个测定结果中，有 1 个以上的测定值小于100mm 时，若最大值或最小值与平均值之差满足重复性试验精度要求，则取 3 个测定结果的平均值的整数作为延度试验结果；若平均值大于 100cm，记作＞100cm；若最大值或最小值与平均值之差不符合重复性试验精度要求时，试验应重新进行。当试验结果小于 100cm 时，重复性试验精度的允许差为平均值的 20％；再现性试验精度的允许差为平均值的 30％。

特别提示

（1）在浇铸试样时，隔离剂配置要适当，以免试样取不下来，对于黏结在玻璃上的试样，应放弃。在试模底部涂隔离剂时，不宜太多，以免隔离剂占用试样部分体积，冷却后造成试样断面不合格，影响试验结果。

（2）在灌模时应使试样高出试模，以免试样冷却后欠模。

（3）对于延度较大的沥青试样，为了便于观察延度值，延度值窿部尽量采用白色衬砌。

（4）在刮模时，应将沥青与试模刮为齐平，尤其是试模中部，不应有低凹现象。

5. 填写试验记录表（表3-5）

 思考与讨论

影响延度试验结果的因素有哪些？

任务 3.4　沥青软化点检测

 引例

根据检验任务单要求，需要对沥青软化点指标进行检测。

3.4.1　沥青软化点

沥青软化点是指沥青试件受热软化而下垂时的温度。不同沥青有不同的软化点，工程用沥青软化点不能太低或太高，否则夏季融化、冬季脆裂且不易施工。

3.4.2　沥青软化点检测

1. 目的和适用范围

本方法适用于测定道路石油沥青、聚合物改性沥青的软化点，也适用于测定液体石油沥青、煤沥青蒸馏残留物或乳化沥青蒸发残留物的软化点。

2. 仪器与材料技术要求

（1）软化点试验仪（图3-8）。其由下列部件组成：

① 钢球：直径9.53mm，质量3.5g±0.05g。

② 试样环：黄铜或不锈钢等制成，形状尺寸（图3-9）。

③ 钢球定位环：黄铜或不锈钢等制成。

（2）金属支架（图3-10）：由两个主杆和三层平行的金属板组成。上层为一圆盘，中间有一圆孔，用以插放温度计。中层板上有两个孔，各放置金属环，中间有一小孔可支持温度计的测温端部，一侧立杆距环上面51mm处刻着水高标记。

图3-8　软化点试验仪

图3-9　软化点试样环

图3-10　金属支架

（3）耐热玻璃烧杯：容量 800～1000mL，直径不小于 86mm，高不小于 120mm。

（4）温度计：0～100℃，分度 0.5℃。

（5）装有温度调节器的电炉或其他加热炉具。

（6）试样底板：金属板或玻璃板。

（7）其他：环夹、恒温水槽、平直刮刀、金属锅、石棉网、坩埚、蒸馏水、甘油滑石粉、隔离剂等。

3．试验操作步骤

1）准备工作

将试样环置于涂有甘油滑石粉隔离剂的试样底板上，将准备好的沥青试样徐徐注入试样环内至略高出环面为止。

如估计试样软化点高于 120℃，则试样环和试样底板（不用玻璃板）均应预热至 80～100℃。试样在室温冷却 30min 后，用环夹夹着试样环，并用热刮刀刮除环面上的试样，务使与环面齐平。

2）试验步骤

如图 3-11 所示为软化点试验。

（1）试样软化点在 80℃以下。

① 将装有试样的试样环连同试样底板置于装有（5±0.5）℃的保温槽冷水中至少 15min；同时将金属支架、钢球、钢球定位环等也置于相同水槽中。

② 烧杯内注入新煮沸并冷却至 5℃的蒸馏水，水面略低于立杆上的深度标记。

③ 从保温槽水中取出盛有试样的试样环放置在支架中层板的圆孔中，套上定位环；然后将整个环架放入烧杯中，调整水面至深度标记，并保持水温为（5±0.5）℃。注意环架上任何部分不得附有气泡。将 0～100℃的温度计由上层板中心孔垂直插入，使端部测温头底部与试样环下面齐平。

图 3-11 软化点试验

④ 将盛有水和环架的烧杯移至放有石棉网的加热炉具上，然后将钢球放在定位环中间的试样中央，立即加热，使杯中水温在 3min 内调节至维持每分钟上升（5±0.5）℃。

注意，在加热过程中，如温度上升速度超出此范围时，则试验应重做。

⑤ 试样受热软化逐渐下坠，至与下层底板表面接触时，立即读取温度，精确至 0.5℃。

（2）试样软化点在 80℃以上。

① 将装有试样的试样环连同试样底板置于装有（32±1）℃甘油的保温槽中至少 15min；同时将金属支架、钢球、钢球定位环等也置于甘油中。

② 在烧杯内注入预先加热至 32℃的甘油，其液面略低于立杆上的深度标记。

③ 从保温槽中取出装有试样的试样环按上述(1)的方法进行测定，读取温度至1℃。

4. 结果评定

同一试样平行试验2次，当两次测定值的差值符合重复性试验精度要求时，取其平均值作为软化点试验结果，准确至0.5℃。

当试样软化点小于80℃时，重复性试验精度的允许差为1℃，再现性试验允许差为4℃。

当试样软化点等于或大于80℃时，重复性试验精度的允许差为2℃，再现性试验精度的允许误差为8℃。

5. 填写试验表格

软化点试验记录见表3-5。

表3-5 沥青三大指标试验

任务单号			检测依据	JTG E20—2011
样品编号			检测地点	
样品名称			环境条件	温度 ℃ 湿度 %
样品描述			试验日期	年 月 日

主要仪器设备使用情况	仪器设备名称	型号规格	编号	使用情况
	全自动数显沥青针入度仪	P734	LQ-01	正常
	调温调速沥青延伸度仪	LYY-10A	LQ-05	正常
	全自动沥青软化点测试仪(环球法)	NBA440	LQ-06	正常
	低温恒温水槽	DC-1030	LQ-03	正常

沥 青 针 入 度 试 验

针杆总质量(g)	100.05	入针时间(s)	5	试验温度(℃)	25
试验次数		1	2		3
针入度值(0.1mm)		69.5	69.8		70.1
平均针入度值(0.1mm)		70			

说明:

沥 青 软 化 点 试 验(环球法)

加热介质	蒸馏水	起始温度(℃)	5.1	温度上升速度(℃/min)	5
试验次数		1		2	
软化点(℃)		47.2		47.4	
平均软化点(℃)		47.0			

说明:

(续)

沥青延度试验			
试验温度(℃)	15	延伸速度 (cm/min)	5
试验次数	1	2	3
延度(cm)	>100	>100	>100
平均延度(cm)	>100		

说明：

复核： 记录： 试验：

 思考与讨论

石油沥青除了黏滞性、塑性、温度稳定性外，还有哪些技术性质？

石油沥青除了黏滞性、塑性、温度稳定性外，还有以下技术性质：

1) 加热稳定性

沥青加热时间过长或过热，其化学组成会发生变化，从而导致沥青的技术性质产生不良变化，这种性质就称为沥青加热稳定性。通常采用测定沥青加热一定温度、一定时间后，沥青试样的质量损失，以及加热前后针入度和软化点的改变来表示。对道路石油沥青采用沥青薄膜加热试验；对液体石油沥青采用蒸馏试验。

2) 安全性

施工时，黏稠沥青需要加热使用。在加热至一定温度时，沥青中的部分物质会挥发成为气态，这种气态物质与周围空气混合，遇火焰时会发生闪火现象；若温度继续升高，挥发的有机气体继续增加，在遇火焰时会发生燃烧(持续燃烧达 5s 以上)。开始出现闪火现象时的温度，称为闪点或闪火点；沥青产生燃烧时的温度，称为燃点。闪点和燃点的高低表明了沥青引起火灾或爆炸的可能性大小，关系到使用、运输、储存等方面的安全。我国现行规范《公路工程沥青及沥青混合材料试验规程》(JTJ 052—2000)常用克利夫兰开口杯式闪点仪(图 3-12)测定。

3) 溶解度

沥青的溶解度是指石油沥青在三氯乙烯中溶解的百分率(即有效物质含量)。那些不溶解的物质为有害物质(沥青碳、似碳物)，会降低沥青的

图 3-12 克利夫兰开口杯式闪点仪

性能，应加以限制。

4）含水量

含水量是指沥青试样内含有水分的数量，以质量百分率表示。沥青中如含有水分，施工中挥发太慢，会影响施工速度，所以要求沥青中含水量不宜过多。在加热过程中，如水分过多，当沥青加热时会形成泡沫，泡沫的体积会随温度升高而增大，最终使沥青从熔锅中溢出，除损失沥青材料外，溢出的泡沫还可能引起火灾。所以在熔化沥青时应加快搅拌速度，促进水分蒸发，控制加热温度。

5）针入度指数 PI

测定针入度指数 PI 前应分别先测定在 15℃、25℃、30℃（或 5℃）3 个或 3 个以上（必要时增加 10℃、20℃ 等）温度条件下沥青针入度，测定针入度指数有两种方法：

（1）公式计算法。将 3 个或 3 个以上（必要时增加 10℃、20℃等）温度条件下测试沥青针入度值取对数，令 $y=\lg P$，$x=T$，按式（3-1）的针入度对数与温度的直线关系，进行 $y=a+bx$ 一元一次方程的直线回归（图 3-13），求取针入度温度指数 $A_{\lg Pen}$。

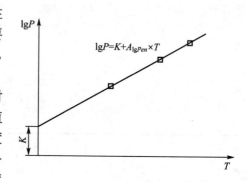

图 3-13　针入度对数与温度直线回归关系图

$$\lg P=K+A_{\lg Pen}\times T \tag{3-1}$$

式中：$\lg P$——不同温度条件下测得针入度值的对数；

T——试验温度；

K——回归方程的常数项 a；

$A_{\lg Pen}$——回归方程的系数 b。

按式（3-1）回归时必须进行相关性检验，直线回归相关系数 不得小于 0.997（置信度 95％），否则试验无效。

按式（3-2）计算沥青的针入度指数。

$$PI=\frac{20-500A_{\lg Pen}}{1+50A_{\lg Pen}} \tag{3-2}$$

（2）诺模图法。将 3 个或 3 个以上不同温度条件下测试的针入度值绘于如图 3-14 所示的针入度温度关系诺模图中，按最小二乘法则绘制回归直线，将直线向两端延长，分别与针入度为 800 及 1.2 的水平线相交，交点的温度即为当量软化点 T_{800} 和当量脆点 $T_{1.2}$。以图中 O 点为原点，绘制回归直线的平行线，与 PI 线相交，读取交点处的 PI 值即为该沥青的针入度指数。

针入度指数（PI）值越大，表示沥青的感温性越小。通常，按 PI 来评价沥青的感温性时，要求沥青的 PI＝－1～＋1 之间。但是随着近代交通的发展，对沥青感温性提出更高的要求，因此也要求沥青具有更高的 PI 值。沥青针入度指数 PI 提高，可增加沥青路面的抗车辙能力。但是沥青的高温抗形变能力与低温抗裂缝能力往往是互相矛盾的。在提高高温稳定性的同时，又要不降低低温抗裂性，这就意味着对沥青材料提出更高的要求。

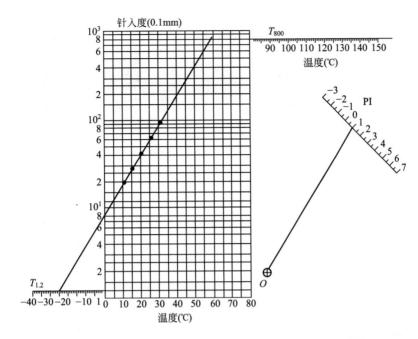

图 3-14　确定道路沥青 PI、T_{800}、$T_{1.2}$ 的针入度温度关系诺模图

6）黏附性

沥青与集料的黏附性之间影响沥青路面的使用质量和耐久性，不仅与沥青性质有关，而且与集料的性质有关。常采用水煮法和水浸法检测（沥青混合料的最大粒径大于13.2mm 时采用水煮法，小于或等于 13.2mm 时采用水浸法）。按沥青剥落面积的百分率来评定黏附性。

7）老化

沥青在使用过程中，长期受到环境热、阳光、大气、雨水以及交通等因素作用，各组分会不断递变，低分子的化合物会逐渐转变为高分子的物质，既表现为油分和树脂逐渐减少，沥青质逐渐增多，从而使得沥青的流动性和塑性逐渐减小，硬度和脆性逐渐增加，直至脆裂，这个过程就称为沥青的老化。采用质量蒸发损失百分率和蒸发后的针入度表示。质量蒸发损失百分率是将沥青试样在 160℃下加热蒸发 5h，沥青所蒸发的质量与试样总质量的百分率。

8）劲度

劲度模量也称为刚度模量，是表示沥青黏性和弹性联合效应的指标。沥青在变形时呈现黏弹性。在低温瞬时荷载作用下，以弹性形变为主；高温长时间荷载作用下以黏性变形为主。

范·德·波尔在论述黏弹性材料的抗变形能力时，以荷载作用时间（t）和温度（T）作为应力（σ）与应变（ε）之比的函数，即在一定荷载作用时间和温度条件下，应力应变的比值称为劲度模量，故可表示为：$S_b = \left(\dfrac{\sigma}{\varepsilon}\right)_{t,T}$。沥青的劲度 S_b 与荷载作用时间（t）、温度（T）和针入度指数 PI 等参数有关。如式 $S_b = f(T, t, PI)$，可以通过这三个参数利用劲度模量诺模图，确定沥青劲度模量（图 3-15）。

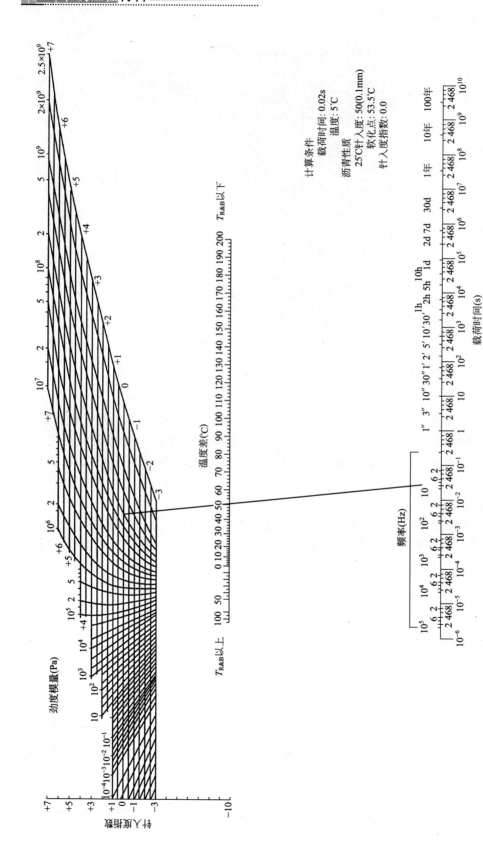

图 3 - 15　沥青劲度模量诺谟图

任务 3.5　沥青与集料黏附性检测

引例

根据检验内容单要求,需要对沥青与集料黏附性进行检测。

3.5.1　沥青与集料黏附性

沥青与集料黏附性试验是根据沥青黏附在粗集料表面的薄膜在一定温度下,受水的作用产生剥离的程度,以判断沥青与集料表面的黏附性能。它是测定沥青与矿料的黏附性及评定集料的抗水剥离能力。

3.5.2　沥青与集料黏附性检测

1. 适用范围

根据沥青混合料的最大集料粒径,对于大于 13.2mm 及小于(或等于)13.2mm 的集料分别选用水煮法或水浸法进行试验,对同一种料源既有大于又有小于 13.2mm 不同粒径的集料时,取大于 13.2mm 水煮法试验为标准,对细粒式沥青混合料以水浸法试验为标准。

2. 仪器与材料技术要求

(1) 天平:称量 500g 感量不大于 0.01g。

(2) 恒温水槽:能保持温度 80℃±1℃。

(3) 拌和用小型容器:500mL。

(4) 烧杯:1000mL。

(5) 试验架。

(6) 细线:尼龙线或棉线、铜丝线。

(7) 铁丝网。

(8) 标准筛 9.5mm、13.2mm、19mm 各 1 个。

(9) 烘箱:装有自动温度调节器。

(10) 电炉、燃气炉。

(11) 玻璃板:200mm×200mm 左右。

(12) 搪瓷盘:300mm×400mm 左右。

(13) 其他:拌和铲、石棉网、纱布、手套等。

3. 试验步骤

1) 适用于大于 13.2mm 粗集料的试验方法(水煮法)

(1) 准备工作。

① 将集料用 13.2mm、19mm 过筛,取粒径 13.2~19mm 形状接近立方体的规则集料 5 个,用洁净水洗净,置温度为 (105±5)℃ 的烘箱中烘干,然后放在干燥器中备用。

② 将大烧杯中盛水,并置于加热炉的石棉网上煮沸。

(2) 试验步骤。

① 将集料逐个用细线在中部系牢,再置于 105℃±5℃ 烘箱内 1h。准备沥青试样。

② 逐个取出加热的矿料颗粒用线提起，浸入预先加热的沥青（石油沥青 130～150℃、煤沥青 100～110℃）试样中 45s 后，轻轻拿出，使集料颗粒完全为沥青膜所裹覆。

③ 将裹覆沥青的集料颗粒悬挂于试验架上，下面垫一张废纸，使多余的沥青流掉，并在室温下冷却 15min。

④ 待集料颗粒冷却后，逐个用线提起，浸入盛有煮沸水的大烧杯中央，调整加热炉，使烧杯中的水保持微沸状态，但不允许有沸开的泡沫。

⑤ 浸煮 3min 后，将集料从水中取出，观察集料颗粒上沥青膜的剥落程度，评定其黏附性等级。

⑥ 同一试样应平行试验 5 个集料颗粒，并由两名以上经验丰富的试验人员分别评定后，取平均等级作为试验结果。

2）适用于小于 13.2mm 粗集料的试验方法（水浸法）

（1）准备工作。

① 将集料用 9.5mm、13.2mm 过筛，取粒径 9.5～13.2mm 形状规则的集料 200g 用洁净水洗净，并置温度为 105℃±5℃的烘箱烘干，然后放在干燥器中备用。

② 准备沥青试样加热至与矿料的拌和温度。

③ 将煮沸过的热水注入恒温水浴中，维持 80℃±1℃恒温。

（2）试验步骤。

① 按四分法称取集料颗粒（9.5～13.2mm）100g 置于搪瓷盘中，连同搪瓷盘一起放入已升温至沥青拌和温度以上 5℃的烘箱中持续加热 1h。

② 按每 100g 集料加入沥青（5.5±0.2）g 比例称取沥青，准确至 0.1g。放入小型拌和容器中，一起置入同一烘箱中加热 15min。

③ 将搪瓷盘中的集料倒入拌和容器的沥青中后，从烘箱中取出拌和容器，立即用金属铲均匀拌和 1～1.5min，使集料完全被沥青膜裹覆，然后立即将裹有沥青的集料取 20 个，用小铲移至玻璃板上摊开，并置室温下冷却 1h。

④ 将放有集料的玻璃板浸入温度为（80±1）℃的恒温水槽中，保持 30min，并将剥离及浮于水面的沥青，用纸片捞出。

⑤ 由水中小心取出玻璃板，浸入水槽内的冷水中，仔细观察裹覆集料的沥青薄膜的剥落情况。由两名以上经验丰富的试验人员分别目测，评定剥离面积的百分率，评定后取平均值表示。

⑥ 由剥离面积百分率评定沥青与集料黏附性的等级，见表 3-6。

表 3-6 沥青与集料的黏附性等级

试验后集料表面上沥青膜剥落情况	黏附性等级
沥青膜完全保存，剥离面积百分率接近于 0	5
沥青膜少部分为水所移动，厚度不均匀，剥离面积百分率小于 10%	4
沥青膜局部明显地为水所移动，基本保留在集料表面上，剥离面积百分率小于 30%	3
沥青膜大部分为水所移动，局部保留在集料表面上，剥离面积百分率大于 30%	2
沥青膜完全为水所移动，集料基本裸露，沥青全浮于水面上	1

4. 填写试验表格(表3-7)

表3-7 沥青与矿料黏附性试验

任务单号			检测依据	JTG E20—2011
样品编号			检测地点	
样品名称			环境条件	温度 ℃ 湿度 %
样品描述			试验日期	年 月 日

主要仪器设备使用情况	仪器设备名称	型号规格	编号	使用情况
	加热电炉	500~1000W	LQ-10	正常
	温度计	0~100℃	LQ-12	正常
	秒表	JD-TII	LQ-19	正常

粒　　径(mm)			13.2~19	
目测人员	剥离面积百分率(%)	黏附性等级		黏附性等级平均值
张某	9	4		
	8	4		
	9	4		4
李某	7	4		
	6	4		

说明：

试验：　　　　　　　　　　　　　　　　　　　　　　　复核：

思考与讨论

沥青与粗集料的黏附性好坏对沥青混合料有何影响？需要采取什么措施？

任务 3.6 完成沥青检测项目报告

检 测 报 告

报告编号：

检测项目：<u>沥青的三大指标与粗集料黏附性</u>

委托单位：_____

受检单位：_____

检测类别：_____委托

班级		检测小组组号	
组长		手机	
检测小组成员			

地址：　　　　　　　　　　　　　　　　邮政编码：

电话：　　　　　　　　　　　　　　　　电子信箱：

检 测 报 告

报告编号：   共　　页　第　　页

样品名称	沥青	检测类别	委托
委托单位		送样人	
见证单位		见证人	
受检单位		样品编号	
工程名称		规格或牌号	
现场桩号或结构部位	面层	厂家或产地	
抽样地点	厂家	出产日期	
样本数量		取样（成型）日期	
代表数量		收样日期	
样品描述	桶装	检测日期	
附加说明			

检 测 声 明

1. 本报告无检测实验室"检测专用章"或公章无效；

2. 本报告无编制、审核和批准入签字无效；

3. 本报告涂改、错页、换页、漏页无效；

4. 复制报告未重新加盖本检测实验室"检测专用章"或公章无效；

5. 未经本检测实验室书面批准，本报告不得复制报告或作为他用；

6. 如对本检测报告有异议或需要说明之处，请于报告签发之日起十五日内向本单位提出；

7. 委托试验仅对来样负责。

检 测 报 告

报告编号：共 页 第 页

检测参数	计量单位	技术要求	检测结果	单项评定
针入度(25℃，100g，5s)	0.1mm	60～80	70	合格
延度(15℃)	cm	≥100	>100	合格
软化点(环球法)	℃	≥46	47.0	合格
普通沥青与集料黏附性	—	≥4	4	合格
—	—	—	—	—
—	—	—	—	—
—	—	—	—	—
—	—	—	—	—
检测依据/综合判定原则	1. 检测依据：《公路工程沥青及沥青混合料试验规程》(JTG E20—2011) 2. 判定依据：《公路沥青路面施工技术规范》(JTG F40—2004)			
检测结论				

备注：

编制：　　审核：　　批准：　　签发日期：（盖章）

专业知识延伸阅读

沥青材料属于有机胶凝材料，是由多种有机化合物构成的复杂混合物。在常温下，呈固态、半固态或液态。颜色呈辉亮褐色以至黑色。

沥青材料与混凝土、砂浆、金属、木材、石料等材料具有很好的黏结性能；具有良好的不透水性、抗腐蚀性和电绝缘性；能溶解于汽油、苯、二硫化碳、四氯化碳、三氯甲烷等有机溶剂；高温时易于加工处理，常温下又很快地变硬，并且具有一定的抵抗变形的能力。因此被广泛地应用于建筑、铁路、道路、桥梁及水利工程中。

沥青按其在自然界中获得的方式，可分为地沥青和焦油沥青两大类。地沥青按产源可分为：天然沥青（是石油在自然条件下，长时间经受地球物理因素作用而形成的产物）、石油沥青。焦油沥青是各种有机物（煤、木材、页岩等）干馏加工得到的焦油，再经加工而得到的产品。沥青分类，见表 3-8。

表 3-8　沥青分类

沥青	地沥青	石油沥青	石油原油经分馏提炼出各种轻质油品后的残留物，再经加工而得到的产物
		天然沥青	存在于自然界中的沥青
	焦油沥青	煤沥青	烟煤干馏得到煤焦油，煤焦油经分馏提炼出油品后的残留物，再经加工制得的产物即煤沥青
		木沥青	木材干馏得到木焦油，木焦油经加工后得到的沥青
		页岩沥青	油页岩干馏得到页岩焦油，页岩焦油经加工后得到沥青

在工程中应用最为广泛的是石油沥青，其次是煤沥青，以及以沥青为原料通过加入表面活性物质而得到的乳化沥青、或以沥青为原料通过加入改性材料而得到的改性沥青。下面对煤沥青、乳化沥青、改性沥青作一简单介绍。

1. 煤沥青

煤沥青是炼焦厂和煤气厂生产的副产物。烟煤在干馏过程中的挥发物质，经冷凝而成的黑色黏稠液体称为煤焦油，煤焦油再经分馏加工提取出轻油、中油、重油、蒽油后，所得的残渣即为煤沥青。

煤沥青与石油沥青一样，其化学成分也非常复杂，主要是由芳香族碳氢化合物及其氧、氮和硫的衍生物构成的混合物。由于其化学成分非常复杂，为了便于分析和研究，对煤沥青化学组分的研究与前述石油沥青的方法相同，也是按性质相近，且与沥青路用性能有一定联系的组分划分为游离碳、树脂和油分三个组分。

油分是液态化合物，与石油沥青中的油分类似，使得煤沥青具有流动性。

树脂使煤沥青具有良好的塑性和黏结性能，类似于石油沥青中的树脂。

游离碳又称自由碳，是一种固态的碳质颗粒，其相对含量在煤沥青中增加时，可提高煤沥青的黏度和温度稳定性，但游离碳含量超过一定限度时，煤沥青会呈现出脆性。煤沥青中的游离碳相当于石油沥青中的沥青质，只是其颗粒比沥青质大得多。

煤沥青与石油沥青相比较，在技术性质上和外观上以及气味上都存在较大差异。技术性质上的差异：由于煤沥青中含有较多的不饱和碳氢化合物，因此，其抗老化的性能较差，且温度稳定性较低，表现为受热易流淌，受冷易脆裂；但煤沥青与矿质骨料的黏附性较好；煤沥青中还含有酚、蒽及萘等成分，具有较强的毒性和刺激性臭味，但它同时具有较好的抗微生物腐蚀的作用。外观差异见表 3-9。

表 3-9　石油沥青与煤沥青的主要区别

项目		石油沥青	煤沥青
技术性质	密度(g/cm³)	近于 1.0	1.25～1.28
	塑性	较好	低温脆性较大
	温度稳定性	较好	较差
	大气稳定性	较好	较差
	抗腐蚀性	差	强
	与矿料颗粒表面的黏附性能	一般	较好
外观及气味	气味	加热后有松香味	加热后有臭味
	烟色	接近白色	呈黄色
	溶解	能全部溶解于汽油或煤油，溶液呈黑褐色	不能全部溶解，且溶液呈黄绿色
	外观	呈黑褐色	呈灰黑色，剖面看似有一层灰
	毒性	无毒	有刺激性的毒性

煤沥青按其稠度可分为：软煤沥青（液体、半固体的沥青）和硬煤沥青（固体沥青）两大类。按分馏加工的程度不同，煤沥青可分为：低温沥青、中温沥青、高温沥青。

道路用煤沥青的主要技术标准见表 3-10。

表 3-10　道路用煤沥青的主要技术标准

项目		T—1	T—2	T—3	T—4	T—5	T—6	T—7	T—8	T—9
黏度(s)	$C_{30,5}$	5～25	26～70							
	$C_{30,10}$			5～20	21～50	51～120	121～200			
	$C_{50,10}$							10～75	76～200	
	$C_{60,10}$									25～65
蒸馏试验馏出量(%)，<	170℃前	3	3	3	2	1.5	1.5	1.0	1.0	1.0
	270℃前	20	20	20	15	15	15	10	10	10
	300℃前	15～25	15～35	30	30	25	25	20	20	15
300℃蒸馏残渣软化点(环球法)(℃)		30～45	30～45	35～65	35～65	35～65	35～65	35～70	35～70	35～70
水分(%)，<		3.0	3.0	1.0	1.0	1.0	0.5	0.5	0.5	0.5

（续）

项目	T—1	T—2	T—3	T—4	T—5	T—6	T—7	T—8	T—9
甲苯不溶物(%)，<	20	20	20	20	20	20	20	20	20
含萘量(%)，<	5	5	5	4	4	3.5	3	2	2
焦油酸含量(%)，<	4	4	3	3	1.5	2.5	1.5	1.5	1.5

2. 乳化沥青

乳化沥青是将黏稠沥青加热至流动状态，经机械作用，而形成细小颗粒(粒径约为0.002～0.005mm)分散在有乳化剂-稳定剂的水中，形成均匀稳定的乳状液。

乳化沥青有许多优点：稠度小，具有良好流动性，可在常温下进行冷施工，操作简便，节约能源；以水为溶剂，无毒、无嗅，施工中不污染环境，且对操作人员的健康无有害影响；可在潮湿的基层表面上使用，能直接与湿集料拌和，黏结力不降低。但乳化沥青存在缺点：存储稳定性较差，存储期一般不宜超过6个月；且乳化沥青修筑道路的成型期较长，最初要控制车辆的行驶速度。

在乳化沥青中，水是分散介质，沥青是分散相，两者在乳化剂和稳定剂的作用下才能形成稳定的结构。乳化剂是一种表面活性剂，是乳化沥青形成的关键材料。从化学结构上看，它是一种"两亲性"分子，分子的一部分具有亲水性，而另一部分具有亲油性，具有定向排列、吸附的作用。我们都知道，有机的油与无机溶剂的水是不相溶的，但如果把表面活性剂加入其中，则油能通过表面活性剂的作用被分散在水中，有机的沥青也是依靠表面活性剂的作用才能被分散在无机溶剂的水中。稳定剂是为了使乳化沥青具有良好的储存稳定性以及在施工中所需的良好稳定性。

3. 改性沥青

通常，沥青的性能不一定能完全满足使用的要求，因此就需要采用不同措施对沥青的性能进行改善，改善后的沥青就称为改性沥青。改性沥青的方法有多种，可采用不同的生产工艺方式进行改性，也可采用掺入某种材料来进行改性。改性沥青的种类很多，主要有：橡胶改性沥青、树脂改性沥青、橡胶和树脂改性沥青和矿物改性沥青。

1) 橡胶改性沥青

橡胶改性沥青是在沥青中掺入适量橡胶后使其改性的产品。沥青与橡胶的相溶性较好，混溶后的改性沥青高温变形性能提高，同时低温时仍具有一定的塑性。由于橡胶品种不同，掺入的方法也不同，因而各种橡胶改性沥青的性能也存在差异。

（1）氯丁橡胶沥青是在沥青中掺入氯丁橡胶而制成。其气密性、低温抗裂性、耐化学腐蚀性、耐老化性和耐燃性能均有较大的提高。

（2）丁基橡胶沥青具有优异的耐分解性和良好的低温抗裂性、耐热性。

（3）再生橡胶沥青是将废旧橡胶先加工成1.5mm以下的颗粒，再与石油沥青混合，经加热脱硫而成，具有一定弹性、塑性，以及良好的黏结力。

2) 树脂改性沥青

树脂掺入石油沥青后，可大大改进沥青的耐寒性、黏结性和不透气性。由于石油沥青中芳香化合物含量很少，因此与树脂的相溶性较差，可以用于改性的树脂品种也较少。常用的有：聚乙烯树脂改性沥青、无规聚丙烯树脂改性沥青等。

3）橡胶和树脂改性沥青

橡胶和树脂同时用于沥青改性，可使沥青获得两者的优点，效果良好。橡胶、树脂和沥青在加热熔融状态下，发生相互作用，形成具有网状结构的混合物。

4）矿物改性沥青

在沥青中掺入适量矿物粉料或纤维，经混合均匀而成。矿物填料掺入沥青后，能被沥青包裹形成稳定的混合物，由于沥青对矿物填料的湿润和吸附作用，使得沥青能成单分子状排列在矿物颗粒的表面，形成"结构沥青"，从而提高沥青的黏滞性、高温稳定性和柔韧性。常用的矿物填料主要有：滑石粉、石灰石粉、硅藻土和石棉等。

项 目 小 结

沥青是由不同分子量的碳氢化合物及其非金属衍生物组成的黑褐色复杂混合物，呈液态、半固态或固态，是一种防水、防潮和防腐的有机胶凝材料。

本项目检测的沥青主要应用于杭宁高速公路 2010 年养护专项工程第 13 合同段上面层，基于委托内容和沥青材料检测项目实际工作过程进行任务分解并讲解了每个任务内容。

任务 3.1 承接沥青检测项目：要求根据委托单填写样品流转及检验任务单。

任务 3.2 沥青针入度检测：掌握针入度指标，检测沥青针入度。

任务 3.3 沥青延度检测：掌握延度指标，检测沥青延度。

任务 3.4 沥青软化点检测：掌握软化点指标，检测沥青软化点。

任务 3.5 沥青与集料黏附性检测：掌握黏附性含义和进行黏附性检测。

任务 3.6 完成沥青检测项目报告：根据检验任务单要求，完成沥青材料检测报告。

通过专业知识延伸阅读，了解其他性能的沥青。

职业考证练习题

一、单选题

1. 在 15℃采用比重瓶测得的沥青密度是沥青的（   ）。

A. 表观密度　　　　　B. 实际密度　　　　　C. 相对密度　　　　　D. 毛体积密度

2. 沥青黏稠性较高，说明沥青（   ）。

A. 标号较低　　　　　B. 高温时易软化　　　C. 针入度较大　　　　D. 更适应我国北方地区

3. 沥青针入度试验时不会用到的仪器是（   ）。

A. 恒温水浴箱　　　　B. 秒表　　　　　　　C. 台称　　　　　　　D. 针入度仪

4. 沥青针入度试验温度控制精度为（   ）℃。

A. ±1　　　　　　　　B. ±0.5　　　　　　　C. ±0.2　　　　　　　D. ±0.1

5. 下列有关沥青与集料黏附性试验表述正确的内容是（   ）。

A. 偏粗的颗粒采用水浸法　　　　　　　　　B. 偏细的颗粒采用水煮法

C. 试验结果采用定量方法表达　　　　　　　D. Ⅰ级黏附性最差，Ⅴ级最好

6. 用（   ）的大小来评定沥青的塑性。

A. 延度　　　　　　　B. 针入度　　　　　　C. 黏滞度　　　　　　D. 黏度

7. 沥青的( )越大，表示沥青的感温性越低。

A. 软化点 　　　B. 延度 　　　C. 脆点 　　　D. 针入度指数

8. 沥青试验时，试样加热的次数不能超过( )。

A. 1次 　　　B. 2次 　　　C. 3次 　　　D. 4次

9. 沥青经过老化之后，沥青的( )。

A. 针入度增大 　　　　　　　B. 延度增加

C. 软化点升高 　　　　　　　D. 三大指标变化视情况而定

二、判断题

1. 沥青软化点试验时，升温速度为(5±0.5)℃/min。( )

2. 软化点能反映沥青材料的热稳定性，也是沥青黏度的一种表示方式。( )

3. 老化前后沥青的针入度比有可能大于1。( )

4. 沥青针入度越大，其温度稳定性越好。( )

5. 沥青针入度值越小，表示沥青越硬。( )

6. 评价黏稠石油沥青路用性能最常用的三大技术指标为针入度、软化点及脆点。( )

7. 沥青软化点试验时，当升温速度超过规定的升温速度时，试验结果将偏高。( )

8. 沥青与集料的黏附等级越高，说明沥青与矿料的黏附性越好。( )

9. 在水煮法测定石料的黏附性试验中，当沥青剥落面积小于30%时可将其黏附性等级评定为4级。( )

三、多选题

1. 软化点试验时，软化点在80℃以下和80℃以上其加热起始温度不同，分别是( )。

A. 室温 　　　B. 5℃ 　　　C. 22℃ 　　　D. 32℃

2. 针入度试验属条件性试验，其条件主要有3项，即( )。

A. 时间 　　　B. 温度 　　　C. 针质量 　　　D. 沥青试样数量

3. 沥青密度或相对密度的试验温度可选( )。

A. 20℃ 　　　B. 25℃ 　　　C. 15℃ 　　　D. 30℃

4. 沥青的延度试验条件有( )。

A. 拉伸速度 　　　B. 试验温度 　　　C. 试件大小 　　　D. 拉断时间

5. 评价沥青与集料黏附性的常用方法是( )。

A. 水煮法 　　　B. 水浸法 　　　C. 光电分光光度法 　　　D. 溶解-吸附法

四、简答题

1. 简述水煮法测定沥青与粗集料黏附性的试验步骤。

2. 简述沥青三大指标及其含义。

3. 简述石油沥青延度试验的试验条件及注意事项。

4. 简述沥青针入度试验操作方法。

5. 简述黏稠石油沥青密度的检测方法。

项目4

钢筋检测

教学目标

教学目标	能力(技能)目标	认知目标
	1. 能检测钢筋的力学性能指标 2. 能检测钢筋工艺性能 3. 能完成钢筋检测报告	1. 掌握钢筋力学性能指标(屈服强度、抗拉强度、伸长率)的含义和评价 2. 掌握钢筋冷弯含义和评价 3. 了解钢筋的冶炼、种类和桥梁用钢的主要特性

项目导入

钢筋检测项目来源于杭长高速公路杭州至安城段第四合同段施工单位某市政工程有限公司对该项目使用的热轧带肋钢筋(HRB335,直径 16mm),委托某试验室进行力学性能和冷弯性能检测。

任务分析

为了完成这个钢筋检测项目,基于项目工作过程进行任务分解如下。

任务 4.1	承接钢筋检测项目
任务 4.2	钢筋的抗拉性能检测
任务 4.3	钢筋的冷弯性能检测
任务 4.4	完成钢筋检测项目报告

任务 4.1　承接钢筋检测项目

 引例

受某市政工程有限公司的委托，拟对杭长高速公路杭州至安城段第四合同段该项目中所用的热轧带肋钢筋(HRB335，直径16mm)进行力学性能和冷弯性能检测。为此实验室首先应承接项目，填写检验任务单。

4.1.1　填写检验任务单

由收样室收样员给出钢筋检测项目委托单，由试验员按检测项目委托单填写样品流转及检验任务单，见表4-1。

表4-1　样品流转及检验任务单

接受任务检测室	金属材料检测室	移交人		移交日期	
样品名称	热轧带肋钢筋				
样品编号					
规格牌号	HRB335，Φ16				
厂家产地	江苏沙钢				
现场桩号或结构部位					
取样或成型日期					
样品来源	厂家				
样本数量	4根				
样品描述	无生锈、完好				
检测项目	钢筋拉伸、冷弯				
检测依据	GB/T 228.1—2010 GB/T 232—2010				
评判依据	GB 1499.2—2007				
附加说明					
样品处理	1. 领回 2. 不领回√	1. 领回 2. 不领回	1. 领回 2. 不领回	1. 领回 2. 不领回	1. 领回 2. 不领回
检测时间要求					
符合性检查					
接受人		日期			
任务完成后样品处理					
移交人/日期		接受人/日期			
备注：					

4.1.2 领样要求

每个小组拿到检测任务单和样品流转单后，到样品室领取试样，拉伸、冷弯试样各2根，并按规定要求进行试样的长度、直径及表面检查，确认样品符合检测要求后，填写相关资料后，将样品领走。试样长度应满足以下规定。

(1) 拉伸试验：试样长度应确保试验机两夹头间的自由长度足够，并使试样原始标距的标记与最接近夹头间的距离不小于 $\sqrt{S_0}$。一般情况下可取，$L \geqslant 10d + 200$，单位为 mm。

(2) 冷弯试验试样长度：试样长度应根据试样直径和使用的试验设备确定。一般情况下可取，$L \geqslant 5d + 150$，单位为 mm。

领样注意事项：检验人员在检验开始前，应对样品进行有效性检查，其内容如下。

① 检查接收的样品是否适合于检验。

② 样品是否存在不符合有关规定和委托方检验要求的问题。

③ 样品是否存在异常等。

4.1.3 小组讨论

根据填写好的样品流转及检验任务单，对需要检测的项目展开讨论，确定实施方法和步骤。

任务 4.2 钢筋的抗拉性能检测

 引例

受某市政工程有限公司对委托，拟对杭长高速公路杭州至安城段第四合同段该项目中所用热轧带肋钢筋（HRB335，直径 16mm），进行抗拉性能检测。

4.2.1 钢筋的抗拉性能

钢筋的力学性能是指钢筋在外力作用下所表现出来的性能，包括抗拉性能、冲击性能、疲劳强度和硬度等，建筑用钢筋在建筑结构中的主要受力形式就是受拉，因此，抗拉性能就是建筑钢筋的重要技术性能指标。在常温下采用抗拉性能试验方法测得钢材的屈服强度、抗拉强度和伸长率是评定钢筋力学性能的主要技术指标和重要依据。

建筑钢材的抗拉性能试验，首先要按规定取样制作一组试件；放在力学试验机上进行拉伸试验；绘制出应力-应变图，如图 4-1 和图 4-2 所示。

低碳钢和中、高碳钢的抗拉性能差异较大，现分述如下。

1. 低碳钢的抗拉性能

低碳钢的含量低，强度较低，塑性较好。从其应力-应变图 4-1 中可以看出，低碳钢受拉至拉断，经历了四阶段：弹性阶段（OA）、屈服阶段（AB）、强化阶段（BC）、和颈缩阶段（CD）。

(1) 弹性阶段（OA）。钢材表现为弹性。在图 4-1 中 OA 段为一条直线，应力与应变成正比关系，A 点所对应的应力称为比例极限，用 R_p 表示，单位为 MPa。

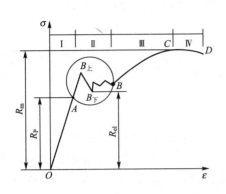

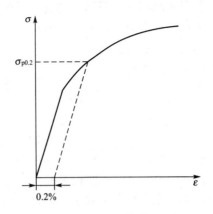

图 4-1 低碳钢拉伸性能应力-应变图　　图 4-2 中高碳钢拉伸性能应力-应变图

（2）屈服阶段（AB）。钢材的应力超过 A 点后，开始产生塑性变形。当应力到达 $B_\text{上}$ 点（上屈服点）后，瞬时下降至 $B_\text{下}$ 点（下屈服点），变形迅速增加，似乎钢材不能承受外力而屈服。由于 $B_\text{下}$ 点比较稳定，便于测得。因此将 $B_\text{下}$ 点所对应的应力称为屈服点（或屈服强度），用 R_el 表示，单位为 MPa。

（3）强化阶段（BC）。当应力超过屈服点后，钢材内部的晶格发生了畸变，阻止了晶格进一步滑移，钢材得到了强化，所以钢材抵抗塑性变形的能力又重新提高。最高点 C 点的对应的应力为钢材的最大应力，称为极限抗拉强度，用 R_m 表示，单位为 MPa。

（4）颈缩阶段（CD），钢材抵抗变形的能力明显降低，应变迅速发展，应力逐渐下降，试件被拉长，并在试件某一部位的横截面急剧缩小而断裂。

低碳钢抗拉性能试验后，可测得两个强度指标（屈服强度、抗拉强度）和一个塑性指标（伸长率）。

屈服强度 R_el 按式（4-1）计算：

$$R_\text{el} = \frac{F_\text{el}}{S_\text{o}} \tag{4-1}$$

式中：R_el——试件屈服强度（MPa）；

F_el——屈服点荷载（N）；

S_o——原始横截面积（mm^2）。

当钢材受力超过屈服点后，会产生较大的塑性变形，不能满足使用要求，因此屈服强度是结构设计中钢材强度的取值依据，是工程结构计算中非常重要的一个参数。

抗拉强度（R_m）按式（4-2）计算：

$$R_\text{m} = \frac{F_\text{m}}{S_\text{o}} \tag{4-2}$$

式中：R_m——试件的抗拉强度（MPa）；

F_m——极限破坏荷载（N）；

S_o——原始横截面积（mm^2）。

抗拉强度是钢材抵抗拉断的最终能力。

工程中所用的钢材，不仅希望具有较高的屈服点，并且要求具有一定的屈强比。屈强比（R_el/R_m）是钢材屈服点与抗拉点的比值，是反映钢材利用率和结构安全可靠程度的一个比值。屈强比越小，表明结构的安全可靠程度越高，但此值过小，钢材强度的利用率会偏低，会造成钢材浪费。因此建筑钢材应当有适当得屈服比，以保证即经济又安全。建筑钢材合理的屈强比一般为 0.6～0.75。

伸长率(A)按式(4-3)计算：

$$A = \frac{l_u - l_0}{l_0} \times 100\% \qquad\qquad (4-3)$$

式中：l_u——试件的标距(mm)；

l_0——试件拉断后，标距的伸长长度(mm)。

将拉断后的钢材试件在断口处并和起来，即可测出标距伸长后的长度 l_1。伸长率越大，则钢材的塑性越好。伸长率的大小与标距 l_0 有关，当标距取为 $5d$ 时，试件称为短试件，所测出的伸长率用 δ_5 表示；钢材应具有一定的塑性变形能力，以保证钢材内部应力重新分布，避免应力集中，而不致于产生突然的脆性破坏。

2. 中、高碳钢的拉伸性能

中碳钢、高碳钢的拉伸性能与低碳钢的拉伸性能不同，无明显的屈服阶段，如图 4-2 所示。由于屈服阶段不明显，难以测定屈服点，一般用条件屈服点代替。条件屈服强度是钢材产生 0.2% 塑性变形所对应的应力值，用 $\sigma_{p0.2}$ 表示，单位为 MPa。

中、高碳钢拉伸性能试验后，同样可测得两个强度指标(条件屈服强度、抗拉强度)和一个塑性指标(伸长率)。

4.2.2 钢筋拉伸性能试验

钢筋的屈服强度、抗拉强度和断后伸长率等力学性能指标可采用拉伸试验获得。按《金属材料室温拉伸试验方法》(GB/T 228.1—2010)进行。屈服强度用 R_{eL} 表示，抗拉强度用 R_m 表示，单位为 MPa；断后伸长率用 A 表示，单位以% 表示。

1. 仪器设备

(1)计算机伺服电液万能试验机(图 4-3)。

试验机的测力系统应按照 GB/T 16825.1—2008 进行校准，并且其准确度应为 1 级或优于 1 级。

计算机控制拉伸试验机应满足 GB/T 22066—2008 和相关规范的相关要求。

(2)钢筋打点机(图 4-4)。

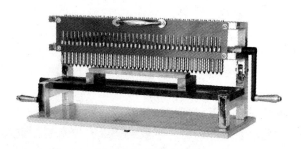

图 4-3　微机伺服电液万能试验机　　　图 4-4　钢筋打点机

（3）游标卡尺（图4-5）：精度0.02mm。

（4）钢直尺（图4-6）：量程50cm，精度0.1mm。

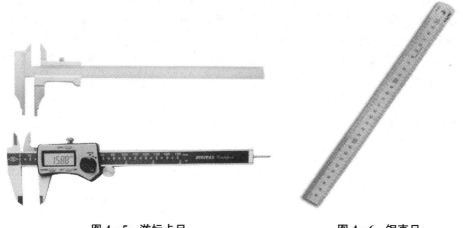

图4-5 游标卡尺　　　　　　　　　　　　　图4-6 钢直尺

2. 试验操作步骤

1）试验室环境检查

除非另有规定，试验一般在室温10～35℃范围内进行。对温度要求严格的试验，试验温度应为23℃±5℃。

2）确定试样的公称横截面面积

量取试样内径d_1，对照标准所确定的允许偏差范围，确定其公称内径（对本试验，公称内径应为15.4±0.4），进而得到试样的公称直径d（对于本试验，应为16），并根据公称直径计算试样的公称横截面面积S_0（保留4位有效数字）（对于本试验，应为201.1），单位为mm^2，也可查标准相关表格。

3）原始标距的标记（或称打点）

原始标距l_0：是指室温下施力前的试样标距。对于热轧带肋肋钢筋，原始标距通常为$5d_0$。

调整钢筋打点机的打点间距，通常打点间距为10mm或5mm，将试样放置在钢筋打点机上，下压打点机，调整钢筋位置并固定，转到打点机手轮进行打点，确保打点均能清晰可见。

4）开始拉伸试验

（1）调试试验机：选择合适的量程。试件破坏荷载必须大于试验机全量程的20%且小于试验机全量程的80%，试验机的测量精度应为±1%。

（2）试验设备开机：按规定的程序，开启试验机、电脑及试验软件（不同的设备开启程序有所区别，具体请参看试验机操作手册），选择试验参数（包括试验方法、适用标准、加力程序、终止试验标准、输出内容等），输入试样参数（包括试样编号、数量、公称直径、原始标距等）。

（3）调整试验机横梁位置，将钢筋一端先进行夹持，设置试验机零点（试验机力值、位移值清零），再将钢筋另一端夹持（图4-7）。

（4）开始试验，单击试验软件中的开始键进行拉伸试验。此时试验机将按规定的方法对钢筋进行拉伸，并在计算机上实时显示出拉伸过程中的应力-应变曲线［图4-8（注意观察拉伸过程中试样的缩颈情况）］，直到试样断裂为止，试验结束。

（5）测量断后标距 l_u，取下试验机上拉断后的钢筋，并在室温条件下将拉断后的两部分试样紧密地对接在一起，保证两部分的轴线位于同一条直线上，测量试样断裂后的标距，并将其结果输入计算机。

应使用分辨力足够的量具或测量装置测定断后伸长量（$l_u - l_o$），并准确到±0.25mm。

（6）在试验软件的应力-应变曲线中确定相关参数（包括上屈服力、下屈服力、最大力、上屈服强度、下屈服强度、抗拉强度等），并提交保存（或将相关数据写入原始记录表格）。

（7）将试验机调整到位后，即可进行下一根钢筋的试验。

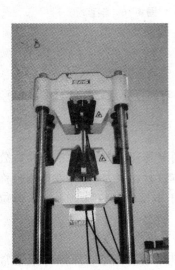

图 4-7　试样夹持

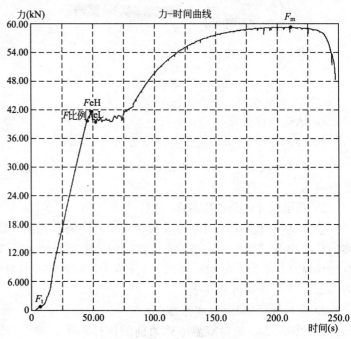

图 4-8　试样拉伸曲线

3. 检测结果计算

微机伺服试验机的试验软件将直接算出相关数据，也可按下列式自行计算。

（1）屈服强度 R_{eL}，单位为 MPa，按式（4-1）计算。

（2）抗拉强度 R_m，单位为 MPa，按式（4-2）计算。

（3）断后伸长率 A，按式（4-3）计算：

① 为了测定断后伸长率，应将试样断裂的部分仔细地配接在一起，使其轴线处于同一直线上，并采取特别措施确保试样断裂部分适当接触后测量试样断后标距。

② 应使用分辨力优于 0.1mm 的量具或测量装置测定断后标距 l_o，准确到±0.25mm。

4. 检测结果评定

1）试验结果数值的修约

检验结果的数值修约与判定应符合 YB/T 081 的规定。

2）结果评定

屈服强度、抗拉强度和伸长率均应符合相应标准中规定的指标。在做拉伸试验的两根试件中，如其中一根试件的屈服强度、抗拉强度、伸长率三个指标中有一个指标不符合标准时，即为拉伸试验不合格，应取双倍试件重新测定；在第二次拉伸试验中，如仍有一个指标不符合规定，不论这个指标在第一次试验中是否合格，判定拉伸试验项目仍不合格，表示该批钢筋为不合格品。

试验中出现下列情况之一者，试验结果无效：

（1）试件断在标距外（伸长率无效）。

（2）操作不当，影响试验结果。

（3）试验记录有误或设备发生故障。

5．填写钢筋力学性能试验记录表（表4-2）

表4-2　钢筋力学性能试验记录表

任务单号			检测依据	GB/T 228.1—2010、GB/T 232—2010		
样品编号			检测地点			
样品名称			环境条件	温度25℃　湿度57%		
样品描述			试验日期	年　月　日		
主要使用设备仪器情况	仪器设备名称	型号规格	编号		使用情况	
	液压式万能试验机	SHT-4106C	JS-02		正常	
	钢筋打点机	BJ-10型	JS-03		正常	
	游标卡尺（数显）	150mm	JS-05		正常	
试件编号		1	2	3	4	
试件尺寸	直径(mm)	16	16	16	16	
	长度(mm)	400	400	248	248	
	截面积(mm²)	201.1	201.1	201.1	201.1	
	标距(mm)	80	80	—	—	
拉伸荷载(kN)	屈服荷载	76.32	76.93	—	—	
	极限荷载	102.45	103.17	—	—	
强度(MPa)	屈服强度	380	385	—	—	
	抗拉强度	510	515	—	—	
伸长率	断后标距(mm)	101.75	102.25	—	—	
	伸长率(%)	27.0	28.0	—	—	
断口形式		塑断	塑断	—	—	
冷弯	弯心直径(mm)	—	—	48	48	
	弯心角度(°)	—	—	180	180	
	结果	—	—	弯曲部位表面无裂纹	弯曲部位表面无裂纹	

复核：　　　　　　　　　记录：　　　　　　　　　试验：

思考与讨论

钢材的力学性质除了抗拉性能外还包括哪些技术性质？

1）冲击韧性

冲击韧性是指钢材抵抗冲击荷载而不破坏的能力，用冲击值（α_k）表示，单位为焦耳每平方厘米（J/cm^2）（即钢材试件单位面积所消耗的功）。对于直接承受动荷载作用，或在温度较低的环境中工作的重要结构，必须按照有关规定对钢材进行冲击韧性的检验。

检验时，先将钢材加工成为带刻槽的标准试件，再将试件放置在冲击试验机的固定支座上，然后以摆锤冲击带刻槽试件的背面，使其承受冲击而断裂。α_k 值越大，冲短试件所消耗的功越多，表明钢材的冲击韧性越好。

影响钢材冲击韧性的因素很多。如钢材内部的化学偏析、金属夹渣、焊接微裂缝等，都会使钢材的冲击韧性显著下降，环境温度对钢材的冲击韧性影响也很大。

试验表明，冲击韧性会随环境温度的下降而下降。开始时，下降缓和，当达到一定温度范围时，会突然大幅度下降，从而使得钢材呈现脆性，这时的温度称为钢材的脆性临界温度。钢材的脆性临界温度值越低，表明钢材的低温抗冲击性能越好。在北方室外工程，应当选用脆性临界温度较低的钢材。

2）疲劳强度

疲劳破坏是指钢材在交变荷载反复多次作用下，可能在最大应力远远低于屈服强度的情况下而突然发生破坏的，因而具有很大的危险性。

疲劳强度破坏是指钢材试件在承受 10^7 次交变荷载反复多次作用下，不发生疲劳破坏的最大应力值。在设计承受反复荷载且需要进行疲劳验算的结构时，应当知道钢材的疲劳强度。

钢材的疲劳破坏是由拉应力引起，首先是局部开始形成微细裂纹。其后由于微细裂纹尖端处产生的应力集中而使裂纹迅速扩展直至钢材断裂。因此，钢材内部的化学偏析、金属夹渣以及最大应力处的表面光滑程度、加工损伤等，都会对钢材的疲劳强度产生影响。

3）硬度

硬度是指钢材抵抗硬物压入表面的能力，常用布氏硬度（HB）和洛氏硬度（HR）表示。

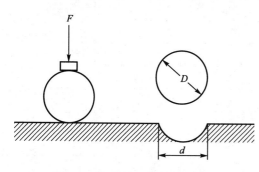

图 4-9 钢材的硬度检测示意图

检测钢材布氏硬度时，以一定的静荷载把一淬火钢球压入钢材表面，然后测出压痕的面积或深度来确定钢材硬度大小，如图 4-9 所示。

各类钢材的布氏硬度值与其抗拉强度之间有较好的相关性。钢材的抗拉强度越高，抵抗塑性变形越强，硬度值也越大。

试验表明，当低碳钢的 $HB < 175$ 时，其抗拉强度与布氏硬度之间关系的经验公式为：

$$\sigma_b = 0.36HB \tag{4-4}$$

根据上述经验公式，可以通过直接在钢上测出钢材的布氏硬度，来估算钢材的抗拉强度。

洛氏法是在洛氏硬度机上根据测量的压痕深度来计算硬度值。

任务4.3 钢筋的冷弯性能检测

引例

受某市政工程有限公司对委托,拟对杭长高速公路杭州至安城段第四合同段该项目中所用热轧带肋钢筋(HRB335,直径16mm),进行冷弯性能检测。

4.3.1 钢筋的冷弯性能

良好的工艺性能,可以保证钢材顺利通过各种加工,而使钢材制品的质量不受影响。冷弯、冷拉、冷拔及焊接性能均是建筑钢材的重要工艺性能。现阶段在钢筋的应用过程中,对钢材的冷弯性能和焊接性能要求较高,其中钢材的冷弯性能可通过冷弯试验来检测,必须合格。

冷弯性能是指钢材在常温下承受弯曲变形的能力,是评定钢材塑性性能和工艺性能的重要依据。冷弯性能是反映钢材在不利变形条件下的塑性,是对钢材塑性更严格的检测。冷弯试验能暴露出钢材内部存在的质量缺陷,如气孔、金属夹渣、裂纹和严重偏析等。

4.3.2 钢筋冷弯性能检测

冷弯性能试验方法参照《金属材料弯曲试验方法》(GB/T 232—2010)进行,性能要求可参照《钢筋混凝土用钢第1部分:热轧光圆钢筋》(GB 1499.1—2008)和《钢筋混凝土用钢第2部分:热轧带肋钢筋》(GB 1499.2—2007)等相关产品标准。

1. **仪器设备**

(1) 微机伺服电液万能试验机。

试验机的测力系统应按照GB/T 16825.1进行校准,并且其准确度应为1级或优于1级。

(2) 钢直尺:量程50cm,精度0.1mm。

2. **试验操作步骤**

1) 试验室环境检查

除非另有规定,试验一般在室温10~35℃范围内进行。对温度要求严格的试验,试验温度应为23℃±5℃。

2) 确定试样的公称横截面面积

量取试样内径d_1,对照标准所确定的允许偏差范围,确定其公称内径(对本试验,公称内径应为15.4±0.4),进而得到试样的公称直径d(对于本试验,应为16),并根据公称直径计算试样的公称横截面面积S_0(保留4位有效数字)(对于本试验,应为201.1),单位为mm^2,也可查标准相关表格。

3) 弯芯直径的确定

冷弯性能试验弯芯直径可按GB 1499.2—2007具体要求,见表4-13取用,对于本试验,弯芯直径取3倍公称直径,即48mm。

4）开始冷弯试验

（1）调试试验机：选择合适的量程。试件破坏荷载必须大于试验机全量程的20%且小于试验机全量程的80%，试验机的测量精度应为±1%。

（2）试验设备开机：按规定的程序，开启试验机、计算机及试验软件（不同的设备开启程序有所区别，具体请参看试验机操作手册），选择试验参数（包括试验方法、适用标准、加力程序、终止试验标准、输出内容等），输入试样参数（包括试样编号、数量、公称直径等）。

（3）更换与弯芯直径一致的弯头，并调整支辊间距，支辊间距（图4-10）和公式（4-5）。

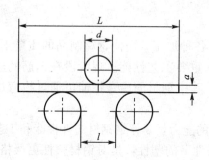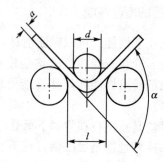

图4-10 支辊式弯曲装置

$$l=(d+3a)\pm0.5a \qquad (4-5)$$

（4）将冷弯试样放置在支辊上，调整试样位置，确定弯头位于试样的中间位置。

（5）开始试验，单击试验软件中的开始键进行冷弯试验（图4-11）。此时试验机将按规定的方法对钢筋进行冷弯，并在计算机上实时显示出冷弯过程中的应力变形曲线，直到试样压到规定弯度（180°）为止，终止试验。

图4-11 钢筋冷弯试验

3. 检测结果评定

1）评定标准

按规定的弯芯直径弯曲180°后，钢筋受弯曲部位表面不得产生裂纹。

2）结果评定

冷弯试验后，弯曲外侧表面无裂纹、断裂或起层，即判为合格。做冷弯的两根试件中，如有一根试件不合格，可取双倍数量试件重新做冷弯试验。第二次冷弯试验中，如仍有一根不合格，即判该批钢筋为不合格品。

4. 试验表格填写

将试验结果填入钢筋力学性能检测原始记录表（表4-2）中。

 思考与讨论

钢材的工艺性能除了冷弯性能还包括哪些？

冷弯、冷拉、冷拔及焊接性能均是建筑钢材的重要工艺性能。

1. 钢材的冷加工

钢材在常温下通过冷拉、冷拔、冷轧产生塑性变形，从而提高屈服强度和硬度，但塑性、韧性降低，这个过程称为冷加工，即钢材的冷加工强化处理。冷加工处理只有在超过弹性范围后，产生冷塑性变形时才会发生。在一定范围内，冷加工变形程度越大，屈服强度提高越多，塑性和韧性也降低得越多。

1）冷拉

将热轧后的小直径钢筋，用拉伸设备予以拉长，使之产生一定的塑性变形，使冷拉后的钢筋屈服强度提高，钢筋的长度增加，从而节约钢材。

钢材经冷拉后，屈服强度可提高20%～30%，材质变硬，但屈服阶段变短，伸长率降低，钢筋的冷拉方法可采用控制应力和控制冷拉率两种方法。

2）冷拔

将钢筋或钢管通过冷拔机上的模孔，拔成一定截面尺寸的钢丝或细钢管。孔模用硬质合金钢制成，孔模的出口直径比进口直径小，可以多次冷拔。冷拔低碳钢丝屈服强度可提高40%～60%。

钢筋的冷拔多在预制工厂生产，常用直径在6.5～8mm的碳素结构钢的Q235盘条，通过拔丝机中比钢筋直径小的冷拔模孔，冷拔成比原直径小的钢丝。

3）冷轧

将热轧钢筋或钢板通过冷轧机，可以轧制一定规律变形的钢筋或钢板。冷轧变形钢筋不但能提高强度，节约钢材；而且有规律的凹凸不平的表面，可以提高钢筋与混凝土的黏结力。

冷加工强化的原因：钢材在冷加工时，其内部应力超过了屈服强度，造成晶格滑移，使晶格的缺陷增多，晶格严重畸变，从而对其他晶格的进一步滑移产生阻碍作用，使得钢材的屈服强度提高，而随着可以利用的滑移面的减少，钢材的塑性和韧性随之降低。

在建筑工程中，对于承受冲击荷载和振动荷载的钢材，不得采用冷加工的钢材。

2. 焊接性能

钢材在焊接过程中，由于高温作用，使得焊缝周围的钢材产生硬脆性倾向。焊接性能是指钢材在焊接后，焊接接头的牢固程度和硬脆性倾向大小的性能。焊接性能好的钢材，焊接后，接头处牢固可靠，硬脆性倾向小，且强度不低于原有钢材的强度。

影响钢材焊接性能的因素很多，如钢材内部的化学成分及其含量、焊接方法、焊接工艺、焊接件的尺寸和形状以及焊接过程中是否有焊接应力发生等。当钢材内部的含碳量高含硫量高、合金元素含量高时，都会降低钢材的焊接性能。

焊接结构应选含碳量较低的氧气转炉钢或平炉镇钢。当采用高碳钢、合金钢时，焊接一般要采用焊接前预热及焊接后热处理等措施。

思考与讨论

钢材中存在哪些化学元素？对钢材技术性质有何影响？

钢是铁碳合金，其内部除铁、碳元素外，还含有许多其他元素，按对钢性能的影响，将这些元素分为有利元素和有害元素，如硅、锰、钛、铝、钒、铌等对钢性能有有利影响，为有利元素，而磷、硫、氧、氮等这些元素对钢性能有有害影响，为有害元素。

1. 碳

碳是决定钢性能的最主要元素。通常其含量在 0.04%～1.7% 之间（大于 2.06% 时为生铁，小于 0.04% 为工业纯铁）。在碳含量小于 0.8% 时，随着碳含量的增加，钢的强度和硬度提高，而塑性和韧性下降，钢的冷弯性能、焊接性能也下降。

普通碳素钢和低合金钢的碳含量一般在 0.1%～0.5% 之间，焊接结构用钢的碳含量一般在 0.12%～0.22% 之间，碳含量变化幅度越小，其可焊性越有保证，机械性能也越稳定。

2. 硅

硅是钢中的有效脱氧剂。硅含量越多，则钢材的强度和硬度就越高，但硅含量过多时会使钢材的塑性和韧性降低很多，并会增加钢材冷脆性和时效敏感性，降低钢材的焊接性能。因此，钢中的硅含量不宜太多，在碳素钢中一般不超过 0.4%，在低合金钢中因有其他合金元素存在，其含量可以稍多些。

3. 锰

锰是钢中的主要脱氧剂之一，同时有除硫的作用。当锰含量在 0.8%～1.0% 时，可显著提高钢的强度和硬度，几乎不降低钢的塑性和韧性，同时对焊接性能影响不大。如果钢中锰含量过多，则会降低钢的焊接性能。因此，钢中的锰含量也应在规定的范围之内。与硅相似，在低合金钢中，由于有其他合金元素存在，其含量也可以稍多些。

4. 钛

钛是钢中很好的脱氧剂和除气剂，能够使钢的晶粒细化，组织致密，从而改善钢的韧性和焊接性能，提高钢的强度，但加入钛含量过多会显著降低钢的塑性和韧性。

5. 磷

磷是钢中有害元素，由炼钢原料带入。磷会使钢的屈服点和抗拉强度提高，但磷在钢中会部分形成脆性很大的化合物 Fe_3P，使得钢的塑性和韧性急剧降低，特别是低温下的冲击韧性降低更显著，这种现象称为冷脆性。此外，磷在钢中偏析较为严重，分布不均，更增加了钢的冷脆性。

6. 硫

硫是钢中极为有害的元素，在钢中以硫化铁夹杂物形式存在。在钢热加工时，硫易引起钢的脆裂，降低钢的焊接性能和韧性等，这种现象称为热脆性。

7. 氧、氮

氧和氮也是钢中的有害元素，会显著降低钢的塑性、韧性、冷弯性能和焊接性能。

任务 4.4 完成钢筋检测项目报告

检 测 报 告

报告编号：

检测项目： 钢筋力学性能

委托单位： 浙江某市政工程有限公司

受检单位：

检测类别： 委托

班级		检测小组组号	
组长		手机	
检测小组成员			

地址： 邮政编码：

电话： 电子信箱：

检测报告

报告编号：　　　　　　　　　　　　　　　　　　　　　　　　　共 页 第 页

样品名称	热轧带肋钢筋	检测类别	委托
委托单位	浙江某市政工程有限公司	送样人	×××
见证单位		见证人	
受检单位		样品编号	
工程名称	杭长高速杭州至安城段第四合同段	规格或牌号	HRB335、φ16mm
现场桩号或结构部位		厂家或产地	江苏、沙钢
抽样地点		出产日期	
样本数量	4 根	取样(成型)日期	
代表数量		收样日期	
样品描述	无锈，完好	检测日期	
附加说明			

检 测 声 明

1. 本报告无检测实验室"检测专用章"或公章无效；

2. 本报告无编制、审核和批准人签字无效；

3. 本报告涂改、错页、换页、漏页无效；

4. 复制报告未重新加盖本检测实验室"检测专用章"或公章无效；

5. 未经本检测实验室书面批准，本报告不得复制报告或作为他用；

6. 如对本检测报告有异议或需要说明之处，请于报告签发之日起十五日内向本单位提出；

7. 委托试验仅对来样负责。

检 测 报 告

报告编号：

检测参数	计量单位	技术要求	检测结果		单项评定
屈服强度 R_{el}	MPa	≥335	1#	380	合格
			2#	385	合格
抗拉强度 R_m	MPa	≥455	1#	510	合格
			2#	515	合格
伸长率 A	%	≥17	1#	27.0	合格
			2#	28.0	合格
冷弯	—	钢筋表面不得有裂纹、结疤和折叠	3#	钢筋表面没有裂纹、结疤和折叠	合格
			4#		合格

检测依据	《金属材料 室温拉伸试验方法》（GB/T 228.1—2010） 《金属材料 弯曲试验方法》（GB/T 232—2010） 《钢筋混凝土用钢 第2部分：热轧带肋钢筋》（GB 1499.2—2007）
检测结论	见本页

备注：

编制：	审核：	批准：	签发日期： （盖章）

专业知识延伸阅读

1. 钢的冶炼

钢由生铁冶炼而成。生铁是将铁矿石、焦炭及助熔剂（石灰石）按一定比例装入炼铁高炉，在炉内高温条件下，焦炭中的碳和铁矿石中的氧化铁发生化学反应，促使铁矿石中的铁和氧分离，将铁矿石中的铁还原出来，生成的一氧化碳和二氧化碳由炉顶排出。此时冶炼得到的铁中，碳的含量为 2.06%～6.67%，磷、硫等杂质的含量也较高，属生铁。生铁硬而脆，无塑性和韧性，在建筑中很少应用。

将生铁在炼钢炉中进一步冶炼，并供给足够的氧气，通过炉内高温氧化作用，部分碳被氧化成一氧化碳逸出，其他杂质则形成氧化物进入炉渣中随炉渣除去。这样，将含碳量降低到 2.06% 以下，磷、硫等其他杂质也减少到允许的数值范围内，即成为钢，此过程称为炼钢。

钢水脱氧后浇铸成钢锭，在钢锭冷却过程中，由于钢内某些元素在铁的液相中的溶解度高于固相，使这些元素向凝固较迟的钢锭中心集中，导致化学成分在钢锭截面上分布不均匀。这种现象称为化学偏析。其中，尤以磷、硫等的偏析最为严重，偏析现象对钢的质量影响很大。

2. 钢的分类

钢的分类根据不同的需要而采用不同的分类方法，常见的分类方法有以下几种。

1）按照化学成分分类

（1）碳素钢。

也称"碳钢"。含碳量低于 2.0% 的铁碳合金。除铁、碳外，常见的有如锰、硅、硫、磷、氧、氮等杂质。碳素钢按含碳量又可分为以下几种。

① 低碳钢：含碳量小于 0.25%。

② 中碳钢：含碳量在 0.25%～0.60% 之间。

③ 高碳钢：含碳量大于 0.60%。

（2）合金钢。

为改善钢的性能，在钢中特意加入某些合金元素（如锰、硅、钒、钛等），使钢材具有特殊的力学性能。合金钢按合金元素含量可分为以下几种。

① 低合金钢：合金元素总含量小于 5%。

② 中合金钢：合金元素总含量 5%～10%。

③ 高合金钢：合金元素总含量大于 10%。

2）按照冶炼时脱氧程度分类

在炼钢过程中，钢水里尚有大量以 FeO 形式存在的养分，FeO 与碳作用生成 CO 以至在凝固钢锭内形成许多气泡，降低钢材的力学性能。为了除去钢液中的氧，必须加入脱氧剂锰铁、硅铁及铝锭使之与 FeO 反应，生成 MnO、SiO_2 或 Al_2O_3 等钢渣而被除去，这一过程称为"脱氧"。根据脱氧程度不同，钢材分为以下几种。

（1）沸腾钢（F）。属脱氧不完全的钢，浇铸后在钢液冷却时有大量 CO 气体逸出，引起钢液剧烈沸腾，称为沸腾钢，其代号为"F"。此种钢的碳和有害杂质磷、硫等的偏析较严重，钢的致密程度较差，故冲击韧性和焊接性能较差，特别是低温冲击韧性的降低更显著。但沸腾钢的成本低，被广泛应用于建筑结构。目前，沸腾钢的总产量逐渐下降并被镇静钢所取代。

(2) 镇静钢(Z)。浇铸时，钢液平静地冷却凝固，是脱氧较完全的钢，其代号为"Z"。含有较少的有害氧化物杂质，而氮多半是以氮化物的形式存在。镇静钢钢锭的组织致密度大，气泡少，偏析程度小，各种力学性能比沸腾钢优越，用于承受冲击荷载或用于其他重要结构。

(3) 半镇静钢(b)。指脱氧程度和质量介于上述两种之间的钢，其质量较好，其代号为"b"。

(4) 特殊镇静钢(TZ)。比镇静钢脱氧程度还要充分彻底的钢，其质量最好，适用于特别重要的结构工程，其代号为"TZ"。

3) 按照质量分类

碳素钢按照供应的钢材化学成分中有害杂质的含量不同，可划分为以下几种。

(1) 普通碳素钢：含硫量≤0.045%～0.050%；含磷量≤0.045%。

(2) 优质碳素钢：含硫量≤0.035%；含磷量≤0.035%。

(3) 高级优质钢：含硫量≤0.025%；高级优质钢的钢号后加"高"字或"A"；含磷量≤0.025%。

(4) 特殊优质钢：含硫量≤0.015%，特殊优质钢后加"E"；含磷量≤0.025%。

建筑上常用的主要钢种是普通碳素钢中的低碳钢和合金钢中的低合金高强度结构钢。

4) 按用途分类

钢材按用途的不同可分为以下几种。

(1) 结构钢。有于建筑结构、机械制造等，一般为低中碳钢。

(2) 工具钢。用于各种工具，一般为高碳钢。

(3) 特殊钢。具有各种特殊物理化学性能的钢材，如不锈钢等。

5) 其他

按生产工艺、机械性能和加工条件可划分为以下几种。

(1) 热轧光圆钢筋。横截面通常为圆形且表面光滑的钢筋。

(2) 热轧带肋钢筋。横截面通常为圆形，且表面通常带有两条纵肋和沿长度方向均匀分布的横肋的钢筋。

(3) 冷轧带肋钢筋。热轧圆盘条经冷轧后，在其表面带有沿长度方向均匀分布的三面或两面横肋的钢筋，即为冷轧带肋钢筋。

(4) 余热处理钢筋。热轧后立即穿水，进行表面控制冷却，然后利用芯部余热自身完成回火处理所得到的成品钢筋。

(5) 钢丝。可按外形分为光圆、螺旋肋和刻痕3种，其代号分别为P、H、I。

它们属于硬钢类，钢丝的直径越细，极限强度越高。它们都作为预应力筋使用。

用于预应力混凝土桥梁结构的钢筋主要选取热轧钢筋、碳素钢丝和精轧螺纹钢筋。

精轧螺纹钢筋是按企业标准(Q/YB—3125—96)和(Q/ASB 116—1997)生产的高强钢筋，直径规格有 $d=18mm$、25mm、32mm、40mm 四种。其强度较高，主要用于中小跨径的预应力混凝土桥梁构件。

3. 钢筋混凝土用钢材

由于桥梁结构需要承受车辆等荷载的作用，同时需要经受各种大气因素的考验，对于桥梁用钢材要求具有较高的强度、良好的塑性、韧性和可焊性。因此，桥梁建筑用钢材，钢筋混凝土用筋，就其用途分类来说，均属于结构钢；就其质量分类来说，都属于普通钢；按其含碳量的分类来说，均属于低碳钢。所以桥梁结构用钢和混凝土用钢筋是属于碳素结构钢或低合金结构钢。

钢筋混凝土用钢筋主要包括光圆钢筋、螺纹钢筋和低碳钢热轧圆盘条三类。

1) 钢筋混凝土用热轧光圆钢筋(GB 1499.1—2008)

(1)光圆钢筋牌号。光圆钢筋牌号的构成及其含义见表 4 - 3。

表 4 - 3　光圆钢筋牌号的构成及其含义

类别	牌号	牌号构成	英文字母含义
热轧光圆 钢筋	HPB235	由 HPB+屈服强度特征值构成	HPB—热轧光圆钢筋的英文(Hot rolled Plain Bars)缩写
	HPB300		

(2)尺寸、外形、重量及允许偏差。

① 公称直径范围及推荐直径：钢筋的公称直径范围为 6～20mm，推荐的钢筋公称直径为 6mm、8mm、10mm、12mm、16mm、20mm。

② 公称横截面面积与理论重量：钢筋的公称横截面面积与理论重量列于表 4 - 4。

表 4 - 4　钢筋的公称横截面面积与理论重量

公称直径(mm)	公称横截面面积(mm²)	理论重量(kg/m)
6(6.5)	28.27(33.18)	0.222(0.260)
8	50.27	0.395
10	78.54	0.617
12	113.1	0.888
14	153.9	1.21
16	201.1	1.58
18	254.5	2.00
20	314.2	2.47

注：表中理论重量按密度为 7.85g/cm³ 计算，公称直径 6.5mm 的产品为过渡性新产品。

③ 光圆钢筋尺寸允许偏差见表 4 - 5。

表 4 - 5　光圆钢筋尺寸允许偏差

公称直径(mm)	允许偏差(mm)	不圆度(mm)
6(6.5) 8 10 12	±0.3	≤0.4
14 16 18 20 22	±0.4	

（3）光圆钢筋的力学性能。光圆钢筋的屈服强度、抗拉强度、断后伸长率、最大力总伸长率等力学性能特征值应符合表4-6的规定。表4-6中所列各力学性能特征值，可作为交货检验的最小保证值。

根据供需双方协议，伸长率类型可从 A 或 A_{gt} 中选定。如伸长率类型未经协议确定，则伸长率采用 A，仲裁检验时采用 A_{gt}。

表4-6 光圆钢筋的力学性能要求

牌号	R_{eL}（MPa）	R_m（MPa）	A（%）	A_{gt}（%）	冷弯试验180° d—弯芯直径 a—钢筋公称直径
	不小于				
HPB235	235	370	25.0	10.0	$d=a$
HPB300	300	420			

光圆钢筋的弯曲性能按表4-5规定的弯芯直径弯曲180°后，钢筋受弯曲部位表面不得产生裂纹。

检验结果的数值修约与判定应符合 YB/T 081 的规定，见表4-7。

表4-7 金属拉伸性能数值修约

测试项目		性能范围	修约间隔
强度类 （MPa）	σ_p、σ_t、σ_r σ_s、σ_{su}、σ_{sl}	≤200 >200～1000	1 5
	σ_b	>1000	10
伸长率类 （%）	δ_5、δ_g、δ_{gt}		0.1
	δ	≥10 <10	0.5 1
	ψ	≤25 >25	0.5 1

注：上表中的测试项目按 YB/T 081 相关规定，与新规范存在代码上的差异，可参看其他相关资料。

（4）光圆钢筋的主要检验项目。每批钢筋的检验项目，取样方法和试验方法应符合表4-8的规定。

表4-8 取样方法和试验方法

序号	检验项目	取样数量	取样方法	试验方法
1	拉伸	2	任选两根钢筋切取	GB/T 228、标准7.4
2	冷弯	2	任选两根钢筋切取	GB/T 232、标准7.4
3	尺寸	逐支		标准6.3
4	表面	逐支		目视

2）钢筋混凝土用热轧带肋钢筋（GB 1499.2—2007）

（1）钢筋牌号的构成及其含义见表4-9。

表 4-9　带肋钢筋牌号的构成及其含义

类别	牌号	牌号构成	英文字母含义
普通热轧钢筋	HRB335	由 HRB＋屈服强度特征值构成	HRB—热轧带肋钢筋的英文(Hot rolled ribbed bars)缩写
	HRB400		
	HRB500		
细晶粒热轧钢筋	HRBF335	由 HRBF＋屈服强度特征值构成	HRBF—在热轧带肋钢筋的英文缩写后加"细"的英文(Fine)首位字母
	HRBF400		
	HRBF500		

（2）尺寸、外形、重量及允许偏差。公称直径范围及推荐直径：钢筋的公称直径范围为 6～50mm，推荐的钢筋公称直径为 6mm、8mm、10mm、12mm、16mm、20mm、25mm、32mm、40mm、50mm。

公称横截面面积与公称重量见表 4-10。

表 4-10　带肋钢筋公称横截面面积与公称重量

公称直径(mm)	公称横截面面积(mm²)	理论重量(kg/m)
6	28.27	0.222
8	50.27	0.395
10	78.54	0.617
12	113.1	0.888
14	153.9	1.21
16	201.1	1.58
18	254.5	2.00
20	314.2	2.47
22	380.1	2.98
25	490.9	3.85
28	615.8	4.83
32	804.2	6.31
36	1 018	7.99
40	1 257	9.87
50	1 964	15.42

注：表中理论重量按密度 7.85g/cm³ 计算。

表面质量要求：钢筋表面不得有影响使用性能的缺陷，钢筋表面凸块不得超过横肋的高度；钢筋表面上其他缺陷的深度和高度不得大于所在部位尺寸的允许偏差。

热轧带肋钢筋的表面及截面形状(图 4-12)，带肋钢筋的尺寸和允许偏差见表 4-11。

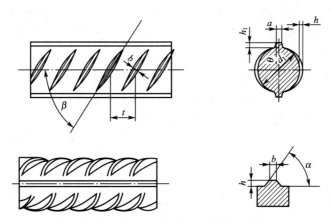

图4-12 带肋钢筋的表面及截面形状

d_1—钢筋内径；α—横肋斜角；h—横肋高度；β—横肋与轴线夹角；

h_1—纵肋高度；θ—纵肋斜角；a—纵肋顶宽；l—横肋间距；b—横肋顶宽

表4-11 带肋钢筋的尺寸和允许偏差

公称直径 d	内径 d_1		横肋高 h		纵肋高 h_1（不大于）	横肋宽 b	纵肋宽 a	间距 l		横肋末端最大间隙(公称周长的10%弦长)
	公称尺寸	允许偏差	公称尺寸	允许偏差				公称尺寸	允许偏差	
6	5.8	±0.3	0.6	±0.3	0.6	0.4	1.0	3.7	±0.5	1.8
8	7.7		0.8	+0.4 −0.3	0.8	0.5	1.5	5.0		2.5
10	9.6		1.0	±0.4	1.0	0.6	1.5	6.5		3.1
12	11.5	±0.4	1.2		1.2	0.7	1.5	7.9		3.7
14	13.4		1.4	+0.4 −0.5	1.4	0.8	1.8	9.0		4.3
16	15.4		1.5		1.5	0.9	1.8	10.0		5.0
18	17.3		1.6	±0.5	1.6	1.0	2.0	10.0		5.6
20	19.3		1.7		1.7	1.2	2.0	10.0		6.2
22	21.3	±0.5	1.9		1.9	1.3	2.5	10.5	±0.8	6.8
25	24.2		2.1	±0.6	2.1	1.5	2.5	12.5		7.7
28	27.2		2.2		2.2	1.7	3.0	12.5		8.6
32	31.0	±0.6	2.4	+0.8 −0.7	2.4	1.9	3.0	14.0	±1.0	9.9
36	35.0		2.6	+1.0 −0.8	2.6	2.1	3.5	15.0		11.1
40	38.7	±0.7	2.9	±1.1	2.9	2.2	3.5	15.0		12.4
50	48.5	±0.8	3.2	±1.2	3.2	2.5	4.0	16.0		15.5

注：① 纵肋斜角 θ 为 0°～30°。

② 尺寸 a、b 为参考数据。

（3）带肋钢筋的力学性能。钢筋的屈服强度、抗拉强度、断后伸长率、最大力总伸长率等力学性能特征值应符合表 4-12 的规定。表 4-12 所列各力学性能特征值，可作为交货检验的最小保证值。

检验结果的数值修约与判定应符合 YB/T 081 的规定。

表 4-12　带肋钢筋力学性能要求

牌号	R_{eL}(MPa)	R_m(MPa)	A(%)	A_{gt}(%)
	不小于			
HRB335 HRBF335	335	455	17	
HRB400 HRBF400	400	540	16	7.5
HRB500 HRBF500	500	630	15	

直径 28~40mm 的各牌号钢筋的断后伸长率 A 可降低 1%；直径大于 40mm 的各牌号钢筋的断后伸长率可降低 2%。

对于没有明显屈服强度的钢，屈服强度特征值 R_{eL} 应采用规定非比例延伸强度 $R_{p0.2}$。

根据供需双方协议，伸长率类型可从 A 或 A_{gt} 中选定。如伸长率类型未经协议确定，则伸长率采用 A，仲裁检验时采用 A_{gt}。

（4）工艺性能。按表 4-13 规定的弯芯直径弯曲 180° 后，钢筋受弯曲部位表面不得产生裂纹。

表 4-13　带肋钢筋的弯曲试验要求

牌号	公称直径 d(mm)	弯芯直径(mm)
HRB335 HRBF335	6~25	$3d$
	28~40	$4d$
	>40~50	$5d$
HRB400 HRBF400	6~25	$4d$
	28~40	$5d$
	>40~50	$6d$
HRB500 HRBF500	6~25	$6d$
	28~40	$7d$
	>40~50	$8d$

反向弯曲性能：根据需方要求，钢筋可进行反向弯曲性能试验。反向弯曲试验的弯芯直径比弯曲试验相应增加一个钢筋公称直径；反向弯曲试验为先正向弯曲 90° 后再反向弯曲 20°。两个弯曲角度均应在去载之前测量。经反向弯曲试验后，钢筋受弯曲部位表面不得产生裂纹。

疲劳性能：如需方要求，经供需双方协议，可进行疲劳性能试验。疲劳试验的技术要求和试验方法由供需双方协商确定。

（5）检验项目和取样数量。带肋钢筋的检验项目及检验数量见表 4-14。

表 4-14 带肋钢筋的检验项目及检验数量

序号	检验项目	取样数量	取样方法	试验方法
1	拉伸	2	任选两根钢筋切取	GB/T 228、标准 10
2	弯曲	2	任选两根钢筋切取	GB/T 232、标准 7
3	反向弯曲	1		YB/T 5126、标准 8.2
4	疲劳试验		供需双方协议	
5	尺寸	逐支		标准 8.3
6	表面	逐支		目视

3）低碳钢热轧圆盘条（GB/T 701—2008）

（1）力学性能和工艺性能。圆盘条的力学性能和工艺性能应符合表 4-15 的规定。经供需双方协商并在合同中注明，可做冷弯性能试验。直径大于 12mm 的盘条，冷弯性能指标由供需双方协商确定。

检验结果的数值修约与判定应符合 YB/T 081 的规定。

表 4-15 圆盘条的力学性能和工艺性能要求

牌号	力学性能		冷弯试验 180° d—弯芯直径 a—试样直径
	抗拉强度 R_m（MPa）不小于	断后伸长率 $A_{11.3}$% 不小于	
Q195	410	30	$d=0$
Q215	435	28	$d=0$
Q235	500	23	$d=0.5a$
Q275	540	21	$d=1.5a$

（2）表面质量要求。圆盘条应将头尾有害缺陷切除。盘条的截面不应有缩孔、分层及夹杂。圆盘条表面应光滑，不应有裂纹、折叠、耳子、结疤，允许有压痕及局部的凸块、划痕、麻面，其深度或高度（从实际尺寸算起）B级和C级精度不应大于 0.10mm，A 级精度不得大于 0.20mm。

（3）圆盘条试验方法。圆盘条的检验项目、试验方法应按表 4-16 的规定。

表 4-16 圆盘条的检验项目、试验方法

序号	检验项目	取样数量	取样方法	试验方法
1	拉伸	1 个/批	GB/T 2975	GB/T 228
2	弯曲	2 个/批	不同根盘条、GB/T 2975	GB/T 232

（续）

序号	检验项目	取样数量	取样方法	试验方法
3	尺寸	逐盘		千分尺、游标卡尺
4	表面			目视

4）检验规则

（1）热轧光圆钢筋、热轧带肋钢筋。

钢筋的检验分为特征值检验和交货检验。

① 特征值检验。

特征值检验适用于下列情况：

a. 供方对产品质量控制的检验。

b. 需主提出要求，经供需双方协议一致的检验。

c. 第三方产品认证及仲裁检验。

特征值检验可按标准附录 B 规定的方法进行。

② 交货检验。

a. 交货检验适用于钢筋验收批的检验。

b. 组批规则。钢筋应按批进行检查和验收，每批由同一牌号、同一炉罐号、同一尺寸的钢筋组成。每批质量通常不大于 60t。超过 60t 的部分，每增加 40t（或不足 40t 的余数），增加一个拉伸试验试样和一个弯曲试验试样。

允许由同一牌号、同一冶炼方法、同一浇注方法的不同炉罐号组成混合批。各炉罐号含碳量之差不大于 0.02%，含锰量之差不大于 0.15%。混合批的质量不大于 60t。

c. 检验项目和取样数量。钢筋检验项目和取样数量按标准规定。

d. 检验结果。各检验项目的检验结果应符合标准的有关规定。

e. 复验与判定。光圆钢筋的复验与判定应符合 GB/T 2101 的规定

带肋钢筋的复验与判定应符合 GB/T 17505 的规定。

（2）低碳钢热轧圆盘条。

① 盘条的检查应由供方按表 4-16 的要求进行，需方可按标准进行验收。

② 盘条应成批验收。每批由同一牌号、同一炉号、同一尺寸的盘条组成。

③ 每批盘条质量检验取样数量和取样方法及部位应符合表 4-16 的规定。

④ 盘条的复验与判定规则按 GB/T 2101 的规定。

5）预应力混凝土用钢丝和钢绞线

大型预应力混凝土构件，由于受力很大，常采用强度很高的预应力高强度钢丝和钢绞张作为主要受力钢筋。

（1）预应力混凝土用钢丝（GB/T 5223—2002）。预应力高强度钢丝是用优质碳素结构钢盘条，经冷加工和热处理等工艺制成。根据《预应力混凝土用钢丝》（GB/T 5223—2002）规定，预应力钢丝按外形分为光圆钢丝（代号 P）、刻痕钢丝（代号为 I）和螺旋肋钢丝（代号为 H）三种；按加工状态分为冷拉钢丝（代号为 WCD）和消除应力钢丝两类。消除应力钢丝按松弛性能又分为低松弛级钢丝（代号为 WLR）和普通松弛级钢丝（代号为 WNR）。

冷拉钢丝的力学性能应符合表 4-17 的规定。消除应力的光圆、螺旋肋、刻痕钢丝的力学性能应符合表 4-18 的规定。

表 4-17 冷拉钢丝的力学性能

公称直径 DN (mm)	抗拉强度 σ_b (MPa) $\geqslant$	规定非比例伸长应力 $\sigma_{P0.2}$ (MPa) $\geqslant$	最大力下总伸长率 ($L_0=200mm$) $\delta(\%)\geqslant$	弯曲次数 (次/180°)	弯曲半径 R (mm)	断面收缩率 $\phi(\%)$ $\geqslant$	每 210mm 扭矩的扭转次数 $n\geqslant$	初始应力相当于 70%公称抗拉强度时,1000h 后应力松弛率 $r(\%)\leqslant$
3.00	1470	1100			7.5	—	—	
4.00	1570	1180		4	10	35	8	
	1670	1250			10		8	
5.00	1770	1330	1.5		15		8	8
6.00	1470	1100			15		7	
7.00	1570	1180		5	20	30	6	
	1670	1250			20		6	
8.00	1770	1330			20		5	

预应力混凝土用钢丝产品标记应包含下列内容:预应力钢丝、公称直径、抗拉强度等级、加工状态代号、外形代号、标准号。如直径为 4.00mm,抗拉强度为 1670MPa 的冷拉光圆钢丝,其标记为:预应力钢丝 4.00-1670-WCD-P-GB/T 5223—2002;再如直径为 7.00mm,抗拉强度为 1570MPa 的低松弛的螺旋肋钢丝,其标记为:预应力钢丝 7.00-1570-WLR-H-GB/T 5223—2002。

表 4-18 消除应力光圆、螺旋肋、刻痕钢丝的力学性能

钢丝名称	公称直径 DN (mm)	抗拉强度 σ_b (MPa) $\geqslant$	规定非比例伸长应力 $\sigma_{P0.2}$ (MPa) $\geqslant$		最大力下总伸长率 ($L_0=200mm$) $\delta(\%)\geqslant$	弯曲次数 (次/180°) $\geqslant$	弯曲半径 R (mm)	应力松弛		
								初始应力相当于公称抗拉强度的百分率(%)	1000h 后应力松弛率 $r(\%)\leqslant$	
			WLR	WNR					WLR	WNR
									对所有规格	
消除应力光圆及螺旋肋钢丝	4.00	1470	1290	1250		3	10			
		1570	1380	1330						
	4.80	1670	1470	1410		4	15			
	5.00	1770	1560	1500		4	15			
		1860	1640	1580		4	15			
	6.00	1470	1290	1250		4	15			
	6.25	1570	1380	1330	3.5	4	20	60	1.0	4.5
		1670	1470	1410		4	20	70	2.0	8.0
	7.00	1770	1560	1500		4	20	80	4.5	12.0
	8.00	1470	1290	1250		4	20			
	9.00	1570	1380	1330		4	25			
	10.00	1470	1290	1250		4	25			
	12.00					4	30			

（续）

钢丝名称	公称直径 DN (mm)	抗拉强度 σ_b (MPa) $\geqslant$	规定非比例伸长应力 $\sigma_{P0.2}$ (MPa) $\geqslant$		最大力下总伸长率 ($L_0=200mm$) δ(%)$\geqslant$	弯曲次数 (次/180°) $\geqslant$	弯曲半径 R (mm)	应力松弛		
								初始应力相当于公称抗拉强度的百分率(%)	1000h 后应力松弛率 r(%)$\leqslant$	
			WLR	WNR					WLR	WNR
								对所有规格		
消除应力刻痕钢丝	≤5.0	1470	1290	1250	3.5	3	15	60 70 80	1.5 2.5 4.5	4.5 8.0 12.0
		1570	1380	1330						
		1670	1470	1410						
		1770	1560	1500						
		1860	1640	1580						
	>5.0	1470	1290	1250		3	20			
		1570	1380	1330						
		1670	1470	1410						
		1770	1560	1500						

力学性能试验检测方法可参照规范规定。

（2）预应力混凝土用钢绞线（GB/T 5224—2003）。根据《预应力混凝土用钢绞线》（GB/T 5224—2003）规定，用于预应力混凝土的钢绞线按其结构分为 5 类，其代号为：（1×2）用 2 根钢丝捻制的钢绞线；（1×3）用 3 根钢丝捻制的钢绞线；（1×3I）用 3 根刻痕钢丝捻制的钢绞线；（1×7）用 7 根钢丝捻制的标准型钢绞线；（1×7）C 用 7 根钢丝捻制又经模拔的钢绞线。其截面图如图 4-13 所示。

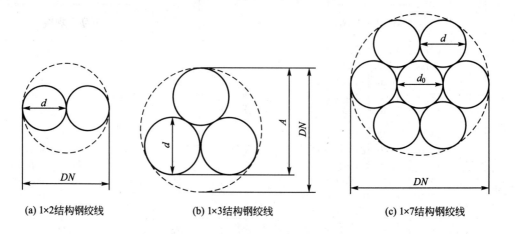

(a) 1×2结构钢绞线　　　　(b) 1×3结构钢绞线　　　　(c) 1×7结构钢绞线

图 4-13　预应力钢绞线截面图

1×2 结构钢绞线的力学性能见表 4-19，其他结构钢绞线的力学性能可参看标准。

表 4-19 1×2 结构钢绞线的力学性能

钢绞线结构	钢绞线公称直径 DN(mm)	抗拉强度 R_m(MPa) 不小于	整根钢绞线的最大力 F_m(kN) 不小于	规定非比例延伸力 F_m(kN) 不小于	最大力总伸长率 ($L_0 \geqslant 400mm$) A_{gt}(%) 不小于	应力松弛性能	
						初始负荷相当于公称最大力的百分数(%)	1000h 后应力松弛率 r(%)不大于
1×2	5.00	1570	15.4	13.9	对所有规格	对所有规格	对所有规格
		1720	16.9	15.2			
		1860	18.3	16.5			
		1960	19.2	17.3			
	5.80	1570	20.7	18.6	3.5	60	1.0
		1720	22.7	20.4			
		1860	24.6	22.1			
		1960	25.9	23.3			
	8.00	1470	36.9	33.2		70	2.5
		1570	39.4	35.5			
		1720	43.2	38.9			
		1860	46.7	42.0			
		1960	49.2	44.3			
	10.00	1470	57.8	52.0		80	4.5
		1570	61.7	55.5			
		1720	67.6	60.8			
		1860	73.1	65.8			
		1960	77.0	69.3			
	12.00	1470	83.1	74.8			
		1570	88.7	79.8			
		1720	97.2	87.5			
		1860	105	94.5			

注：规定非比例延伸力 $F_{P0.2}$ 值不小于整根钢绞线公称最大力 F_m 的 90%。

项 目 小 结

本项目检测的钢筋主要来自于杭长高速公路杭州至安城段第四合同段该项目中所用热轧带肋钢筋(HRB335，直径 16mm)，基于委托内容和钢筋材料检测项目实际工作过程进行任务分解并讲解了每个任务内容。

任务 4.1 承接钢筋检测项目：要求根据委托任务和合同填写流转和样品单。

任务 4.2 钢筋的抗拉性能检测：掌握屈服强度、抗拉强度、伸长率等指标，检测沥青钢筋抗拉性能，了解其他力学性质。

任务 4.3 钢筋的冷弯性能检测：掌握冷弯性能含义，检测钢筋冷弯性能，了解其他工艺性能。

任务 4.4 完成钢筋检测项目报告：根据任务单要求，完成钢筋检测项目报告。

通过专业知识延伸阅读，了解钢材的冶炼、分类、钢筋混凝土用钢材制品。

职业考证练习题

一、单选题

1. 钢筋力学性能检验时，伸长率是（　　）。
A. 钢筋伸长长度/钢筋原长度　　　　　　B. 标距伸长长度/钢筋原长度
C. 标距伸长长度/标距　　　　　　　　　D. 钢筋伸长长度/标距

2. 钢筋拉伸试验一般应在（　　）温度条件下进行。
A.（23±5）℃　　　B.（0～35）℃　　　C.（5～40）℃　　　D.（10～35）℃

3. 钢筋经冷拉后，其屈服点、塑性和韧性（　　）。
A. 升高、降低　　　B. 降低、降低　　　C. 升高、升高　　　D. 降低、升高

4. 在进行钢筋拉伸试验时，所用万能试验机测力计示值误差不大于极限荷载的（　　）。
A. ±5%　　　B. ±2%　　　C. ±1%　　　D. ±3%

5. 每批热轧带肋钢筋拉伸试验和冷弯试验的试件数量分别为（　　）根。
A. 2和1　　　B. 2和2　　　C. 1和2　　　D. 1和1

6. 钢筋拉伸和冷弯检验，如有某一项试验结果不符合标准要求，则从同一批中任取（　　）倍数量的试样进行该不合格项目的复核。
A. 2　　　B. 3　　　C. 4　　　D. 5

7. 在热轧钢筋的冷弯试验中，弯心直径与钢筋直径之比（　　），弯心角度与钢筋直径（　　）。
A. 不变，无关　　　B. 变化，有关　　　C. 变化，无关　　　D. 不变，有关

8. 在热轧钢筋电弧焊接头拉伸试验中，（　　）个接头试件均应断于焊缝之外，并应至少有（　　）个试件是延性断裂。
A. 3，2　　　B. 2，1　　　C. 3，3　　　D. 2，2

9. 钢筋力学性能检验时，所对应的用来表征断裂伸长率的标距是（　　）长度。
A. 断后　　　B. 原始　　　C. 拉伸　　　D. 屈服

10. 公称直径为6～25mm的HRB335钢筋，弯曲试验时的弯心直径为（　　）DN。（注：DN为公称直径）
A. 200%　　　B. 300%　　　C. 400%　　　D. 500%

二、判断题

1. 钢筋牌号HRB335中335指钢筋的极限强度。（　　）
2. 焊接钢筋力学性能试验应每批成品中切取6个试件。（　　）
3. 材料在进行强度试验时，加荷速度快者的实验结果值偏小。（　　）
4. 在钢筋拉伸试验中，若断口恰好位于刻痕处，且极限强度不合格，则试验结果作废。（　　）
5. 热轧钢筋的试件应从任意两根中分别切取，即在每根钢筋上切取一个拉伸试件，一弯曲试件。（　　）
6. 所有钢筋都应进行松弛试验。（　　）
7. 碳素钢丝属高碳钢，一般含碳量在0.6%～1.4%之间。（　　）
8. 钢材检验时，开机前试验机的指针在零点时就不再进行调零。（　　）
9. 钢筋抗拉强度检验的断面面积以实量直径计算。（　　）
10. 钢筋的屈强比高，则表明该钢筋强度利用率高。（　　）

三、多选题

1. 钢筋被广泛应用于各种工程中，（　　）是必检力学性能指标。
A. 抗拉强度　　　B. 可焊性　　　C. 屈服强度　　　D. 弯曲性
2. 钢结构构件焊接质量检验分为（　　）。

A. 焊接前检验　　　　B. 焊后成品检验　　　　C. 焊缝无损伤　　　　D. 焊接过程中检测

3. 热轧钢筋试验项目包括(　　)。

A. 屈服强度　　　　B. 极限强度　　　　C. 松弛率　　　　D. 伸长率

4. 钢筋闪电对焊接头试验项目包括(　　)。

A. 拉伸试验　　　　B. 冷弯试验　　　　C. 伸长率　　　　D. 外观检查

5. 热轧钢筋试验项目包括(　　)。

A. 屈服强度　　　　B. 极限强度　　　　C. 松弛率　　　　D. 伸长率

四、简答题

1. 什么叫做钢材的屈服强度、极限强度、伸长率、冲击韧性?

2. 检测钢筋的伸长率时应注意什么问题?

3. 钢筋拉伸试验结果判定及复检原则。

4. 如何判定冷弯试验结果?

5. 在对 $\phi 20$ 的光圆钢筋进行拉伸试验时,标距长取 $l_0 = 200$mm,断口位置如图 4-14 所示;最后测得 AA' 之间的距离为 90.32mm,AB 之间的距离为 217.43mm,$A'C$ 之间的距离为 64.34mm。试计算该次试验中钢筋的伸长率。

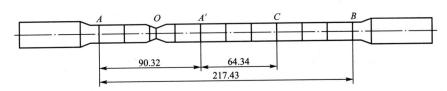

图 4-14　$\phi 20$ 的光圆钢筋进行拉伸试验后的断口位置

项目 5

水泥混凝土配合比设计

教学目标

能力（技能）目标	认知目标
1. 能进行水泥混凝土配合比设计计算	1. 掌握水泥混凝土配合比设计方法和步骤
2. 会试验检测水泥混凝土各项技术指标	2. 掌握混凝土各项技术指标含义、计算方法
3. 能完成水泥混凝土配合比设计检测报告	3. 了解其他功能混凝土

项目导入

水泥混凝土配合比设计项目来源于 104 国道长兴雉城过境段改建工程施工单位浙江某交通工程有限公司对该项目某桥梁上部结构部位使用的混凝土，委托某试验室进行 C50 水泥混凝土配合比设计。

任务分析

水泥混凝土中各组成材料用量之比即为混凝土的配合比。为了完成这个水泥混凝土配合比设计项目，基于项目工作过程进行任务分解如下。

任务 5.1	承接水泥混凝土配合比设计检测项目
任务 5.2	原材料要求及检测
任务 5.3	计算水泥混凝土初步配合比
任务 5.4	提出水泥混凝土基准配合比
任务 5.5	确定水泥混凝土试验室配合比
任务 5.6	换算水泥混凝土施工配合比
任务 5.7	完成水泥混凝土配合比设计项目报告

任务 5.1　承接水泥混凝土配合比设计检测项目

引例

受浙江某交通工程有限公司委托，拟对 104 国道长兴雄城过境段改建工程某桥梁上部结构 C50 混凝土进行配合比设计。首先应承接项目，填写检验任务单。

5.1.1　填写检验任务单

由收样室收样员给出水泥混凝土配合比设计检测项目委托单，由试验员按检测项目委托单填写样品流转及检验任务单，见表 5-1。

表 5-1　样品流转及检验任务单

接受任务检测室	混凝土实训室	移交人		移交日期	
样品名称	水泥	砂	碎石		减水剂
样品编号					
规格牌号	P.O 52.5	中砂	碎石 4.75~26.5mm		UNF-5
厂家产地	长兴	安吉	和平佳伟		
现场桩号或结构部位	上部构造	上部构造	上部构造		
取样或成型日期					
样品来源					
样本数量	100kg	100kg	100kg		10kg
样品描述	袋装、无结块	袋装、无杂质	袋装、无杂质		水剂
检测项目	C50 水泥混凝土配合比设计（该行合并为一格）				
检测依据	JTG E30—2005 JGJ 55—2011	JGJ 55—2011	JGJ 55—2011	JGJ 55—2011	
评判依据	GB 175—2007	JTG/TF—2011	JTG/TF—2011		
附加说明	无	无	无		
样品处理	1. 领回 2. 不领回√	1. 领回 2. 不领回√	1. 领回 2. 不领回√		
检测时间要求					
符合性检查	合格	合格	合格		合格
接受人		日期			
任务完成后样品处理					
移交人/日期		接受人/日期			

备注：

5.1.2 领样要求

（1）水泥出厂质量证明报告单。

（2）水泥未受潮，无结块等异常现象。

（3）碎石、砂、水泥等规格牌号是否跟任务单一致。

（4）样品数量是否满足检测要求（检测需样品数量各约 100kg）。

特别提示

领样注意事项：检验人员在检验开始前，应对样品进行有效性检查，其内容包括：

(1) 检查接收的样品是否适合于检验。

(2) 样品是否存在不符合有关规定和委托方检验要求的问题。

(3) 样品是否存在异常等。

5.1.3 小组讨论

根据填写好的样品流转及检验任务单，对需要检测的项目展开讨论，确定实施方法和步骤。

任务 5.2 原材料要求及检测

引例

水泥混凝土的质量和性能，主要与组成材料的性能、组成材料的相对含量即配合比，以及混凝土的施工工艺（配料、搅拌、运输、浇筑、成型、养护等）等因素有关。因此为了保证混凝土的质量，提高混凝土的技术性能和降低成本，除了合理选择各组成材料，还必须对组成材料有一定合格性技术要求，并对原材料进行检测和合格性评判。

5.2.1 水泥

水泥是混凝土中重要的组成材料，应正确选择水泥品种和强度等级。

配制水泥混凝土的水泥品种，应根据混凝土的工程特点和所处的环境条件，结合水泥的特性，且考虑当地生产的水泥品种情况等，进行合理地选择，这样不仅可以保证工程质量，而且可以降低成本。

水泥强度等级应根据设计强度等级进行选择。原则上，高强度水泥用于配制高强度等级混凝土，低等级强度水泥用于配制低强度等级混凝土。一般情况下，水泥强度等级为混凝土强度等级的 1.0～1.5 倍。

当用低强度等级水泥配制较高强度等级混凝土时，水泥用量会过大，一方面混凝土硬化后的收缩和水热化增大；另一方面也不经济。当用高强度等级水泥配制较低强度等级混凝土时，水泥用量偏小，水灰比较大，混凝土拌和物的和易性和耐久性较差，此时可掺入一定数量的外掺物（如粉煤灰），但掺量必须经过试验确定。本项目所用水泥检测结果见项目 2 的水泥检测报告。

5.2.2 细集料

混凝土中细集料一般应采用粒径小于 4.75mm 的级配良好、质地坚硬、颗粒干净的天然砂(如河砂),也可使用加工的机制砂。按照砂的技术要求,将其分为Ⅰ类、Ⅱ类、Ⅲ类。Ⅰ类砂宜用于强度等级大于 C60 的混凝土;Ⅱ类砂宜用于强度等级为 C30～C60 及有抗冻、抗渗或其他要求的混凝土;Ⅲ类砂宜用于强度等级小于 C30 的混凝土和建筑砂浆。配置时,对不同类的品质有以下几方面的不同要求。

1. 压碎值和坚固性

混凝土中所用细集料也应具备一定的强度和坚固性。人工砂应进行压碎值测定,天然砂用硫酸钠溶液法进行坚固性试验。砂样经 5 次循环后测其质量损失,具体规定见表 5-2。

2. 有害杂质含量

集料中含有妨碍水泥水化、或能降低集料与水泥石黏附性,以及能与水泥水化产物产生不良化学反应的各种物质,称为有害杂质。砂中常含有的有害杂质主要有泥土和泥块、云母、轻物质、硫酸盐和硫化物以及有机质等。具体规定见表 5-2。

表 5-2 细集料技术要求

技术指标			技术要求		
			1 类	2 类	3 类
人工砂		压碎值(%)	≤20	≤25	≤30
	亚甲蓝试验	$MB<1.40$ 或合格 石粉含量按质量计(%)	≤5.0	≤7.0	≤10.0
		$MB<1.40$ 或合格 泥块含量按质量计(%)	≤0	≤7.0	≤10.0
		$MB≥1.40$ 或不合格 石粉含量按质量计(%)	≤2.0	≤3.0	≤5.0
		$MB≥1.40$ 或不合格 泥块含量按质量计(%)	≤0	≤1.0	≤2.0
天然砂		含泥量,按质量计(%)	≤1.0	≤3.0	≤5.0
		泥块含量,按质量计(%)	≤0	≤1.0	≤2.0
有害物质含量(%)		云母按质量计(%)	≤1.0	≤2.0	≤2.0
		轻物质按质量计(%)	≤1.0	≤1.0	≤1.0
		有机物(比色法)	合格	合格	合格
		硫化物及硫酸盐按 SO_3 质量计(%)	≤1.0	≤1.0	≤1.0
		氯化物,以氯离子质量计(%)	<0.01	<0.02	<0.06
坚固性(质量损失)(%)			≤8	≤8	≤10
密度和空隙率			表观密度>2500kg/m³;堆积密度>1350kg/m³;空隙率<47%		

注:① 根据使用地区和用途,在试验验证的基础上,可由供需双方商定。
  ② 亚甲蓝 MB 值,是用于判断人工砂中粒径小于 0.075mm 的颗粒含量主要是泥土还是与被加工母岩化学成分相同的石粉的指标。

1) 含泥量、石粉含量和泥块含量

含泥量是指天然砂中粒径小于 0.075mm 的颗粒含量；石粉含量是指人工砂中粒径小于 0.075mm 的颗粒含量；泥块含量是指原粒径大于 1.18mm，经水清洗，手捏后小于 0.6mm 的颗粒含量。

这些颗粒的存在会影响与水泥石的黏结，增加混凝土拌和用水量，降低混凝土的强度和耐久性，同时使得混凝土硬化后的干缩性变大。

2) 云母含量

云母呈薄片状，表面光滑，且极易沿节理裂开，因此它与水泥石的黏附性极差，对混凝土拌和物的和易性和硬化后混凝土的抗冻性和抗渗性都有不利的影响。

3) 轻物质含量

砂中轻物质含量是指相对密度小于 2.0 的颗粒(如煤和褐煤等)。

4) 有机质含量

天然砂中有时混杂有机质(如动植物的腐殖质、腐殖土等)，这类有机物质将延缓水泥的硬化过程，并降低混凝土的强度，特别是早期强度。

5) 硫化物和硫酸盐含量

在天然砂中，常掺杂有硫铁矿 FeS_2 或石膏($CaSO_4 \cdot 2H_2O$)的碎屑，如含量过多，将在已硬化的混凝土中与水化铝酸钙发生反应，生成水化硫铝酸钙晶体，体积膨胀，在混凝土内产生破坏作用。

3. 表观密度、堆积密度及空隙率

砂表观密度、堆积密度及空隙率符合如下规定：表观密度大于 2500kg/m³；松散堆积密度大于 1350kg/m³；空隙率小于 47％。

4. 碱-集料反应

碱-集料反应是指水泥、外加剂等混凝土碱性氧化物及环境中碱与集料中的碱活性矿物在潮湿环境下缓慢发生膨胀反应，并导致混凝土开裂破坏。国家标准规定，碱-集料反应试验后，由砂制备的试件无裂缝、酥裂、胶体外溢等现象，且在规定试验龄期的膨胀率应小于 0.10％。

5. 砂的粗细程度和颗粒级配

粗细程度是指各粒级的砂搭配在一起总体的粗细情况。颗粒级配较好的砂能使所配置的混凝土达到设计强度等级和节约水泥的目的，还可以改善混凝土拌和物的工作性。砂颗粒总的来说越粗，则其总表面积越小，包裹砂颗粒表面的水泥浆数量可减少，也可以减少水泥用量或者在水泥用量一定的情况下可提高混凝土拌和物的和易性。因此，在选择和使用砂时，应尽量选择在空隙率较小的条件下尽可能粗的砂，即选择级配适合、颗粒尽可能粗的砂配制混凝土。

水泥混凝土用砂，按 0.6mm 筛的累计筛除率大小划分为Ⅰ区、Ⅱ区和Ⅲ区三个级配区，各区筛累计筛余百分率范围见表 5-3。砂的颗粒级配应符合表 5-3 的规定。

配置混凝土时，宜优先选择级配在Ⅱ区的砂，使混凝土土拌和物获得良好的和易性。Ⅰ区砂颗粒片粗，配置的混凝土流动性大，但黏聚性和保水性较差，应适当提高砂率，宜保证混凝土拌和物的和易性；Ⅲ区砂颗粒偏细，配置的混凝土黏聚性和保水性较好，但流动性较差，应适当减少砂率，以保证混凝土硬化后强度。

表 5-3　砂的分区及级配范围

级配区	筛孔尺寸(mm)						
	9.5	4.75	2.36	1.18	0.6	0.3	0.15
	累计筛余(%)						
Ⅰ区	0	10～0	35～5	65～35	85～71	95～80	100～90
Ⅱ区	0	10～0	25～0	50～10	70～41	92～70	100～90
Ⅲ区	0	10～0	15～0	25～0	40～16	85～55	100～90

注：① 砂的实际级配与表中所列数字相比，除 4.75mm 和 0.6mm 筛外，可以略有超出，但超出总量应不得大于 5%。
② Ⅰ区人工砂中 0.15mm 筛的累计筛余量可以放宽到 100%～85%，Ⅱ区人工砂中 0.15mm 筛余可以放宽到 100%～80%，Ⅲ区人工砂中 0.15mm 的累计筛余量放宽到 100%～75%。
本项目用砂检测结果见项目 1 的集料检测报告。

5.2.3　粗集料

　　水泥混凝土用粗集料有卵石和碎石，为粒径大于或等于 4.75mm 的岩石颗粒，卵石是由自然分化，水流搬运和分选，堆积形成的岩石颗粒，按产源不同分为山卵石，河卵石和海卵石等，其中河卵石应用较多。碎石是采用天然岩石经机械破碎，筛分支持的岩石颗粒。

　　卵石和碎石的规格按粒径尺寸分为单粒粒径和连续粒级，也可以根据需要采用不同的单粒径卵石，碎石混合成特殊粒级的卵石，碎石。

　　卵石、碎石按技术要求分为Ⅰ类、Ⅱ类、Ⅲ类。Ⅰ类宜用于强度等级大于 C60 的混凝土；Ⅱ类用于强度等级为 C30～C60 及有抗冻、抗寒或其他要求的混凝土；Ⅲ类宜用于强度等级小于 C30 的混凝土。水泥混凝土用卵石、碎石的技术要求如下：

1. 强度和坚固性

1）强度

粗集料的强度可采用抗压强度和压碎指标来表示。卵石、碎石的压碎指标值越小，则表示石子抵抗压碎的能力越强。按国家标准《建筑用卵石、碎石》（GB/T 14685—2001）规定，卵石、碎石的Ⅰ类、Ⅱ类、Ⅲ类压碎指标值应符合表 5-4 技术要求。

表 5-4　碎石、卵石技术要求

项目	指标		
	Ⅰ类	Ⅱ类	Ⅲ类
岩石强度(MPa)	饱水状态下，火成岩应不小于 80；变质岩应不小于 60；沉积岩应不小于 30		
碎石压碎指标(%)，<	18	20	30
卵石压碎指标(%)，<	20	25	25
坚固性(质量损失)(%)，<	5	8	12

（续）

项目	指标		
	Ⅰ类	Ⅱ类	Ⅲ类
针、片状颗粒，按质量计(%)，<	5	15	25
含泥量(%)，<	0.5	1.0	1.5
泥块含量(%)，<	0	0.5	0.7
有机物含量（比色法）	合格	合格	合格
硫化物及硫酸盐，按质量计(%)	<0.5	<1.0	<1.0
密度和空隙率	表观密度>2500kg/m³；堆积密度>1350kg/m³；空隙率<47%		
碱集料反应	经碱集料反应试验后，由卵石、碎石配置的试件无裂缝、酥裂、胶体外溢等现象，在规定试验龄期的膨胀率小于0.10%		

2）坚固性

坚固性是指卵石、碎石在自然风化和其他外界物理化学因素作用下抵抗破裂的能力。卵石、碎石越密实、强度越高、吸水率越小时，其坚固性越好；而结构疏松、矿物成分复杂、构造不均匀的，其坚固性差。粗集料的坚固性采用硫酸钠溶液法进行试验，卵石和碎石经5次循环后，其质量损失应符合表5-4的规定。

2. 针、片状颗粒含量

粗骨料中针状颗粒，是指卵石和碎石颗粒的长度大于该颗粒所属相应粒级的平均粒径2.4倍者；片状颗粒是指厚度小于平均粒径0.4倍者。平均粒径是指该粒级上下限粒径的平均值。

针、片状颗粒本身的强度不高，在承受外力时容易产生折断，因此不仅会影响混凝土的强度，而且会增大石子的空隙率，使混凝土的和易性变差。

针、片状颗粒含量分别采用针状规准仪和片状规准仪测定。卵石和碎石中针片状颗粒含量应符合表5-8的规定。

3. 有害杂质含量

卵石、碎石中常含有一些有害杂质，如黏土、淤泥、硫酸盐及硫化物和有机物等，它们的危害作用与细集料相同，应符合表5-4的规定。

4. 表观密度、堆积密度、空隙率

卵石、碎石的表观密度、堆积密度、空隙率应符合如下规定：表观密度大于2500kg/m³；松散堆积密度大于1350kg/m³；空隙率小于47%。

5. 碱-集料反应

碱-集料反应是指水泥、外加剂及环境中的碱与集料中碱活性矿物在潮湿环境下缓慢发生膨胀反应，并导致混凝土开裂破坏。标准规定，经碱-集料反应试验后，由卵石、碎石制备的试件无裂缝、酥裂、胶体外溢等现象，在规定的试验龄期，其膨胀率应小于0.10%。

6. 最大粒径及颗粒级配

1) 最大粒径

粗集料的最大粒径是指公称粒级的上限值。粗集料的粒径越大，其比表面积越小，达到一定流动性时包裹其表面的水泥砂浆数量减小，可节约水泥；或者在和易性一定、水泥用量一定时，可以减少混凝土的单位用水量，提高混凝土的强度。

所以粗集料最大粒径在条件允许情况下，尽量选择大些为好。但是受到工程结构和施工条件限制，按《混凝土结构工程施工质量验收规范》（GB 50204—2002)的规定，混凝土用粗集料的最大粒径须同时满足：不得超过构件截面最小边长的1/4；不得超过钢筋间最小净距的3/4；对于混凝土实心板，最大粒径不宜超过板厚1/2且不得超过37.5mm；但最大粒径不得超过50mm；对于泵送混凝土，最大粒径与输送管内径之比，碎石宜小于或等于1∶3；卵石宜小于或等于1∶2.5。

2) 颗粒级配

粗集料应具有良好的颗粒级配，以减少空隙率，增强密实性，从而可以节约水泥，保证混凝土拌和物的和易性及混凝土的强度。粗骨料的级配分为连续级配和间断级配两种。

连续级配是指颗粒从小到大连续分级，每一粒级的累计筛余百分率均不为零的级配，如天然卵石。连续级配具有颗粒尺寸级差小，上下级粒径之比接近2，颗粒之间的尺寸相差不大，因此采用连续级配拌制的混凝土具有和易性较好，不易产生离析，在工程中应用较广泛。

间断级配是指为了减小孔隙率，人为筛除某些中间粒径的颗粒，大颗粒之间的空隙，直接由粒径小很多的小颗粒填充的级配。间断级配的颗粒相差大，上下粒径之比接近6，空隙率大幅度降低，拌制混凝土时可节约水泥。但混凝土拌和物易产生离析现象，造成施工较困难。间断级配适用于配制采用机械拌和、振捣的低塑性及干硬性混凝土。

单粒粒级主要适用于配制所要求的连续粒级，或与连续粒级配合使用以改善级配或粒度。工程中不宜采用单粒粒级的粗集料配制混凝土。粗集料级配范围应符合表5-5中的规定。

表5-5 碎石、卵石级配范围

级配情况	序号	公称粒径(mm)	筛孔尺寸(mm)											
			2.36	4.75	9.5	16	19	26.5	31.5	37.5	53	63	75	90
			累计筛余(按质量计，%)											
连续粒级	1	5~10	95~100	80~100	0~15	0	—	—	—	—	—	—	—	—
	2	5~16	95~100	85~100	30~60	0~10	0	—	—	—	—	—	—	—
	3	5~20	95~100	90~100	40~80	—	0~10	0	—	—	—	—	—	—
	4	5~25	95~100	90~100	—	30~70	—	0~5	0	—	—	—	—	—
	5	5~31.5	95~100	90~100	70~90	—	15~45	—	0~5	0	—	—	—	—
	6	5~40	—	95~100	70~90	—	30~65	—	—	0~5	0	—	—	—

（续）

级配情况	序号	公称粒径(mm)	筛孔尺寸(mm)											
			2.36	4.75	9.5	16	19	26.5	31.5	37.5	53	63	75	90
			累计筛余(按质量计，%)											
单粒级	1	10～20	—	95～100	85～100	—	0～15	0	—	—	—	—	—	—
	2	16～31.5	—	95～100	—	85～100	—	—	0～10	—	—	—	—	—
	3	20～40	—	—	95～100	—	80～100	—	—	0～10	0	—	—	—
	4	31.5～63	—	—	—	95～100	—	—	75～100	45～75	—	0～10	0	—
	5	40～80	—	—	—	—	95～100	—	—	70～100	—	30～60	0～10	0

注：本项目所用碎石检测结果见项目1集料检测报告。

5.2.4 拌和用水

混凝土拌和用水，不得影响混凝土的凝结硬化；不得降低混凝土的耐久性；不得加快钢筋锈蚀和预应力钢丝脆断。混凝土拌和用水，按水源分为饮用水、地表水、地下水、海水，以及经适当处理的工业废水。混凝土拌和用水宜选择洁净的饮用水。根据《混凝土用水标准》(JGJ 63—2006)规定，混凝土拌和用水中各种物质含量限值应符合表5-6的规定。

表5-6 混凝土拌和用水水质要求

项目	预应力混凝土	钢筋混凝土	素混凝土
pH 值	≥5.0	≥4.5	≥4.5
不溶物(mg/L)	≤2000	≤2000	≤5000
可溶物(mg/L)	≤2000	≤5000	≤10000
氯化物，以 Cl^- 计，mg/L	≤500	≤1000	≤3500
硫酸盐，以 SO_4^{2-} 计，mg/L	≤600	≤2000	≤2700
碱含量(rag/L)	≤1500	≤1500	≤1500

注：碱含量按 $Na_2O+0.658K_2O$ 计算值表示。

当采用饮用水以外的水时，需要注意以下几个方面。

（1）地表水和地下水，常溶解有较多的有机质和矿物质，必须按标准规定的方法检验合格后，方可使用。

（2）海水中含有较多的硫酸盐和氯盐，会影响混凝土的耐久性和加速混凝土中钢筋的锈蚀，因此对于钢筋混凝土结构和预应力混凝土结构，不得采用海水拌制；对有饰面要求的混凝土，也不得采用海水拌制，以免因表面盐析产生白斑而影响装饰效果。

（3）工业废水经验检验合格后，方可用于拌制混凝土。

5.2.5　外加剂

混凝土外加剂是在混凝土拌和过程中掺入的，能够改善混凝土性能的化学药剂，掺量一般不超过水泥用量的5％。

混凝土外加剂在掺量较少的情况下，可以明显改善混凝土的性能，包括改善混凝土拌和物和易性、调节凝结时间、提高混凝土强度及耐久性等。混凝土外加剂在工程中的应用越来越广泛，被誉为混凝土的第五种组成材料。

根据国家标准《混凝土外加剂》（GB 8076—2008）的规定，混凝土外加剂按照其主要功能分为四类。

（1）改善混凝土拌和物物流变性能的外加剂，如减水剂、引气剂和泵送剂等。

（2）调节混凝土凝结时间、硬化性能的外加剂，如缓凝剂、早强剂和速凝剂等。

（3）改善混凝土及耐久性的外加剂，如引气剂、防水剂和阻锈剂等。

（4）改善混凝土其他性能的外加剂，如加气机、膨胀剂、防冻剂、着色剂和泵送剂等。

在市政工程中，最常用的外加剂的减水剂、早强剂等，因此主要讲述混凝土减水剂和早强剂。

1. 减水剂

混凝土减水剂是指保持混凝土拌和物和易性一定的条件下，具有减水剂和增强作用的外加剂，又成为"塑化剂"。根据减水剂的作用效果及功能不同，减水剂可分为普通减水剂、高效减水剂、缓凝减水剂、引气减水剂、缓凝高效减水剂等。

在水泥混凝土中掺入减水剂后，具有以下效果。

（1）减少混凝土拌和物的用水量，提高混凝土的强度。在混凝土中掺入减水剂后，可在混凝土拌和物坍落度基本一定的情况下，减少混凝土的单位用水量5％～25％（普通型5％～25％，高效型10％～30％），从而降低了混凝土水灰比，使混凝土强度提高。

（2）提高混凝土拌和物的流动性。在混凝土各组成材料用量一定的条件下，减水剂能明显提高混凝土拌和物的流动性，一般坍落度可提高100～200mm。

（3）节约水泥。再说混凝土拌和物坍落度、强度一定的情况下，拌和物用水量减少的同时，水泥用量也可以减少，可节约水泥5％～20％。

（4）改善混凝土的其他性能。掺入减水剂后，可以减少混凝土拌和物的泌水、离析现象；延缓混凝土的凝结时间；减缓水泥水化放热速度；显著提高混凝土硬化的抗掺性和抗冻性，提高混凝土的耐久性。

减水剂是目前应用最广的外加剂，按化学成分可分为木质素系减水剂、萘系减水剂、树脂系减水剂、糖蜜系减水剂及腐殖酸系减水剂等。各系列减水剂的性能及适用范围见表5-7。

表5-7　常用减水剂品种和性能

种类	木质素系	萘系	树脂系	糖蜜系	腐殖酸系
类别	普通减水剂	高效减水剂	早强减水剂	缓凝减水剂	普通减水剂
适宜掺量	0.2％～0.3％	0.2％～1％	0.5％～2％	0.2％～0.3％	0.30％

（续）

种类	木质素系	萘系	树脂系	糖蜜系	腐殖酸系
减水率	10%左右	15%左右	20%～30%	6%～10%	8%～10%
早强效果	—	显著	显著	—	有早强、缓凝两种
缓凝效果	1～3h	—	—	3h以上	
引气效果	1%～2%	部分品种<2%	—		
适用范围	一般混凝土工程及大模板、滑模、泵送、大体积混凝土工程	适用所有混凝土工程，特别适用配置高强和大流动性混凝土工程	适用于有特殊要求的混凝土工程	大体积混凝土工程、滑模、夏季缓凝混凝土	一般混凝土工程

2. 早强剂

早强剂是指掺入混凝土中能够提高混凝土早期强度，对后期强度无明显影响的外加剂。早强剂可在不同温度下加速混凝土强度发展，多用于要求早拆模、抢修工程及冬期施工的工程。

工程中常用早强剂的品种主要有无机盐类、有机类和复合早强剂。常用早强剂的品种、掺量及作用效果，见表5-8。

表5-8　常用早强剂的品种、掺量及作用效果

种类	无机盐早强剂	有机类早强剂	复合早强剂
主要品种	氯化钙、硫酸钠	三乙醇胺、三异醇胺、尿素等	二水石膏＋亚硝酸钠＋三乙醇胺
适宜掺量	氯化钙1%～2%、硫酸钠0.5%～2%	0.02%～0.05%	2%二水石膏＋1%亚硝酸钠＋0.05%三乙醇胺
作用效果	氯化钙可使2～3d强度提高40%～100%、7d强度提高25%	—	能使3d强度提高50%

任务5.3　计算水泥混凝土初步配合比

引例

水泥混凝土是由水泥、水和粗、细集料按适当比例配合、拌制成拌和物，经一定时间硬化而成的人造石材。这种材料的优点：具有较高的强度和较好的耐久性，可以浇筑成任意形状、不同强度、不同性能的建筑物，原材料来源广泛，价格低廉。材料的缺点：抗拉强度低、受拉时变形能力小、容易受温度湿度变化而开裂、自重大等。混凝土的强度和耐久性与混凝土的配合比影响甚大，如何计算好混凝土的初步配合比则是混凝土配合比成功的开始。

5.3.1　概述

混凝土中各组成材料用量之比即为混凝土的配合比。

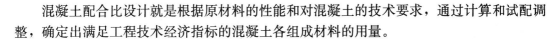

混凝土配合比设计就是根据原材料的性能和对混凝土的技术要求，通过计算和试配调整，确定出满足工程技术经济指标的混凝土各组成材料的用量。

1. 混凝土配合比表示方法

1）单位用量表示法

以每1m³混凝土中各种材料的用量表示，例如：水泥∶水∶细集料∶粗集料＝330kg∶150kg∶706kg∶1264kg。

2）相对用量表示法

以水泥的质量为1并按"水泥∶细集料∶粗集料，水灰比"的排序排列表示。例如1∶2.14∶3.83，m_w/m_c＝0.45。

2. 配合比设计的基本要求

混凝土配合比设计应满足下列四项基本要求。

1）满足结构物设计强度的要求

不论是混凝土路面或是桥梁，在设计时都会对不同的结构物部位提出不同的"设计强度"要求。为了保证结构物的可靠性，采用一个比设计强度高的"配置强度"，才能满足设计强度的要求。

2）满足施工工作性的要求

按照结构物断面尺寸和形状、配筋的疏密以及施工方法和设备来确定工作性（坍落度或维勃稠度）。

3）满足环境耐久性的要求

根据结构物所处环境条件，如严寒地区的路面或桥梁、桥梁墩台在水位升降范围等，为保证结构的耐久性，在设计混凝土配合比时应考虑允许的"最大水灰比"和"最小水泥用量"。

4）满足经济性的要求

在保证工程质量的前提下，尽量节约水泥，合理使用材料，降低成本。

3. 混凝土配合比设计的三个参数

由水泥、水、粗集料、细集料组成的普通水泥混凝土配合比设计，实际上就是确定水泥、水、砂和石这四种基本组成材料的用量。其中有三个重要参数：水灰比、砂率和单位用水量。

1）水灰比W/C

表示水与水泥的关系，指的是水的质量m_w与水泥的质量m_c之比。

$$W/C=\frac{m_w}{m_c} \tag{5-1}$$

2）砂率β_s

表示砂与石子的关系，指的是砂的质量m_s与砂的质量m_s和碎石质量m_g总和之比。

$$\beta_s=\frac{m_s}{m_s+m_g}\times100 \tag{5-2}$$

3）单位用水量m_{wo}

表示水泥浆与集料的关系，以单位用水量表示。单位用水量指的是1m³混凝土拌和物中水的用量(kg/m^3)。

4. 混凝土配合比设计步骤

1) 计算"初步配合比"

根据原始资料,按我国现行的配合比设计方法,计算初步配合比,即水泥:水:细集料:粗集料$= m_{co} : m_{wo} : m_{so} : m_{go}$。

2) 提出"基准配合比"

根据初步配合比,采用施工实际材料,进行试拌,测定混凝土拌和物的工作性(坍落度或维勃稠度),调整材料用量,提出一个满足工作性要求的"基准配合比",即$m_{ca} : m_{wa} : m_{sa} : m_{ga}$。

3) 确定"试验室配合比"

以基准配合比为基础,增加或减少水灰比,拟定几组适合工作性要求的配合比,通过制备试块、测定强度,确定即符合强度和工作性要求,又较经济的实验室配合比,即$m_{cb} : m_{wb} : m_{sb} : m_{gb}$。

4) 换算"工地配合比"

根据工地现场材的实际含水率,将试验室配合比换算为工地配合比,即$m_c : m_w : m_s : m_g$。或$1 : m_w/m_c : m_s/m_c : m_g/m_c$。

5.3.2 水泥混凝土初步配合比方法(以抗压强度为指标的设计方法)

1. 确定混凝土的配制强度$f_{cu,o}$

为了使所配制的混凝土具有必要的强度保证率(即$P=95\%$),要求混凝土配制强度必须大于其标准值。当混凝土的设计强度小于C60时,配置强度按式(5-3)计算。

$$f_{cu,o} = f_{cu,k} + 1.645\sigma \tag{5-3}$$

式中:$f_{cu,o}$——混凝土的配制强度(MPa);

$f_{cu,k}$——混凝土的立方体抗压强度标准值(即设计要求的混凝土强度等级值)(MPa);

σ——由施工单位质量管理水平确定的混凝土强度标准差(MPa)。

混凝土强度标准差σ值可按式(5-4)计算。

$$\sigma = \sqrt{\frac{\sum\limits_{i=1}^{n} f_{cu,i}^2 - nm_{f_{cu}}^2}{n-1}} \tag{5-4}$$

式中:$f_{cu,i}$——第i组混凝土试件立方体抗压强度值(MPa);

$m_{f_{cu}}$——n组混凝土试件强度平均值(MPa);

σ——混凝土强度标准差(MPa);

n——试件组数,$n \geqslant 30$组。

(1) 对于强度等级不大于C30的混凝土:当σ计算值不小于3.0MPa时,应按照计算结果取值;当σ计算值小于3.0MPa时,σ应取3.0MPa。对于强度等级大于C30且不大于C60的混凝土:当σ计算值不小于4.0MPa时,应按照计算结果取值;当σ计算值小于4.0MPa时,σ应取4.0MPa。

(2) 当没有近期的同一品种,同一强度等级混凝土强度资料时,其值按现行《混凝土结构工程施工质量验收规范》(GB 50204—2002)的规定取用,见表5-9。

表 5 - 9　混凝土强度标准差

强度等级	≤C20	C25～C45	C50～C55
标准差 σ(MPa)	4.0	5.0	6.0

在工程实践中，遇有下列情况时，应提高混凝土的配制强度：

① 现场条件与实验室条件有显著差异时；

② C50 及以上强度等级的混凝土，采用非统计方法评定时。

2. 计算水灰比

1）按混凝土要求强度等级计算水灰比和水泥实际强度

根据已确定的混凝土配置强度 $f_{cu,o}$，由式(5-5)计算水灰比：

$$\frac{W}{C}=\frac{\alpha_a f_{ce}}{f_{cu,o}+\alpha_a\alpha_b f_{ce}} \tag{5-5}$$

式中：$\dfrac{W}{C}$——水灰比；

　　　$f_{cu,o}$——混凝土配置强度(MPa)；

　　　α_a、α_b——混凝土强度回归系数，如无试验统计资料，可采用表中规定；

　　　f_{ce}——水泥 28d 抗压强度实测值(MPa)。

在无法取得水泥实际强度时，采用的水泥强度等级可按式(5-6)计算：

$$f_{ce}=\gamma_c f_{ce,g} \tag{5-6}$$

式中：γ_c——水泥强度等级值的富余系数，可按实际统计资料确定，一般当水泥强度等级值分别为 32.5、42.5、52.5 时，富余系数分别取值为 1.12、1.16、1.10；

　　　$f_{ce,g}$——水泥强度等级值(MPa)。

回归系数 α_a 和 α_b 应根据工程所用的水泥、集料，通过试验由建立的水灰比与混凝土强度关系式来确定；当不具备上述试验统计资料时，其回归系数可按表 5-10 采用。

表 5 - 10　回归系数 α_a 和 α_b 选用表

回归系数	碎石	卵石
α_a	0.53	0.49
α_b	0.20	0.13

2）按耐久性要求复核水灰比

为了使混凝土耐久性符合要求，按强度要求计算的水灰比值不得超过表 5-11 规定的最大水灰比值，否则混凝土耐久性不合格，此时取规定的最大水灰比值作为混凝土的水灰比值。

表 5 - 11　混凝土的最大水灰比和最小水泥用量

混凝土结构所处环境	结构物类别	最大水灰比			最小水泥用量(kg/m³)		
		预应力混凝土	素混凝土	钢筋混凝土	预应力混凝土	素混凝土	钢筋混凝土
干燥环境	正常居住或办公用房屋内部	不作规定	0.65	0.60	200	260	300

（续）

混凝土结构所处环境		结构物类别	最大水灰比			最小水泥用量(kg/m³)		
			预应力混凝土	素混凝土	钢筋混凝土	预应力混凝土	素混凝土	钢筋混凝土
潮湿环境	无冻害	高湿度的室内部件；室外部件；在非侵蚀性土和（或）水中部件	0.70	0.60	0.60	225	280	300
	有冻害	高湿度且经受冻害的室内部件；经受冻害的室外部件；在非侵蚀性土和（或）水中且经受冻害的部件	0.55	0.55	0.55	250	280	300
有冻害和除冰剂潮湿环境		经受冻害和除冰剂作用的室内和室外部件	0.50	0.50	0.50	300	300	300

3. 选定单位用水量(m_{wo})

（1）水灰比在 0.40～0.80 范围内时，塑性混凝土和干硬性混凝土单位用水量应根据粗集料的品种、最大粒径及施工要求的混凝土拌和物流动性，其单位用水量分别按表 5-12 和表 5-13 选取。

表 5-12　塑性混凝土的用水量(kg/m³)

拌和物稠度		卵石最大粒径(mm)				碎石最大粒径(mm)			
项目	指标	10.0	20.0	31.5	40.0	16.0	20.0	31.5	40.0
坍落度(mm)	10～30	190	170	160	150	200	185	175	165
	35～50	200	180	170	160	210	195	185	175
	55～70	210	190	180	170	220	205	195	185
	75～90	215	195	185	175	230	215	205	195

注：① 本表用水量系采用中砂的平均取值。采用细砂时，每立方混凝土用水量可增加 5～10kg；采用粗砂时，则可减少 5～10kg。
②　掺用各种外加剂或掺合料时，用水量应相应调整。

表 5-13　干硬性混凝土的用水量(kg/m³)

拌和物稠度		卵石最大粒径(mm)			碎石最大粒径(mm)		
项目	指标	10.0	20.0	40.0	16.0	20.0	40.0
维勃稠度(s)	16～20	175	160	145	180	170	155
	11～15	180	165	150	185	175	160
	5～10	185	170	155	190	180	165

（2）水灰比小于 0.40 的混凝土以及采用特殊成型工艺的混凝土单位用水量应通过试

验确定。

（3）流动性和大流动性混凝土的单位用水量宜按下列步骤计算：

以表 5 - 12 中坍落度 90mm 的单位用水量为基础，按坍落度每增大 20mm，单位用水量增加 5kg，计算出流动性和大流动性混凝土的单位用水量。

（4）掺外加剂时，混凝土的单位用水量可按式（5 - 7）计算：

$$m_{wo} = m'_{wo}(1-\beta) \qquad (5-7)$$

式中：m_{wo}——掺外加剂时混凝土的单位用水量（kg）；

$\quad\quad m'_{wo}$——未掺外加剂时混凝土的单位用水量（kg）；

$\quad\quad \beta$——外加剂的减水率，外加剂的减水率应经试验确定。

4. 计算单位水泥用量（m_{co}）

（1）按式（5 - 8）计算每立方米混凝土中的水泥用量 m_{co}

$$m_{co} = \frac{m_{wo}}{W/C} \qquad (5-8)$$

（2）复核耐久性。将计算出的每立方米混凝土的水泥用量与表 5 - 11 规定的最小水泥用量比较：如计算水泥用量不低于最小水泥用量，则混凝土耐久性合格；如计算水泥用量低于最小水泥用量，则混凝土耐久性不合格，此时应取表 5 - 11 规定的最小水泥用量。

5. 选定砂率（β_s）

当无历史资料可参考，混凝土砂率应符合下列规定：

（1）坍落度为 10～60mm 的混凝土砂率，可根据粗细集料品种、最大粒径及水灰比按表 5 - 14 选取。

（2）坍落度大于 60mm 的混凝土砂率，可经试验确定，也可在表 5 - 14 的基础上，按坍落度每增大 20mm，砂率增大 1% 的幅度予以调整。

（3）坍落度小于 10mm 的混凝土，其砂率应经试验确定。

表 5 - 14　混凝土的砂率（%）

水灰比 (W/C)	卵石最大粒径（mm）			碎石最大粒径（mm）		
	10.0	20.0	40.0	16.0	20.0	40.0
0.4	26～32	25～31	24～30	30～35	29～34	27～32
0.5	30～35	29～34	28～33	33～38	32～37	30～35
0.6	32～38	32～37	31～36	36～41	35～40	33～38
0.7	36～41	35～40	34～39	39～44	38～43	36～41

注：① 本表数值系中砂的选用砂率，对细砂或粗砂，可相应减少或增大砂率。

　　② 只用一个单位粒级粗集料配制混凝土时，砂率应适当增大。

　　③ 采用人工砂配制混凝土时，砂率取偏大值。

6. 计算粗、细集料单位用量（m_{go}、m_{so}）

粗、细集料的单位用量，可用质量法或体积法求得。

1）质量法

质量法又称为假定表观密度法。假定混凝土拌和物的表观密度为 ρ_{cu}（kg/m³）。则 1m³

混凝土的总质量为 $m_{cp} = \rho_{cu} \times 1(kg)$，于是得到式(5-9)。

$$
\begin{cases}
m_{co} + m_{wo} + m_{so} + m_{go} = m_{cp} \\
\dfrac{m_{so}}{m_{so} + m_{go}} \times 100\% = \beta_s
\end{cases}
\tag{5-9}
$$

式中：m_{co}、m_{so}、m_{go}、m_{wo}——分别为1m³混凝土中水泥、砂、石子、水的用量(kg)；

ρ_{cu}——混凝土拌和物的假定表观密度(kg/m³)，可取 2350～2450kg/m³。

求解式(5-9)可得 m_{so}、m_{go}。

2）体积法

体积法又称绝对体积法。该法是假定混凝土拌和物的体积等于各组成材料绝对体积和混凝土拌和物中所含空气体积之总和。在砂率值为已知的条件下，粗细集料的单位用量可由式(5-10)关系求得：

$$
\begin{cases}
\dfrac{m_{co}}{\rho_c} + \dfrac{m_{wo}}{\rho_w} + \dfrac{m_{so}}{\rho_s} + \dfrac{m_{go}}{\rho_g} + 0.01a = 1 \\
\dfrac{m_{so}}{m_{so} + m_{go}} \times 100 = \beta_s
\end{cases}
\tag{5-10}
$$

式中：ρ_c、ρ_w、ρ_s、ρ_g——分别为水泥的密度、水的密度砂的表观密度、石子的表观密度。

α——混凝土的含气量，以百分率计。在不使用引气型外加剂或引气剂时，可取 $\alpha = 1$。

求解式(5-10)可得 m_{so}、m_{go}。

5.3.3 路面水泥混凝土初步配合比设计(以抗弯拉强度为指标设计方法)

水泥混凝土路面用混凝土配合比设计方法，按《公路水泥混凝土路面施工技术规范》(JTG F 30—2003)规定，以抗弯拉强度(也称抗折强度)为主要强度指标，抗压强度作为参考指标。路面用水泥混凝土配合比设计应满足四项基本要求：抗弯拉强度、工作性、耐久性和经济性。路面混凝土初步配合比设计计算如下。

1. 确定混凝土的配制抗弯拉强度

各交通等级路面的28d设计弯拉强度标准值 f_r 应符合《公路水泥混凝土路面设计规范》(JTG D 40—2002)的规定。按式(5-11)计算配制 28d 抗弯拉强度均值。

$$
f_c = \frac{f_r}{1 - 1.04C_v} + ts
\tag{5-11}
$$

式中：f_c——混凝土配制 28d 抗弯拉强度的均值(MPa)；

f_r——设计混凝土弯拉强度标准值(MPa)；

C_v——混凝土弯拉强度的变异系数，按表5-15取用；

s——混凝土弯拉强度试验样本的标准值(MPa)；

t——保证率系数，按样本数 n 和判别概率 p 参考表5-16确定。

表 5-15　各级公路混凝土路面抗弯拉强度变异系数

公路等级	高速公路	一级公路		二级公路	三、四级公路	
混凝土弯拉强度变异水平等级	低	低	低	低	中	高
弯拉强度变异系数 C_v 允许变化范围	0.05～0.10	0.05～0.10	0.10～0.15	0.10～0.15	0.10～0.15	0.15～0.20

表 5-16　保证率系数

公路等级	判别概率 p	样本数 n				
		3	6	9	15	20
高级公路	0.05	1.36	0.79	0.61	0.45	0.39
一级公路	0.10	0.95	0.59	0.46	0.35	0.30
二级公路	0.15	0.72	0.46	0.37	0.28	0.24
三、四级公路	0.20	0.56	0.37	0.29	0.22	0.19

2. 计算水灰比

混凝土拌和物的水灰比，根据粗集料类型、混凝土的配制抗弯拉强度和水泥的实际抗弯拉强度，碎石或碎卵石混凝土按式(5-12)计算，卵石混凝土按式(5-13)计算。

碎石：
$$W/C = \frac{1.5684}{f_c + 1.0097 - 0.3595 f_s} \tag{5-12}$$

卵石：
$$W/C = \frac{1.2618}{f_c + 1.5492 - 0.4709 f_s} \tag{5-13}$$

式中：f_c——混凝土配制 28d 抗弯拉强度的均值(MPa)；

f_s——水泥的实际抗弯拉强度(MPa)。

掺用粉煤灰时，应计入超量取代法中代替水泥的那一部分粉煤灰用量(代替砂的超量部分不计入)，用水胶比 $W/(W+F)$ 代替水灰比 W/C。水灰比不得超过表 5-17 规定的最大值。在满足弯拉强度计算值和耐久性两者要求的水灰(胶)比中取小值。

表 5-17　混凝土满足耐久性要求的最大水灰(胶)比和最小水泥用量

公路技术等级		高速公路、一级公路	二级公路	三、四级公路
最大水灰(胶)比		0.44	0.46	0.48
抗冰冻要求最大水灰(胶)比		0.42	0.44	0.46
抗盐冻要求最大水灰(胶)比		0.40	0.42	0.44
最小单位水泥用量/(kg/m³)	42.5级	300	300	290
	32.5级	310	310	305
抗冰(盐)冻最小单位水泥用量/(kg/m³)	42.5级	320	320	315
	32.5级	330	330	325

（续）

公路技术等级		高速公路、一级公路	二级公路	三、四级公路
掺粉煤灰时最小单位水泥用量/(kg/m³)	42.5级	260	260	255
	32.5级	280	270	265
抗冰（盐）冻掺粉煤灰时最小单位水泥用量（42.5级）/(kg/m³)		280	270	265

3. 计算单位用水量

1）不掺外加剂和掺和料时，单位用水量计算

混凝土拌和物每 $1m^3$ 的用水量，根据坍落度，对碎石混凝土按经验公式（5-14）计算单位用水量，卵石混凝土按经验公式（5-15）计算单位用水量（砂石料以风干状态计）。

（1）碎石混凝土。

$$m_{wo}=104.97+0.309S_L+11.27C/W+0.61\beta_s \tag{5-14}$$

（2）卵石混凝土。

$$m_{wo}=86.89+0.370S_L+11.24C/W+1.0\beta_s \tag{5-15}$$

式中：m_{wo}——不掺外加剂与掺和料混凝土的单位用水量（kg/m³）；

S_L——混凝土拌和物坍落度（mm）；

C/W——灰水比；

β_s——砂率（%），参考表5-18选取。

表5-18　砂的细度模数与最优砂率关系

砂细度模数		2.2~2.5	2.5~2.8	2.8~3.1	3.1~3.4	3.4~3.7
砂率 β_s(%)	碎石	30~34	32~36	34~38	36~40	38~42
	卵石	28~32	30~34	32~36	34~38	36~40

2）掺外加剂时，单位用水量计算

掺外加剂混凝土的单位用水量按式（5-16）计算。

$$m_{w,ad}=m_{wo}(1-\beta_{ad}) \tag{5-16}$$

式中：$m_{w,ad}$——掺外加剂与掺和料混凝土的单位用水量（kg/m³）；

m_{wo}——未掺外加剂混凝土的单位用水量（kg/m³）；

β_{ad}——外加剂减水率的实测值，以小数计（mm）。

4. 计算单位水泥用量

单位水泥用量按式（5-17）计算，并取计算值与表5-17规定值两者中的大值，并同时满足最大单位水泥用量不宜大于 $400kg/m^3$，最大单位胶材总用量不宜大于 $420kg/m^3$ 的规定。

$$m_{co}=m_{wo}\times(C/W) \tag{5-17}$$

式中：m_{co}——单位水泥用量（kg/m³）；

m_{wo}——单位用水量（kg/m³）；

C/W——灰水比。

5. 计算砂石用量

砂石用量可按密度法或体积法计算。按密度法计算时，混凝土单位质量可取 2400～2450kg/m³；按体积法计算时，应计入设计含气量。采用超量取代法掺用粉煤灰时，超量部分应代替砂，并折减用砂量。经计算得到的配合比，应验算单位粗集料填充体积率，且不宜小于 70%。

5.3.4 计算混凝土初步配合比

本项目基本资料如下。

(1) 按水泥混凝土设计强度 $f_{cu,k}=50$MPa；混凝土信度界限 $t=1.645$；水泥混凝土强度标准差 $\sigma=6.0$MPa。

(2) 按预应力混凝土梁钢筋密集程度和现场施工机械设备，要求混凝土拌和物的坍落度 100～140mm。

(3) 组成原材料以及性质如下。

水泥：普通硅酸盐水泥，强度等级为 52.5，实训 28d 抗压强度为 53.2MPa，密度为 $\rho_c=3.1$g/cm³。

① 碎石：一级石灰岩轧制的碎石；最大粒径 $d_{max}=26.5$mm，表观密度 $\rho_g=2.78$g/cm³。

② 砂：清洁河砂，粗度属于中砂，表观密度 $\rho_s=2.680$g/cm³。

③ 水：饮用水，符合要求。

请根据以上基本资料计算初步配合比。

1. 确定混凝土配置强度 $f_{cu,o}$

$$f_{cu,o}=f_{cu,k}+1.645\sigma=50+1.645\times6=59.87\text{MPa}$$

2. 计算水灰比 W/C

(1) 水泥实际强度：

$$f_{ce}=53.2\text{MPa}$$

(2) 计算水灰比 W/C，由表 5-10 知，碎石：$a_a=0.53$，$a_b=0.20$。

$$W/C=\frac{a_a\times f_{ce}}{f_{cu,o}+a_a\times a_b\times f_{ce}}$$
$$=\frac{0.53\times53.2}{59.87+0.53\times0.20\times53.2}$$
$$=0.43$$

(3) 按耐久性校核水灰比，符合表 5-11 中的要求。

3. 确定单位用水量 (m_{wo})

由于要求的混凝土拌和物的坍落度为 $H=100～140$mm，碎石最大粒径 $d_{max}=26.5$mm，以表 5-12 中坍落度 90mm 的单位用水量为基础，按坍落度每增大 20mm，单位用水量增加 5kg，计算出流动性混凝土的单位用水量 $m_{wo}=221$kg/m³。

由于减水剂采用 UNF-5，掺量 β_a 为 2%，减水率 β 为 18.5%。故其减水后的用水量为：

$$m_{w,ad}=221\times(1-0.185)=180\text{kg/m}^3$$

4. 计算单位水泥用量(m_{co})

$$m_{co}=\frac{m_{wo}}{W/C}=\frac{180}{0.43}=419\text{kg/m}^3$$

按耐久性校核单位水泥用量,符合表 5-11 中的要求。

$$\text{减水剂用量 } m_{wra}=m_{co}\times2\%=419\times2\%=8.38\text{kg}$$

5. 确定砂率

碎石最大粒径 $d_{max}=26.5$mm,$W/C=0.43$,查表 5-14,选定砂率 $\beta_s=39\%$。

6. 计算砂石用量

1) 采用质量法(假定表观密度为 2450kg/m³)

$$\begin{cases}m_{co}+m_{wo}+m_{so}+m_{go}+m_{wra}=\rho_{cp}\\ \beta_s=\dfrac{m_{so}}{m_{so}+m_{go}}\times100\end{cases}$$

代入相应数据得到:

$$\begin{cases}419+180+m_{so}+m_{go}+8.38=2450\\ 39=\dfrac{m_{so}}{m_{so}+m_{go}}\times100\end{cases}$$

求解以上方程得到:$m_{so}=719$kg/m³,$m_{go}=1124$kg/m³

所以得到初步配合比:$m_{co}:m_{wo}:m_{so}:m_{go}:m_{wra}=419:180:719:1124:8.38$

2) 采用体积法

$$\begin{cases}\dfrac{m_{co}}{\rho_c}+\dfrac{m_{wo}}{\rho_w}+\dfrac{m_{so}}{\rho_s}+\dfrac{m_{go}}{\rho_g}+0.01a=1\\ \beta_s=\dfrac{m_{so}}{m_{so}+m_{go}}\times100\end{cases}$$

代入相应数据得到:

$$\begin{cases}\dfrac{419}{3.1}+\dfrac{180}{1}+\dfrac{m_{so}}{2.68}+\dfrac{m_{go}}{2.78}+10\times1=1000\\ 39=\dfrac{m_{so}}{m_{so}+m_{go}}\times100\end{cases}$$

求解以上方程得到:

$$m_{so}=721\text{kg/m}^3,\quad m_{go}=1128\text{kg/m}^3$$

所以得到初步配合比:

$$m_{co}:m_{wo}:m_{so}:m_{go}:m_{wra}=419:180:721:1128:8.38$$

思考与讨论

请对计算混凝土初步配合比砂、石质量的质量法和体积法两种方法与计算结果进行分析比较。

任务5.4 提出水泥混凝土基准配合比

引例

按计算出的初步配合比进行试配,以校核混凝土拌和物的工作性,如试拌得出的拌和物的坍落度(或

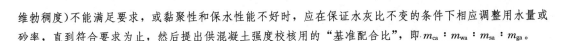

维勃稠度)不能满足要求，或黏聚性和保水性能不好时，应在保证水灰比不变的条件下相应调整用水量或砂率，直到符合要求为止，然后提出供混凝土强度校核用的"基准配合比"，即 $m_{ca}:m_{wa}:m_{sa}:m_{ga}$。

5.4.1 混凝土试拌材料要求及用量

1. 试拌材料要求

试拌混凝土所用各种原材料，要与实际工程使用的材料相同，粗、细集料的称量均以干燥状态为基准。如不是用干燥集料配置，称料时应在用水量中扣除集料中超过的含水量值，集料称量应相应增加。

2. 试拌材料用量

混凝土搅拌方法应尽量与生产时使用方法相同。试配时，每盘混凝土的数量一般应不少于表5-19的建议值。如需要进行抗弯拉强度试验，则应根据实际需要计算量。采用机械搅拌时，其搅拌量应不小于额定搅拌量的1/4。

表5-19　混凝土试拌时的最小搅拌量

集料最大粒径(mm)	拌和物数量(L)
31.5及以下	15
40	25

本项目集料最大粒径为26.5mm，故试拌15L，采用质量法计算的初步配合比，计算用量见表5-20。

表5-20　试拌混凝土的材料用量

试拌体积(L)	1000	15
水泥用量(kg)	419	6.28
水用量(kg)	180	2.70
砂用量(kg)	719	10.78
碎石用量(kg)	1124	16.86
减小剂用量(kg)	8.37	0.13

5.4.2 水泥混凝土拌和物的拌和与取样

1. 目的与适用范围

本方法规定了在常温环境中室内水泥混凝土拌和物的拌和与现场取样方法。轻质水泥混凝土、防水水泥混凝土、硬压水泥混凝土等其他特种水泥混凝土的拌和与现场取样方法可以参照本方法。

2. 仪器设备

水泥混凝土搅拌机(自由式或强制式)如图5-1所示，磅秤(感量满足称量总量1%的磅秤)，天平(感量满足称量总量0.05%的天平)，铁板，铁铲等。

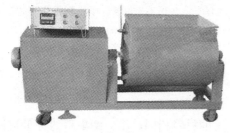

图 5-1   水泥混凝土搅拌机

3. 材料

所有材料均应符合有关要求,拌和前材料应放置在温度为(20±5)℃的室内。为防止粗集料的离析,可将粗集料按不同粒径分开,使用时再按一定的比例混合。试样从抽取至试验完毕过程中,不要风吹日晒,必要时应采取保护措施。

4. 拌和步骤

(1)拌和时保持室温(20±5)℃。

(2)拌和物的总量至少应比所需量高20%以上。拌制混凝土的材料用量应以质量计,称量的精确度:集料为±1%,水、水泥、掺和料和外加剂为±0.5%。

(3)粗集料、细集料均以干燥状态为基准,计算用水量时应扣除粗集料、细集料的含水量。

(4)外加剂的加入:对于不溶于水或难溶于水且不含潮解型盐类的外加剂,应先和一部分水泥拌和,以保证充分分解;对于不溶于水或难溶于水但含潮解型盐类的外加剂,应先和细集料拌和;对于水溶性液体的外加剂,应先和水拌和;其他特殊外加剂,应遵守有关规定。

(5)拌制混凝土所用各种用具,如铁板、铁铲、抹刀等,应预先用水润湿,使用完毕后必须清洗干净。

(6)使用搅拌机前,应先用少量砂浆刷腔,再刮出刷腔砂浆,以避免正式拌和混凝土时水泥砂浆黏附筒壁的损失。刷腔砂浆的水灰比,应与正式的混凝土配合比相同。

(7)用搅拌机时,拌和量宜为搅拌机公称容量的1/4~3/4。

(8)用搅拌机搅拌混凝土。按规定称好原材料,往搅拌机内顺序加入粗集料、细集料、水泥。开动搅拌机,将材料拌和均匀,在拌和过程中徐徐加水,全部加料时间不宜超过2min。水全部加入后,继续拌和约2min,而后将拌和物倾出倒在铁板上,再经人工翻拌1~2min,务必使拌和物均匀一致。

(9)用人工拌和混凝土人工拌和时,先用湿布将铁板铁铲润湿,再将称好的砂和水泥在铁板上拌匀,加入石子,再一起拌和均匀,而后将此拌和物堆成长堆,中心扒成长槽,将称好的水倒入约一半,将其与拌和物仔细拌匀,再将材料堆成长堆,倒入剩余的水,继续进行拌和,来回翻拌至少6遍(图5-2)。从加水完毕时起,拌和时间见表5-21。

图 5-2   人工拌和混凝土

表5-21 混凝土拌和时间

混凝土拌和物体积(L)	拌和时间(min)
<30	4~5
31~50	5~9
51~75	9~12

（10）从试样制备完毕到开始做各项性能试验不宜超过5min（不包括试件成型时间）。

5. 现场取样

（1）新拌混凝土现场取样：凡由搅拌机、料斗、运输小车以及浇制的构件中采取新拌混凝土代表性样品时，均须从三处以上的不同部位抽取大致相同分量的代表性样品（不要抽取已经离析的混凝土），集中用铁铲翻拌均匀，而后立即进行拌和物的试验。拌和物取样量应多于试验所需数量的1.5倍，其体积不少于20L。

（2）为使取样具有代表性，宜采用多次采样的方法，最后集中用铁铲翻拌均匀。

（3）从第一次取样到最后一次取样不宜超过15min。取回的混凝土拌和物应经人工再次翻拌均匀，而后进行试验。

5.4.3 混凝土拌和物工作性校核

1. 新拌混凝土工作性

新拌混凝土工作性，是指新拌混凝土易于施工操作（拌和、运输、浇注和振捣），并获得质量均匀、成型、密实的性能。实际上，新拌混凝土的工作性是一项综合技术性质，包括流动性、可塑性、稳定性和易密性四方面。满足输送和浇捣要求的流动性；不为外力作用产生脆断的可塑性；不产生分层、泌水的稳定性和易于浇捣密致的密实性。

2. 新拌混凝土工作性的测定方法

目前国际上还没有一种能够全面表征新拌混凝土工作性的测定方法，通常是测定新拌混凝土拌和物的流动性，并辅以其他方法或直观经验综合评定新拌混凝土工作性。按我国行业标准《公路工程水泥及水泥混凝土试验规程》（JTG E30—2005）的规定，水泥混凝土拌和物的稠度试验方法主要有坍落度仪法和维勃仪法两种。

（1）坍落度仪法：坍落度仪法适用于集料公称最大颗粒不大于31.5mm，坍落度值大于10mm的新拌混凝土稠度的测定。

（2）维勃仪法：维勃仪法适用于集料公称最大粒径不大于31.5mm，维勃时间为5~30s的干硬性新拌混凝土稠度的测定。

3. 测定新拌混凝土工作性（坍落度法）

1）目的和适用范围

本方法适用于坍落度大于10mm的混凝土，集料公称最大直径不大于31.5mm的混凝土的坍落度的测定。

2）仪器设备

坍落度筒（尺寸，见表5-22），捣棒（直径16mm，长约650mm的钢质圆棒），小铲，小钢刀，镘刀，钢刀等。

表 5 - 22   坍落度筒尺寸表

集料公称最大粒径 (mm)	筒的名称	筒的内部尺寸(mm)		
		底面直径	顶面直径	高度
<31.5	标准坍落度筒	200±2	100±2	300±2

3）试验步骤

（1）试验前将坍落度筒内外洗净，放在水润过的平板上，踏紧脚踏板。

（2）将代表样分三层装入桶中，每层装入高度稍大于筒高的 1/3，用捣棒在每层的横截面上均匀插捣 25 次（图 5 - 3），插捣在全部面积上进行，沿螺旋线边缘至中心，插捣底层时插至底部，插捣其他两层时，应插透本层并插入下层约 20～30mm，插捣需垂直向下（边缘部分除外），不得冲击。在插捣顶层时，装入的混凝土应高出坍落度筒口，随插捣过程随时加入拌和物。当顶层插捣完毕后，用插捣棒做锯和滚的动作，以清除掉多余的混凝土，用镘刀抹平筒口，刮净筒底的拌和物。而后立即垂直地提起坍落度筒，提筒在 5～10s 内完成，并使混凝土不受横向力及扭力作用。从开始装筒至提起坍落度筒的全过程不应超过 150s。

（3）将坍落度筒放在锥形混凝土试样一旁，筒顶平放木尺，用小钢尺量出木尺底面至试样顶面最高点的垂直距离即为该混凝土的坍落度，精确至 1mm（图 5 - 4）。

图 5 - 3   混凝土插捣

图 5 - 4   测定坍落度值

（4）该混凝土试样的一侧发生崩塌或一侧剪切破坏，则应重新取样另测。如果第二次仍发生上述情况，则表示混凝土和易性不好，应记录。

① 当混凝土拌和物的坍落度大于 220mm 时，用钢尺测量混凝土扩展时最终的最大直径和最小直径，在这两个直径之差小于 50mm 时的条件下，用其算术平均值作为坍落扩展度值；否则，此次试验无效。

② 坍落度试验的同时，可用目测方法评定混凝土拌和物的下列性质，并作记录。

a. 棍度：按插捣混凝土拌和物的难易度评定，分"上"，"中"，"下"三级。

"上"表示插捣容易；"中"表示插捣时稍有石头阻滞的感觉；"下"表示很难插捣。

b. 含砂情况：按拌和物外观含砂多少而评定，分"多"，"中"，"少"三级。

"多"表示用镘刀抹拌和物上表面时，一两次即可使拌和物表面平整无蜂窝；"中"表

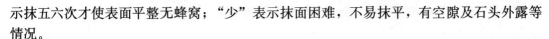

示抹五六次才使表面平整无蜂窝；"少"表示抹面困难，不易抹平，有空隙及石头外露等情况。

c. 黏聚性：观测拌和物各组成成分相互黏聚的情况。评定方法是用插捣棒在已坍落的混凝土锥形体侧面轻打，如锥体在轻打后渐渐下沉，表示黏聚性好；如锥体突然崩塌，部分崩塌或发生石子离析现象，则表示、黏聚性不好。

d. 保水性：指水分从拌和物中析出的情况，分"多量"，"少量"，"无"三级评定。

"多量"表示提起坍落筒后，有较多的水分从底部析出。

"少量"表示提起坍落筒后，有少量水分从底部析出。

"无"表示提起坍落筒后没有水分析出。

4）试验结果

混凝土拌和物的坍落度和坍落扩展度值以 mm 为单位，测量精确至 1mm，结果修为最接近的 5mm。

5）结果评定，填试验表格（表 5-23）。

表 5-23　水泥混凝土拌和物坍落度试验

试验室温度　20　℃		实验室湿度　50　%		试验日期			
水泥标号		P.O 52.5		拟用途			
主要仪器设备	仪器设备名称		型号规格	编号		使用情况	
	坍落度筒		—	SNH-04		正常在用	
	电子天平		YP10KN	SNH-15		正常在用	
	水泥混凝土搅拌机		SJD-60	SNH-02		正常在用	
试验次数	坍落度（mm）	坍落度扩展值（mm）	三级评定				
			棍度	含砂情况	保水性	黏聚性	
1	100	—	上	多	少	好	
2	105	—	上	多	少	好	
3	110	—	上	多	少	好	

说明：（搅拌方式和其他内容）

人工拌和

试验者：　　　　　　　　　　　　　　　　　　　　　　　计算者：

 思考与讨论

影响新拌混凝土工作性的主要因素有哪些？又是如何影响的？

混凝土拌和物的工作性主要决定于组成材料的品种、规格以及组成材料之间的数量比例、外加剂、外部条件等因素。

（1）水泥浆数量和单位用水量。在混凝土集料用量、水灰比一定的条件下，填充在集料之间的水泥数量越多，水泥浆对集料的润滑作用越充分，混凝土流动性越大。但增加水泥浆数量越多，不仅浪费水泥，而且会使拌和物的黏聚性、保水性变差，产生分层、泌水现象。

（2）水灰比的影响。在固定用水量的条件下，水灰比小时，会使水泥浆变稠，拌和物流动性小，若加大水灰比可使水泥浆变稀，流动性增大，但也会使拌和物流浆、离析，严重影响混凝土的强度，因此必须合理选择水灰比。

（3）集料的品种，级配和粗细程度。采用级配合格、Ⅱ区的中砂，拌制混凝土时，因其空隙率较小且比表面较小，填充颗粒之间的空隙及包裹颗粒表面的水泥浆数量可减少；在水泥浆数量一定的条件下，可提高拌和物的流动性，且黏聚性和保水性也相应提高。

天然卵石呈圆形和卵圆形，表面较光滑，颗粒之间的摩擦阻力较小；碎石形状不规则，表面粗糙多棱角，颗粒之间的摩擦阻力较大。在其他条件完全相同的情况下，应尽可能选择最大粒径较大的石子，这样可降低粗集料的总表面积，而使水泥的富余量加大可提高拌和物的流动性。但砂、石子过粗，会使混凝土拌和物的黏聚性和保水性下降，同时也不易搅拌均匀。

（4）砂率。砂率是指混凝土中砂的质量占砂、砂子总质量的百分比数。

在混凝土集料中，砂的比表面积大，砂率的改变会使混凝土集料的总面积发生较大变化。适合的砂率，既能保证拌和物具有良好的流动性，而且能使拌和物的黏聚性、保水性良好，这一砂率称为"合理砂率"。

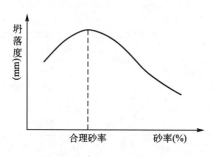

图 5-5　砂率和坍落度的
关系（水和水泥用量一定）

合理砂率是指水泥浆数量一定的条件下，能使拌和物的流动性（坍落度）达到最大，且黏聚性和保水性良好时的砂率。合理砂率可通过性试验确定，如图 5-5 所示。

（5）外加剂。在混凝土中掺入一定数量的外加剂，如减水剂、引气剂等，在组成材料用量一定的情况下，可以提高拌和物的流动性，同时也提高黏聚性和保水性。

影响混凝土拌和物和易性的因素还有很多，如施工环境的温度、搅拌制度。这里不作重点描述。

5.4.4　混凝土配合比调整

如试拌得出的拌和物的坍落度（或维勃稠度）不能满足要求，或黏聚性和保水性能不好时，应在保证水灰比不变的条件下相应调整用水量或砂率，直到符合要求为止。

（1）坍落度不符合要求时，进行调整：坍落度偏小，增加水泥浆用量；坍落度偏大，减少水泥浆用量；不管增加还是减少水泥浆用量，都保持水灰比不变。一般水泥浆用量调整多少幅度视实际试验检测情况而进行调整，调整后满足工作性即可。

（2）黏聚性和保水性不良时，实质上是混凝土拌和物中砂浆不足或砂浆过多，可适当增大砂率或适当降低砂率。

经过工作性试验，本次试验测得坍落度平均值为 105mm（表 5-24），虽然满足 100～140mm 范围内，但是有点偏小，故应进行适当调整，增加水泥浆用量 5%，于是水泥和水的质量为：

水泥：$6.28 \times (1+5\%) = 6.59 \text{kg}$

水：$2.70 \times (1+5\%) = 2.84 \text{kg}$

砂子、碎石、减水剂质量则按质量法或体积法重新计算。本次表中数据计算采用质量法计算，此时混凝土各组成材料再进行试拌测工作性，试验结果填于见表5-24。

表 5-24　配合比调整

试拌 15L	配合比					实测坍落度（mm）	要求坍落度（mm）	三级评定			
	m_c	m_w	m_s	m_g	m_{wra}			棍度	含砂情况	保水性	黏聚性
调准前	6.28	2.70	10.78	16.86	0.13	105	100~140	上	多	少	好
调准方法	增加5%水泥浆用量										
调准后	6.59	2.84	10.61	16.59	0.13	125	100~140	上	多	少	好

从表5-24中可知调整后坍落度为125mm，符合要求，其他棍度、含砂情况、黏聚性和保水性均满足施工和易性要求，于是得到基准配合比为：

$$m_{ca} : m_{wa} : m_{sa} : m_{ga} : m_{wra} = 6.59 : 2.84 : 10.61 : 16.59 : 0.13$$

$$即：1 : 1.61 : 2.52 : 0.02，(W/C)_a = 0.43$$

思考与讨论

简述水泥混凝土工作性的含义，提出改善混凝土工作性的措施有哪些？

任务5.5　确定水泥混凝土试验室配合比

引例

为了检校基准配合比所得到的混凝土强度是否符合设计要求，有必要在试验室进行试块成型和强度试验，同时为了实现经济性要求，在满足混凝土工程强度要求的条件下，尽量采用经济的水泥用量，有必要采用三个不同的水灰比进行试配调整；从而确定混凝土实验室配合比。

5.5.1　三个配合比及用量

为校核混凝土的强度，至少拟定三个不同的配合比。当采用三个不同的配合比时，其中一个水灰比为基准配合比，另外两个配合比的水灰比值应较基准配合比分别增加及减少0.05；其用水量应该与基准配合比相同，砂率可分别增加及减少1%。砂子、碎石、减水剂则按质量或体积法重新计算。本项目三个配合比制作试件材料质量均按15L拌和计算，见表5-25。

制作检验混凝土强度试验的试件时，应检验混凝土拌和物的坍落度（或维勃稠度）、黏聚性、保水性及拌和物的表观密度，并以此结果表征该配合比的混凝土拌和物的性能，见表5-26。

表 5－25　制作试件用量表

试拌试件尺寸(mm)	150×150×150		拌制方法	人工拌和	养护条件	温度(20±2)℃ 湿度大于95%	
试配方案	水灰比	m_w(kg)	m_c(kg)	m_{wra}(kg)	砂率(%)	m_s(kg)	m_g(kg)
试配1	0.48	2.84	5.91	0.12	40	11.16	16.73
试配2	0.43	2.84	6.59	0.13	39	10.61	16.59
试配3	0.38	2.84	7.47	0.15	38	10.00	16.31

表 5－26　三试配方案混凝土拌和物工作性检验

	方案	水灰比	坍落度(mm)	棍度	含砂情况	黏聚性	保水性
试拌情况及强度	试配1	0.48	130	上	多	好	少
	试配2	0.43	125	上	多	好	少
	试配3	0.38	120	上	多	好	少

为检验混凝土强度，每种配合比至少制作一组试件，在标准养护 28d 条件下进行抗压强度测试。有条件的可同时制作几组试件，供快速检验或较早龄期时抗压强度检测，以便尽早提出混凝土配合比供施工使用。但必须以标准养护 28d 强度的检验结果为依据调整配合比。

 思考与讨论

对表 5－25 中三个试配方案的数据进行计算校核，有无错误？并观测数据变化，这变化对混凝土拌和物的性能会有什么影响？对强度会有什么影响？

5.5.2　试件制作及养护

1. 目的与适用范围

本试验规定了测定混凝土抗压极限强度试件的制作、养护方法。

2. 主要仪器设备

振动台(频率 50Hz±3Hz，空荷载振幅约为 0.5mm)、搅拌机、试模、捣棒、抹刀等如图 5－6 所示。

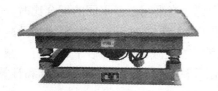

图 5－6　振动台

3. 试件制作与养护

(1) 混凝土立方体抗压强度测定，以三个试件为一组。每组试件所用的拌和物的取样或搅拌方法按前述方法进行。

(2) 混凝土试件的尺寸按集料最大粒径选定，见表 5－27；制作试件前，应将试模擦干净并在试模内表面涂一层脱模剂(图 5－7)，再将混凝土拌和物装入试模成型。

表 5－27　混凝土试件的尺寸

粗集料最大粒径（mm）	试件尺寸（mm）	结果乘以换算系数
31.5	100×100×100	0.95
40	150×150×150	1.00
60	200×200×200	1.05

（3）对于坍落度不大于 70mm 的混凝土拌和物，将其一次装入试模并高出试模表面，将试件移至振动台上（图 5－8），开动振动台振至混凝土表面出现水泥浆并无气泡向上冒时为止。振动时应防止试模在振动台上跳动；刮去多余的混凝土，用抹刀抹平；记录振动时间。

图 5－7　试模涂刷脱模剂　　　　　图 5－8　试件振动制作成型

对于坍落度大于 70mm 的混凝土拌和物，将其分成两层装入试模，每层厚度大约相等。用捣棒按螺旋方向从边缘向中心均匀插捣，次数一般每 100cm² 应不少于 12 次。用抹刀沿试模内壁插入数次，最后刮去多余混凝土并抹平。

（4）养护。按照试验目的不同，试件可采用标准养护，采用标准养护的试件成型后表面应覆盖，以防止水分蒸发，并在 20℃±5℃、湿度为 50％以上的条件下静置 1～2 昼夜，然后编号拆模。拆模后的试件立即放入温度为 20℃±2℃、湿度为 95％以上的标准养护室进行养护，直至试验龄期 28d。在标准养护室内试件应搁放在架上，彼此间隔为 10～20mm，避免用水直接冲淋试件如图 5－9所示。当无标准养护室时，混凝土试件可在温度为 20℃±2℃ 的不流动的 Ca(OH)₂ 饱和溶液中养护。

图 5－9　试件标准养护

 思考与讨论

描述如图 5－10 所示中脱模后试块缺陷，分析成因，提出解决措施。

图 5-10　缺陷试块

5.5.3　检验强度

1. 目的和适用范围

本方法适用于各类水泥混凝土立方体试件的极限抗压强度。

2. 仪器设备

1）压力机或万能试验机

压力机（图 5-11）除符合《液压式压力试验机》及《试验机通用技术要求》中的要求外，其测量精度为±1%，试件破坏荷载应大于压力机全程的 20% 且小于压力机全程的 80%。同时应具有加荷速度指示装置或加荷速度控制装置。上下压板平整并有足够的强度和刚度，可均匀地连续加荷、泄荷，可保持固定荷载，开机、停机均灵活自如，能够满足试件型吨位要求。

2）球座

钢质坚硬，面部平整度要求在 100mm 距离内高低差值不超过 0.05mm，球面及球窝粗糙度 $r=0.32$ 研磨、转动灵活，不应在大球座上做小试件试验。球座最好放置在试件顶面，并使凸面朝上，当试件均匀受力后，一般不宜敲动球座。

图 5-11　压力机

3）钢垫板

混凝强度等级大于 C60 时，试验机上、下压板之间应加垫以钢垫板，平面尺寸应不小于试件的承压面，其厚度至少为 25mm。钢垫板应机械加工，其平面允许偏差＝－0.04mm；表面硬度≥55HRC；硬化层面厚度约 5mm。试件周围应设置防崩裂网罩。

3. 试验步骤

（1）至试验龄期时，自养护室取出试件，应尽快试验，避免其湿度变化。

（2）取出试件，检查其尺寸及形状，相对两面应平行。量出棱角长度，精确至 1mm。试件受力截面积按其与压力机上下接触的平均值计算。在破坏前，保持其原有湿度，在试验时擦干试件。

（3）以成型时侧面为上下受压面，试件中心应与压力机几何对中。

（4）强度等级小于 C30 的混凝土取 0.3～0.5MPa/s 的加荷速度；强度大于 C30 小于 C60 时，则取 0.5～0.8MPa/s 的加荷速度；强度大于 C60 的混凝土取 0.8～1.0MPa/s 的加荷速度。当试件加载时，应停止调整试验机油门，直至试件破坏，记下破坏极限荷载。混凝土试件抗压强度试验（图 5-12）。

4. 试验结果

$$f_{cu} = \frac{F}{A} \qquad (5-18)$$

式中：f_{cu}——混凝土立方体试件抗压强度（MPa）；

$\quad\quad$ F——试件极限荷载（MPa）；

$\quad\quad$ A——受压面积（mm^2）。

以 3 个试件测值的算术平均值为测定值，计算精确至 0.1MPa。三个测值中最大值或最小值之中如有一个与中间值之差超过中间值的 15%，则取中间值为测定值；如最大值和最小值与中间值之差均超过中间值的 15%，则该试验结果无效。

图 5-12 混凝土试件抗压强度试验

混凝土强度等级小于 C60 时，非标准试件的抗压强度应乘以尺寸换算系数并在报告中注明。当混凝土强度等级大于等于 C60 时，宜用标准试件。使用非标准试件时，换算系数由试验确定。

5. 填写试验表格（表 5-28）

表 5-28 水泥混凝土抗压强度试验

试验室温度 20 ℃		试验室湿度 51 %		试验日期		2010.4.17	
试样描述		符合要求		拟用途			
主要仪器设备	仪器设备名称		型号规格		编号	使用情况	
	压力试验机		YES-2000		JS-13	正常	

试样编号	制件日期	试验日期	龄期(d)	试件尺寸(mm)	破坏荷载(kN)	抗压强度(MPa) 单值	抗压强度(MPa) 平均值	设计强度(MPa)
1	2010.3.20	2010.4.17	28	150×150×150	1242	55.2	56.8	50
				150×150×150	1287	57.2		
				150×150×150	1305	58.0		
2	2010.3.20	2010.4.17	28	150×150×150	1382	61.4	60.2	50
				150×150×150	1350	60.0		
				150×150×150	1332	59.2		

（续）

试样编号	制件日期	试验日期	龄期 (d)	试件尺寸 (mm)	破坏荷载 (kN)	抗压强度(MPa)		设计强度 (MPa)
						单值	平均值	
3	2010.3.20	2010.4.17	28	150×150×150	1386	61.6	62.5	50
				150×150×150	1404	62.4		
				150×150×150	1431	63.6		

说明：

试验者：   计算者：

思考与讨论

影响混凝土强度的因素有哪些？各因素又是如何影响强度的？提高混凝土强度的措施有哪些？

由于混凝土是由多种材料组成，并由人工经配制和施工操作后形成的，因此影响混凝土抗压强度的因素较多，概括起来主要有五个方面的因素：人、机械、材料、施工工艺及环境条件。本文主要从材料方面的影响进行阐述。

（1）水泥强度和水灰比。在配合比相同的情况下，所用水泥强度越高，则水泥石与集料的黏结强度越大，混凝土的强度越高。

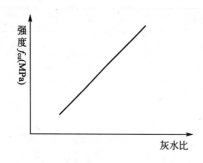
图 5-13　混凝土强度和灰水比关系

水灰比是混凝土拌和物中用水量与水泥用量的比值。水灰比越小，则混凝土的强度越高。灰水比的大小对混凝土抗压强度的影响如图 5-13 所示。但水灰比过小，拌和物工作性不易保证，硬化后的强度反而降低。

根据大量试验结果及工程实践，水泥强度及水灰比与混凝土强度有如下关系：

$$f_{cu} = \alpha_a \cdot f_{ce}\left(\frac{C}{W} - \alpha_b\right) \qquad (5-19)$$

式中：f_{cu}——混凝土 28d 龄期的抗压强度值（MPa）；

f_{ce}——水泥 28d 抗压强度的实测值（MPa）；

C/W——混凝土灰水比，即水灰比的倒数；

α_a、α_b——回归系数，与集料的品种有关，其值见表 5-10。

利用上述经验公式，可以根据水泥强度和水灰比的大小估计混凝土的强度；也可以根据水泥强度和要求的混凝土强度计算混凝土的水灰比。

（2）粗集料的品种。粗集料在混凝土硬化后主要起骨架作用。水泥浆与集料的黏结强度不仅取决于水泥石的强度，而且还与集料的品种有关。碎石形状不规则、表面粗糙、多棱角，水泥石的黏结强度较高。因此，在水泥石强度及其他条件相同时，碎石混凝土的强度高于卵石混凝土的强度。

（3）养护条件。为混凝土创造适当的温度、湿度条件以利其水化和硬化的工序称为养护。养护的基本条件是温度和湿度。

混凝土所处的温度环境对水泥的水化反应影响越大：温度越高，水化反应速度越快，混凝土的强度发展也越快。为了加快混凝土强度的发展，在工程中采用自然养护时，可以采取一定的措施，如覆盖、利用太阳能养护。另外，采用热养护，如蒸汽养护、蒸压养护，可以加速混凝土的硬化，提高混凝土的早期强度。当环境温度低于 0℃时，混凝土中的大部分或全部水分结成冰，水泥不能与固态的冰发生化学反应，混凝土的强度将停止发展。

环境的湿度是保证混凝土中水泥正常水化的重要条件。在适当的湿度下，水泥能正常水化，有利于混凝土强度的发展。湿度过低，混凝土表面会产生失水，迫使内部水分向表面迁移，在混凝土中形成毛细管通道，使混凝土的密实度、抗冻性、抗渗性下降，强度降低；或者混凝土表面产生干缩裂缝，不仅强度降低，而且影响表面质量和耐久性。

（4）龄期。龄期是指混凝土在正常养护条件下所经历的时间。在正常的养护条件下，混凝土的抗压强度随龄期的增加而不断发展，在 7～14d 内强度发展较快，以后逐渐减慢，28d 后强度发展更慢。由于水泥水化的原因，混凝土的强度发展可持续十年。

试验证明，采用普通水泥拌制的中等强度等级混凝土，在标准养护条件下，混凝土的抗压强度与其龄期的对数成正比。

$$\frac{f_n}{\lg n} = \frac{f_{28}}{\lg 28} \tag{5-20}$$

式中：f_n、f_{28}——分别为混凝土在第 nd、第 28d 龄期的抗压强度(MPa)，其中 $n>3$。

根据经验公式(5-20)，可以根据测定出的混凝土第 nd 抗压强度，推算出混凝土某一天(包括 28d)的强度。

（5）外加剂。在混凝土拌和过程中掺入适量减水剂，可在保持混凝土拌和物和易性不变的情况下，减少混凝土的单位用水量，提高混凝土的强度。掺入早强剂可以提高混凝土的早期强度，而对后期强度无影响。提高混凝土抗压强度的主要措施。

根据影响混凝土抗压强度的主要因素，在工程实践中，可采取以下一些措施：

① 采用高强度等级水泥。
② 采用单位用水量较小、水灰比较小的干硬性混凝土。
③ 采用合理砂率，以及级配合格、强度较高、质量良好的碎石。
④ 改进施工工艺，加强搅拌和振捣。
⑤ 采用加速硬化措施，提高混凝土的早期强度。
⑥ 在混凝土拌和时掺入减水剂或早强剂。

5.5.4 确定实验室配合比

根据"强度"检验结果和"湿表观密度"测定结果，进一步修正配合比，即可得到"实验室配合比设计值"。

1. 根据强度检验结果修正配合比

1）确定用水量

取基准配合比中的用水量，并根据制作强度检验试件时测得的坍落度值加以适当调整确定。故根据基准配合比中 m_{ca} ： m_{wa} ： m_{sa} ： m_{ga} ： $m_{wra}=6.59$ ： 2.84 ： 10.61 ： 16.59 ： 0.13，用水量为 $m_{wb}=m_{wa}=189kg$。

2）确定水泥用量

根据三个不同灰水比对应三个不同的强度值分别填写于表 5-29 强度-灰水比关系表中。

表 5-29　强度-灰水比关系表

试配号	水灰比	灰水比	龄期(d)	7d 强度(MPa)	28d 强度平均值(MPa)
试配 1	0.48	2.08	28	—	56.8
试配 2	0.43	2.33	28	—	60.2
试配 3	0.38	2.63	28	—	62.5

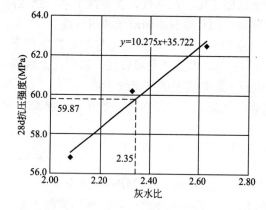

图 5-14　强度-灰水比关系图

根据表 5-29 的数据绘制强度-灰水比关系图（图 5-14）。根据配制强度确定所必需的灰水比值。

由图 5-14 中可知，相应的混凝土配置强度 59.87MPa 水平线与趋势线相交，过相交点引竖直线与横坐标垂直相交得到灰水比为 2.35，即水灰比为 0.43。取用水量除以水灰比值即得到水泥用量。

$$m_{cb}=\frac{m_{wb}}{W/C}=\frac{189}{0.43}=440kg$$

减水剂：$m_{wra}=m_{cb}\times2\%=440\times2\%=8.80kg$

思考与讨论

为什么要通过强度-灰水比关系图来重新确定灰水比值？

3）确定粗、细集料用量

取基准配合比中的用水量，并按确定的水灰比计算水泥用量，并根据调整好的砂率，选择体积法或质量法进行方案选择，表 5-30 按质量法计算粗集料用量 m_g、细集料用量 m_s。

表 5-30　粗、细集料用量计算方案选择

方案选择		质量法	
体积法		质量法	
选定水灰比	—	选定水灰比	0.43
用水量(kg)	—	用水量(kg)	189
砂率(%)	—	砂率(%)	39
减水剂	—	减水剂(kg)	8.80
混凝土含气量的百分比(%)	—	假定混凝土拌和物湿表观密度(kg/m³)	2450
实测湿表观密度(kg/m³)	—	实测湿表观密度(kg/m³)	2500

砂、碎石用量按质量法计算：

$$\begin{cases} m_{co}+m_{wo}+m_{so}+m_{go}+m_{wra}=\rho_{cp} \\ \beta_s=\dfrac{m_{so}}{m_{so}+m_{go}}\times100 \end{cases}$$

代入相应数据得到：

$$\begin{cases} 440+189+m_{so}+m_{go}+8.80=2450 \\ 39=\dfrac{m_{so}}{m_{so}+m_{go}}\times100 \end{cases}$$

求解方程得到：　　　　　$m_{so}=707\text{kg/m}^3$，$m_{go}=1106\text{kg/m}^3$

所以得到修正后的配合比：$m_{cb}:m_{wb}:m_{sb}:m_{gb}:m_{wrab}=440:189:707:1106:8.80$。

2. 根据实测拌和物湿表观密度校正配合比

(1) 根据强度检验结果校正后定出的混凝土配合比，计算出混凝土的"计算湿表观密度"。

即：$\rho_{cc}=440+189+707+1106+8.80=2450\text{kg/m}^3$

实测湿表观密度为 $\rho_{ct}=2500\text{kg/m}^3$

(2) 将混凝土的实测湿表观密度值除以计算湿表观密度值，得出"校正系数"即

$$\delta=\frac{\rho_{ct}}{\rho_{cc}}=\frac{2500}{2450}=1.02 \tag{5-21}$$

(3) 当混凝土湿表观密度实测值与计算值之差的绝对值不超过计算值的 2％时，则将 $m_{cb}:m_{wb}:m_{sb}:m_{gb}$ 的比值即为确定的试验室配合比；当两者之差超过计算值的 2％时，应将配合比中每项材料用量均乘以校正系数 δ，按式 5-22 计算即得最终确定的试验室配合设计值。

$$m_{cb}'=m_{cb}\delta,\ m_{sb}'=m_{sb}\delta,\ m_{gb}'=m_{gb}\delta,\ m_{wb}'=m_{wb}\delta \tag{5-22}$$

故本项目中：　　水泥用量：$m_{cb}'=m_{cb}\delta=440\times1.02=449\text{kg/m}^3$

　　　　　　　水用量：$m_{wb}'=m_{wb}\delta=189\times1.02=193\text{kg/m}^3$

　　　　　　　砂用量：$m_{sb}'=m_{sb}\delta=707\times1.02=721\text{kg/m}^3$

　　　　　　碎石用量：$m_{gb}'=m_{gb}\delta=1106\times1.02=1128\text{kg/m}^3$

　　　　　减水剂用量：$m_{wrab}'=m_{wrab}\delta=8.8\times1.02=8.98\text{kg/m}^3$

因此，试验室配合比为 $m_{cb}':m_{sb}':m_{gb}':m_{wb}':m_{wrab}'=449:721:1128:193:8.98$。

任务 5.6　换算水泥混凝土施工配合比

引例

试验室最后确定的配合比，是按集料为绝干状态计算的。而施工现场砂、石材料为露天堆放，都有

一定的含水率。因此，施工现场应根据现场砂、石的实际含水率的变化，将实验室配合比换算为施工配合比。

5.6.1　粗集料含水率试验

1. 目的与适用范围

测定碎石或砾石等各种粗集料的含水率。

2. 仪器与材料

烘箱：105℃±5℃。

天平：5kg，感量不大于5g。

容器：浅盘。

3. 试验步骤

(1) 根据最大粒径，取代表性试样，分成两份备用。

(2) 将试验置于干净的容器中，称量试样和容器的总质量，并在105℃±5℃的烘箱中烘干至恒重。

(3) 取出试样，冷却后称取试样和容器的总质量。

4. 计算

含水率按式(5-23)计算，精确至0.1%。

$$w = \frac{m_1 - m_2}{m_2 - m_3} \times 100 \tag{5-23}$$

式中：w——粗集料的含水率；

m_1——烘干前试样与容器总质量；

m_2——烘干后试样与容器总质量；

m_3——容器总质量。

5. 填写试验表格(表5-31)

以两次平行试验结果的算术平均值作为测定值。

表5-31　粗集料含水率试验表

任务单号			检测依据			
样品编号			检测地点			
样品名称			环境条件	温度　℃ 湿度　%		
样品描述			试验日期	年　月　日		
主要仪器设备使用情况	仪器设备名称	型号规格	编号	使用情况		
	电热鼓风干燥箱	JC101-3A	JT-10	正常		
	电子静水天平	MP61001J	JT-08	正常		

（续）

试验次数	称量盒质量 m_3 (g)	烘干前的盒加试件质量 m_1 (g)	烘干后的盒加试件质量 m_2 (g)	含水率 $w=\dfrac{m_1-m_2}{m_2-m_3}\times100$ (%)		备注
				单值	平均值	
1	900	2920	2900	1.0	1.0	
2	900	2920	2900	1.0		

说明：

复核：　　　　　　　记录：　　　　　　　试验：

5.6.2　细集料含水率试验

1. 目的与适用范围

测定细集料的含水率。

2. 仪器与材料

烘箱：105℃±5℃。

天平：2kg，感量不大于2g。

容器：浅盘。

3. 试验步骤

由来样中取各约500g的代表性试样两份，分别放入已知质量 m_1 的干燥容器中称量，记下每盘试样与容器的总量 m_2，将容器连同试样放入温度为105℃±5℃的烘箱中烘干至恒重。取出试样，冷却后称取试样和容器的总质量。

4. 计算

含水率按式（5-24）计算，精确至0.1%。

$$w=\frac{m_2-m_3}{m_3-m_1}\times100 \tag{5-24}$$

式中：w——细集料的含水率；

　　　m_2——烘干前试样与容器总质量；

　　　m_3——烘干后试样与容器总质量；

　　　m_1——容器总质量。

5. 填写试验表格（表5-32）

以两次平行试验结果的算术平均值作为测定值。

表 5 – 32   细集料含水率及表面含水率试验表

任务单号			检测依据			
样品编号			检测地点			
样品名称			环境条件		温度 ℃湿度 %	
样品描述			试验日期		年 月 日	

主要仪器设备使用情况	仪器设备名称	型号规格	编号	使用情况
	电热鼓风干燥箱	101 – 3	JT – 10	正常
	电子静水天平	MP61001J	JT – 08	正常

容器质量 m_1 (g)	未烘干的试样与容器总质量 m_2 (g)	烘干后的试样与容器总质量 m_3 (g)	含水率 $w = \dfrac{m_2 - m_3}{m_3 - m_1} \times 100(\%)$		吸水率 $w_X(\%)$	表面含水率 $w_s = w - w_X$ (%)
			单值	平均值		
900	1425	1400	5.0	5.0	—	—
900	1425	1400	5.0		—	—

说明：

复核：　　　　　　　　记录：　　　　　　　　试验：

5.6.3 施工配合比

设施工现场实测砂、石含水率分别为 $a\%$、$b\%$，则施工配合比的各种材料单位用量：

$$m_c = m'_{cb}$$
$$m_s = m'_{sb}(1 + a\%)$$
$$m_g = m'_{gb}(1 + b\%) \tag{5 – 25}$$
$$m_w = m'_{wb} - (m'_{sb}a\% + m'_{sb}b\%)$$

本项目工地某天实测得到砂含水率 $a\% = 5.0\%$、碎石含水率 $b\% = 1.0\%$，于是各种材料的工地配合比用量为

$$m_c = m'_{cb} = 449\text{kg}$$
$$m_s = m'_{sb}(1 + a\%) = 721 \times (1 + 5.0\%) = 757\text{kg}$$
$$m_g = m'_{gb}(1 + b\%) = 1128(1 + 1\%) = 1139\text{kg}$$
$$m_w = m'_{wb} - (m'_{sb}a\% + m'_{gb}b\%) = 193 - 36 - 11 = 146\text{kg}$$

因此得到施工配合比为：$m_c : m_s : m_b : m_w : m_{wrab} = 449 : 757 : 1139 : 146 : 8.98$

思考与讨论

试验室配制的混凝土配合比为 $1 : 2.27 : 4.16$，水灰比为 $W/C = 0.55$，每立方米水泥用量为 270kg；现场测得砂子含水量为 6%，石子含水量为 5%。现采用 500L 自落式混凝土搅拌机，每拌 500L。试求混凝土的施工配合比及每拌混凝土投料各多少千克？

任务 5.7　完成水泥混凝土配合比设计项目报告

检 测 报 告

报告编号：

检测项目：　C50 水泥混凝土配合比设计

委托单位：

受检单位：

检测类别：　　　　委托

班级		检测小组组号	
组长		手机	
检测小组成员			

地址：　　　　　　　　　　　　　邮政编码：

电话：　　　　　　　　　　　　　电子信箱：

检 测 报 告

报告编号：   共 页 第 页

样品名称	水泥、碎石、砂、减水剂	检测类别	委托
委托单位		送样人	
见证单位		见证人	
受检单位		样品编号	
工程名称	104 国道长兴雉城过境段改建工程	规格或牌号	
现场桩号或结构部位	上部构造	厂家或产地	
抽样地点	料场	出产日期	
样本数量		取样(成型)日期	
代表数量		收样日期	
样品描述	袋装、无杂质，符合检测要求	检测日期	
附加说明			

检 测 声 明

1. 本报告无检测实验室"检测专用章"或公章无效；

2. 本报告无编制、审核和批准人签字无效；

3. 本报告涂改、错页、换页、漏页无效；

4. 复制报告未重新加盖本检测实验室"检测专用章"或公章无效；

5. 未经本检测实验室书面批准，本报告不得复制报告或作为他用；

6. 如对本检测报告有异议或需要说明之处，请于报告签发之日起十五日内向本单位提出；

7. 委托试验仅对来样负责。

检 测 报 告

报告编号：   共   页 第   页

设计要求	设计强度	使用地点和部位	成型方法	坍落度(mm)	备注
	C50	上部构造	人工	100～140	

设计说明	无

每立方米混凝土材料用量(kg)	过程	水灰比	砂率(%)	水泥	砂	碎石	水	减水剂
	初步配合比	0.43	39	419	719	1124	180	8.38
	基准配合比	0.43	39	440	707	1106	189	8.80
	试验室配合比	0.43	39	449	721	1128	193	8.98
	施工配合比	0.43	39	449	757	1139	146	8.98

试拌情况及强度	过程	水灰比	坍落度(mm)	棍度	含砂情况	黏聚性	7d抗压强度(MPa)	28d抗压强度(MPa)
	初步配合比	0.43	105	上	多	好	—	—
	基准配合比	0.43	125	上	多	好	—	—
	实验室配合比	0.43	125	上	多	好	—	60.2

检测依据/综合判定原则	检测依据：《公路工程水泥及水泥混凝土试验规程》(JTG E30—2005) 《公路桥涵施工技术规范》(JTG/TF 50—2011) 《普通混凝土配合比设计规程》(JGJ 55—2011) 《公路工程集料试验规程》(JTG E42—2005)

检测结论	见本页

备注：	

编制：   审核：   批准：   签发日期：(盖章)

专业知识延伸阅读

在道路与桥梁工程中，除了普通水泥混凝土外，常用的其他功能混凝土有：路面水泥混凝土、防水混凝土、流态混凝土、高强混凝土、高性能混凝土、纤维混凝土、聚合物混凝土等，现将这几种混凝土简述如下。

1. 路面水泥混凝土

路面水泥混凝土是满足路面摊铺工作性、弯拉强度、表面功能、耐久性和经济性等要求的水泥混凝土材料。路面水泥混凝土用途主要是浇注水泥混凝土路面，要求混凝土拌和物具有良好的工作性，硬化后混凝土具有足够的抗弯拉强度、耐久性、表面抗滑、耐磨和平整。

1) 原材料

（1）水泥。

① 水泥品种和强度。特重、重交通路面宜采用旋窑硅酸盐水泥，也可采用旋窑硅酸盐水泥或普通硅酸盐水泥；中、轻交通的路面可采用矿渣硅酸盐水泥；低温天气施工或有快通要求的路段可采用 R 型水泥，此外宜采用普通型水泥。各交通等级路面水泥抗折强度、抗压强度应符合，见表 5-33。

表 5-33　各交通等级路面水泥各龄期的抗折强度和抗压强度

交通等级	特重交通		重交通		中、轻交通	
龄期(d)	3	28	3	28	3	28
抗压强度(MPa)≥	25.5	57.5	22.0	52.5	16.0	42.5
抗折强度(MPa)≥	4.5	7.5	4.0	7.0	3.5	6.5

② 水泥化学成分和物理性能。各交通等级路面所使用水泥的化学成分、物理性能等路用品质要求符合表 3-34 的规定。

表 5-34　各交通等级路面用水泥的化学成分和物理性能

水泥性能	特重、重交通路面	中、轻交通路面
铝酸三钙	≤7.0%	≤9.0%
铁铝酸四钙	≥15.0%	≥12.0
游离氧化钙	≤1.0%	≤1.5%
氧化镁	≤5.0%	≤6.0%
三氧化硫	≤3.5%	≤4.0%
碱含量	$Na_2O+0.658K_2O≤0.6\%$	怀疑有碱活性集料时，≤0.6% 无碱活性集料时，≤1.0%
混合材料种类	不得不掺窑灰、煤矸石、火山灰和黏土，有抗盐冻要求时不得不掺石灰和石粉	

（续）

水泥性能	特重、重交通路面	中、轻交通路面
出磨时安定性	雷式夹或蒸煮法检验必须合格	蒸煮法检验必须合格
标准稠度需水量	≤28%	≤30%
烧失量	≤3.0%	≤5.0%
比表面积	宜在 300～450m²/kg	宜在 300～450m²/kg
细度(80um)	筛余量≤10%	筛余量≤10%
初凝时间	≥1.5h	≥1.5h
终凝时间	≤10h	≤10h
28d 干缩率	≤0.09%	≤0.10%
耐磨性	≤3.6kg/m²	≤3.6kg/m²

注：28d 干缩率和耐磨性试验方法采用《道路硅胶盐水泥》(GB 13693—1992)标准。

（2）粉煤灰及其他掺和料。路面水泥混凝土在掺用粉煤灰时，应掺用质量指标符合规定的电收尘Ⅰ、Ⅱ级干排或磨细粉煤灰，不得使用Ⅲ级粉煤灰。使用硅砂或磨细矿渣时，应经过试配检验。

（3）粗集料。

① 粗集料应使用质地坚硬、耐久、洁净的碎石、碎卵石和卵石。高速公路、一级公路、二级公路及有抗(盐)冻要求的三、四级公路混凝土路面使用的粗集料应不低于Ⅱ级，无抗(盐)冻要求的三、四级公路混凝土路面可使用Ⅲ级粗集料。

② 不得使用不分级的统料，应按最大公称粒径的不同采用 2～4 个粒级的集料进行掺配。卵石最大公称粒径不宜大于 19.0mm；碎卵石最大公称粒径不宜大于 26.5mm；碎石最大公称粒径不宜大于 31.5mm。碎卵石或碎石中粒径小于 $75\mu m$ 的石粉含量不宜大于 1%。

（4）细集料。

① 细集料应使用质地坚硬、耐久、洁净的天然砂或混合砂。高速公路、一级公路、二级公路及有抗(盐)冻要求的三、四级公路混凝土路面使用的砂应不低于Ⅱ级。无抗冻要求的三、四级公路混凝土路面可使用Ⅲ级砂。特重、重交通混凝土路面宜使用河砂，砂的硅质含量不应低于 25%。

② 路面水泥混凝土用天然砂宜为中砂，也可以使用细度模数在 2.0～3.5 之间的砂。

2）配合比设计

路面水泥混凝土配合比设计见前述。

2. 防水混凝土

防水混凝土又称抗渗混凝土，是以调整混凝土配合比、掺加化学外加剂或采用特种水泥等方法，提高混凝土自身密实性、憎水性和抗渗性，使其满足抗渗等级(等于或大于抗渗等级 0.6MPa 要求的不透水性混凝土)。防水混凝土一般可分为普通防水混凝土、外加剂防水混凝土和膨胀防水混凝土(也称补偿收缩防水混凝土)

1) 防水混凝土的性能特点

(1) 兼有防水和承重双重功能，节约材料，加快施工速度。

(2) 材料来源广泛，成本低廉。

(3) 在结构造型复杂的情况下，施工简便，防水性能可靠。

(4) 耐久性好，一般在结构不变形开裂的情况下，防水性能与结构共存。

(5) 可改善劳动条件及强度。

(6) 渗漏水时易于检查，便于修补。

2) 防水混凝土的原材料。

(1) 水泥品种应按设计要求选用，其强度等级不应低于 32.5 级，不得使用过期或受潮结块水泥。

(2) 碎石或卵石的粒径宜为 4.75～31.5mm，含泥量不得大于 1.0%，泥块含量不得大于 0.5%。

(3) 砂宜为中砂，含泥量不得大于 3.0%，泥块含量不得大于 1.0%。

(4) 拌制混凝土所用的水，应采用不含有害物质的洁净水。

(5) 外加剂的技术性能，应符合国家或行业标准一等品及以上的质量要求。

(6) 粉煤灰的级别不应低于 Ⅱ 级，掺量不宜大于 20%；硅粉掺量不应大于 3%，其他掺和料的掺量应通过试验确定。

3. 流态混凝土

在预拌的坍落度为 80～120mm 的基体混凝土拌和物中，在浇筑之前掺入适量的硫化剂，经过 1～5min 的第二次搅拌，使基体混凝土拌和物的坍落度等于或大于 160mm，能自流填满模型或钢筋间隙的混凝土，这种混凝土称为"流态混凝土"。在美国、英国、加拿大等国家称为超塑性混凝土，在德国和日本成为流动混凝土。

1) 流态混凝土组成材料

(1) 基体混凝土组成。

水泥用量不低于 300kg/m³，粗集料最大粒径不大于 19mm，细集料含有一定数量小于 0.3mm 的粉料，砂率通常可达 45% 左右。基体混凝土拌和物坍落度值应比硫化后拌和物的坍落度值相匹配，通常两值之差约为 10cm 左右。

(2) 硫化剂。

属高效减水剂。硫化剂的用量一般为水泥用量的 0.5%～0.7%，如超过 0.7% 坍落度并无明显增加，但易产生离析现象。

(3) 掺和料。

在流态混凝土中常参加优质粉煤灰，可改善流动性、提高强度、节约水泥。

2) 流态混凝土的技术性能

(1) 抗压强度。一般情况下，流态混凝土与基体混凝土比较，同龄期的强度无甚差别。但是由于有些硫化剂可起到一定早强作用，因而使流态混凝土的强度有所提高。

(2) 弹性模量。掺加硫化剂后，混凝土的弹性模量，与抗压强度一样，未见明显差别。

(3) 与钢筋的黏结强度。由于硫化剂使混凝土拌和物的流动性增加，所以流态混凝土

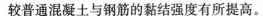

较普通混凝土与钢筋的黏结强度有所提高。

（4）徐变和收缩。流态混凝土的徐变较基体混凝土稍大，而与普通大流动混凝土接近。掺加缓凝型硫化剂时，比基体混凝土大。

（5）抗冻性。流态混凝土的抗冻性比基体混凝土稍差，与大流动性混凝土接近。

（6）耐磨性。试验表明，流动性混凝土的耐磨性较基体混凝土稍差，作为路面混凝土应考虑提高耐磨性的措施

3）工程应用

流态混凝土的流动性好，能自流，不需要振捣即可充满模型和包裹钢筋，具有良好的施工性能和充填性能，而且骨料不离析，混凝土硬化后具有良好的力学性能和耐久性能。

高流态混凝土的自密实性能、混凝土的泵送性能好，免振捣的特性非常适用于水下、管桩、高密度钢筋笼等不能振捣的地方，可应用于斜拉桥主塔、地铁的衬砌封顶等。

4. 高强度混凝土

强度等级不低于 C60 的混凝土称为高强度混凝土。为了减轻自重，增大跨径，现代高架公路、立体交叉和大型桥梁等混凝土结构均采用高强度混凝土。

1）组成材料技术要求

（1）优质高强水泥。高强水泥的矿物成分 C_3S 和 C_3A 含量较高。细度应达到 $4000\sim 6000 cm^2/g$ 以上。

（2）拌和水。采用磁化水拌和，磁化水能使水泥水化更完全充分，因而能提高混凝土强度 $30\%\sim 50\%$。

（3）硬质高强的集料。粗集料应使用坚硬、级配良好的碎石。集料抗压强度应比配置的混凝土强度高 50% 以上。含泥量应小于 1%，针片状颗粒含量应小于 5%，集料最大粒径宜小于 26.5mm。

（4）外加剂。

高强度混凝土采用减水剂和其他外加剂，应选用优质高效的 NNO. MF 等减水剂。

2）技术性能

（1）高强度混凝土可有效减轻自重。

（2）可大幅度地提高混凝土的耐久性。

（3）在大跨度的结构物中采用高强度混凝土可大大减少材料用量及成本。

5. 纤维混凝土

纤维混凝土，又称纤维增强混凝土，是以水泥静浆、砂浆或混凝土作基材，以非连续的短纤维或连续的长纤维作增强材料所组成的水泥基复合材料。这种材料可分成三类：金属材料，陶瓷材料，塑料系材料。

纤维混凝土使混凝土的强度和变形性能大大提高，使混凝土的某些指标提高数倍。目前发展起来的纤维增强混凝土，主要是指钢纤维增强混凝土和玻璃纤维增强水泥混凝土。纤维混凝土虽然有许多优点，但目前在应用上还受到一定的限制，如工艺、黏结性、价格等。

钢纤维混凝土采用常规的施工技术，其钢纤维掺量一般为 $0.6\%\sim 2.0\%$。再高的掺

量，将容易使钢纤维在施工搅拌过程中结团成球，影响钢纤维混凝土的质量。但是国内外正在研究一种钢纤维掺量达 5%～27% 的简称为 SIFCON 的砂浆渗浇钢纤维混凝土，其施工技术不同于一般的搅拌浇筑成型的钢纤维混凝土，它是先将钢纤维松散填放在模具内，然后灌注水泥浆或砂浆，使其硬化成型。SIFCON 与普通钢纤维混凝土相比，其特点是抗压强度比基体材料有大幅度提高，可达 100～200MPa，其抗拉、抗弯、抗剪强度以及延性、韧性等也比普通掺量的钢纤维混凝土有更大的提高。

6. 聚合物混凝土

聚合物混凝土是一种有机、无机复合的材料，可分为聚合物浸渍混凝土(PIC)、聚合物水泥混凝土(PCC)和聚合物胶结混凝土(PC)等三种。

已硬化的混凝土(基材)经干燥后，浸入有机单体，用加热或辐射等方法使混凝土孔隙内的单体聚合而成的混凝土，称为聚合物浸渍混凝土。按其浸渍深度可分为完全浸渍和局部浸渍。前者适用于制作高强浸渍混凝土，后者通常用以改善混凝土的面层性能。

聚合物水泥混凝土是在普通水泥混凝土拌和物中，加入一种聚合物，以聚合物与水泥共同作用胶结料黏结骨料配置而成。

聚合物胶结混凝土是以合成树脂(聚合物)或单体为胶结材料，以砂石为骨料的混凝土。常用一种树脂或几种树脂及固化剂，与天然或人工骨料固化而成，有时为了减少树脂的用量，往往加入填料粉砂等。

项 目 小 结

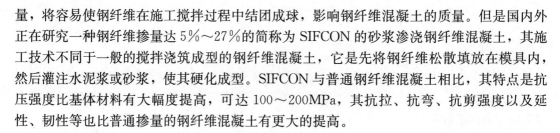

水泥混凝土是道路路面、机场跑道、桥梁工程结构及其附属构造物的重要建筑材料之一。

本项目 C50 水泥混凝土配合比设计主要是应用于 104 国道长兴雉城过境段改建工程浙江某交通工程有限公司施工单位某项目桥梁上部结构使用的混凝土，基于混凝土配合比设计项目实际工作过程进行任务分解并讲解了每个任务具体内容。

任务 5.1 承接水泥混凝土配合比设计检测项目：要求根据委托任务和合同填写流转和样品单。

任务 5.2 原材料要求及检测：对混凝土的组成材料水泥、水、粗集料、细集料和外加剂等能合理选择，并对其进行检测和合格性评判。

任务 5.3 计算水泥混凝土初步配合比：掌握水泥混凝土以抗压强度为设计指标和抗弯拉强度为设计指标的两种配合比设计方法和三大设计参数单位用水量、水灰比、砂率的含义和选定计算；掌握质量法和体积法计算砂、石质量。

任务 5.4 提出水泥混凝土基准配合比：根据试配结果对混凝土工作性进行检验校核和调整，计算基准配合比，会操作坍落度试验。

任务 5.5 确定水泥混凝土试验室配合比：能进行试块成型操作和试块强度检验操作，通过强度-灰水比关系图，确定所必需的灰水比值，确定试验室配合比。

任务 5.6 换算水泥混凝土施工配合比：能进行含水率试验，根据砂石含水率进行施工配合比计算。

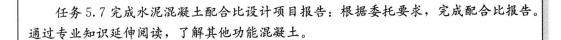

任务5.7 完成水泥混凝土配合比设计项目报告：根据委托要求，完成配合比报告。通过专业知识延伸阅读，了解其他功能混凝土。

职业考证练习题

一、单选题

1. 坍落度小于（　　）的新拌混凝土，采用维勃稠度仪测定其工作性。

A. 20mm　　　　　　B. 15mm　　　　　　C. 10mm　　　　　　D. 5mm

2. 水泥混凝土坍落度试验时，用捣棒敲击混凝土拌和物是检测混凝土的（　　）。

A. 流动性　　　　　　B. 黏聚性　　　　　　C. 保水性　　　　　　D. 密实性

3. 混凝土的坍落度主要反映混凝土的（　　）。

A. 和易性　　　　　　B. 抗渗性　　　　　　C. 干缩性　　　　　　D. 耐久性

4. 普通混凝土的强度等级是以具有95％保证率的（　　）d立方体抗压强度的代表值来确定的。

A. 3　　　　　　　　B. 7　　　　　　　　C. 28　　　　　　　　D. 30

5. 立方体混凝土试件成型时插捣结束，用镘刀刮去多出的部分，再收面抹平，试件表面与试模表面边缘高低差不得超过（　　）mm。

A. 0.3　　　　　　　B. 0.5　　　　　　　C. 1　　　　　　　　D. 2

6. 我国现行规范规定，混凝土粗集料的最大粒径不得超过结构截面最小尺寸的（　　），同时不得大于钢筋间最小间距的（　　）。

A. 1/4，3/4　　　　B. 3/4，1/4　　　　C. 2/4，3/4　　　　D. 2/4，1/4

7. 以下品种水泥配制的混凝土，在高湿度环境下或在水下效果最差的是（　　）。

A. 普通水泥　　　　　B. 矿渣水泥　　　　　C. 火山灰水泥　　　　D. 粉煤灰水泥

8. 在混凝土配合比设计时，配制强度比设计要求的强度要高一些，强度提高幅度的多少取决于（　　）。

A. 水灰比的大小　　　　　　　　　　B. 对坍落度的要求

C. 强度保证率和施工水平的高低　　　D. 混凝土耐久性的高低

9. 随着普通混凝土砂率的增大，混凝土的坍落度将（　　）。

A. 增大　　　　　　B. 减小　　　　　　C. 先增后减　　　　D. 先减后增

10. 道路用混凝土的设计指标为（　　）。

A. 抗压强度　　　　B. 抗弯拉强度　　　C. 抗剪强度　　　　D. 收缩率

二、判断题

1. 新拌水泥混凝土的坍落度随砂率的增大而减小。（　　）

2. 粗集料粒径越大，其总面积越小，需要水泥浆数量越少。（　　）

3. 水泥混凝土配合比设计中，在满足强度、工作性、耐久性的前提下，原则上水泥用量能少则少。（　　）

4. 新拌和水泥混凝土的工作性，就是拌和物的流动性。（　　）

5. 混凝土的工作性主要从流动性、可塑性、稳定性和易密性四个方面来综合判断。（　　）

6. 灰水比越小，水泥混凝土的强度越高。（　　）

7. 水泥混凝土强度试验，试件的干湿状况对试验结果没有什么影响。（　　）

8. 混凝土立方体几何尺寸越大，测的抗压强度就越高。（　　）

9. 水泥混凝土试件成型时，坍落度小于90mm的混凝土宜使用振动台振实。（　　）

10. 水泥混凝土的维勃稠度试验测值越大，说明混凝土的坍落度越大。（　　）

三、多选题

1. 水灰比可以影响到水泥混凝土的(   )。

A. 坍落度   B. 耐久性   C. 工艺性   D. 强度

2. 水泥混凝土配合比设计时,砂率是依据(   )确定的。

A. 粗集料的种类   B. 混凝土的设计强度

C. 粗集料的最大粒径   D. 混凝土水灰比

3. 在测混凝土坍落度的同时,还应观察拌和物的(   ),以综合评价混凝土拌和物的和易性。

A. 黏聚性   B. 砂率   C. 流动性   D. 保水性

4. 在计算水泥混凝土初步配合比时,混凝土的耐久性通过限制(   )来保证。

A. 单位用水量   B. 最大水灰比   C. 最小单位水泥用量   D. 浆集比

5. 水泥混凝土配制强度计算涉及的因素是(   )。

A. 混凝土设计强度等级   B. 水泥强度等级

C. 施工水平   D. 强度保证率

四、简答题

1. 简述水泥混凝土立方体抗压强度测定步骤。

2. 混凝土计算配合比为 $1:2.13:4.31$,水灰比为 0.58,在试拌调准时,增加了 10% 的水泥浆用量。试求:(1)该混凝土的基准配合比(不能用假定密度法);(2)若已知以实验室配合比配制的混凝土,每 m^3 需要水泥 320kg,求 $1m^3$ 混凝土中其他材料的用量;(3)如施工工地砂、石含水率分别为 5% 和 1%,试求现场拌制 400L 混凝土混凝土中各种材料的实际用量(计算结果精确至 1kg)。

3. 水泥混凝土工作性的含义,改善工作性的措施?

4. 如何控制大体积混凝土施工过程中不产生裂缝?

5. 某组水泥混凝土立方体试块经过抗压强度测得分别为:16MPa、20MPa、19MPa,请确定该组混凝土强度。

项目6

水泥稳定碎石配合比设计

教学目标

教学目标	能力（技能）目标	认知目标
	1. 能进行水泥稳定碎石配合比设计计算 2. 能试验检测水泥稳定碎石各项技术指标 3. 能完成水泥稳定碎石配合比设计检测报告	1. 掌握水泥稳定碎石配合比设计方法和步骤 2. 掌握水泥稳定碎石技术指标含义、计算 3. 了解水泥剂量标定

项目导入

　　水泥稳定碎石配合比设计项目来自浙江长兴李家巷至泗安界牌段改建工程，施工单位浙江某交通工程有限公司委托某试验室进行水泥稳定碎石配合比设计。

任务分析

　　根据委托合同，为了完成这个水泥稳定碎石配合比设计项目，基于项目工作过程进行任务分解如下。

任务 6.1	承接水泥稳定碎石配合比设计检测项目
任务 6.2	原材料要求及检测
任务 6.3	材料称量及准备
任务 6.4	水泥稳定碎石击实试验
任务 6.5	试件制作养生
任务 6.6	无侧限抗压强度试验
任务 6.7	确定水泥剂量
任务 6.8	完成水泥稳定碎石配合比设计项目报告

市政工程材料

任务 6.1　承接水泥稳定碎石配合比设计检测项目

引例

受浙江某交通工程有限公司委托，拟对浙江长兴李家巷至泗安界牌段改建工程进行水泥稳定碎石配合比设计，按检测项目委托单填写样品流转及检验任务单。

6.1.1　填写检验任务单

由收样室收样员给出水泥稳定碎石配合比设计检测项目委托单，由试验员按检测项目委托单填写样品流转及检验任务单，见表6-1。

表 6-1　样品流转及检验任务单

接受任务检测室	无机结合料检测室	移交人		移交日期	
样品名称	水泥	碎石	碎石	碎石	石屑
样品编号					
规格牌号	P.O 32.5	9.5～31.5mm	4.75～9.5mm	2.36～4.75mm	0～2.36mm
厂家产地	南方水泥	湖州长兴	湖州长兴	湖州长兴	湖州长兴
现场桩号或结构部位	基层	基层	基层	基层	基层
取样或成型日期					
样品来源	现场	现场	现场	现场	现场
样本数量	200kg	250kg	200kg	100kg	100kg
样品描述	袋装、无结块	袋装、无杂质	袋装、无杂质	袋装、无杂质	袋装、无杂质
检测项目	水泥稳定碎石配合比	水泥稳定碎石配合比	水泥稳定碎石配合比	水泥稳定碎石配合比	水泥稳定碎石配合比
检测依据	GB 175—2007	JTG E30—2005 CTJ 1—2008 JTG E42—2005	JTG E30—2005 CJT 1—2008 JTG E42—2005	JTG E30—2005 CTJ 1—2008 JTG E42—2005	JTG E30—2005 CTJ 1—2008 JTG E42—2005
评判依据	JTG E51—2009	JTG E51—2009	JTG E51—2009	JTG E51—2009	JTG E51—2009
附加说明					
样品处理	1. 领回 2. 不领回√	1. 领回 2. 不领回√	1. 领回 2. 不领回√	1. 领回 2. 不领回√	1. 领回 2. 不领回√
检测时间要求					
符合性检查					
接受人			日期		
任务完成后样品处理					
移交人/日期			接受人/日期		

备注：

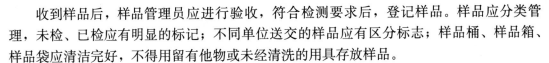

收到样品后，样品管理员应进行验收，符合检测要求后，登记样品。样品应分类管理，未检、已检应有明显的标记；不同单位送交的样品应有区分标志；样品桶、样品箱、样品袋应清洁完好，不得用留有他物或未经清洗的用具存放样品。

保存样品室的环境条件应符合该样品的贮存要求，不得使样品变质、损坏，不得使其降低或丧失性能。还应做好样品防火、防盗工作。

6.1.2　领样要求

接到检测任务单后，检测人员应及时领取样品，并对样品的状态进行检查记录，试样应满足以下规定。

（1）水泥：普通硅酸盐水泥、矿渣硅酸盐水泥和火山灰硅酸盐水泥都可用于稳定土，但应选用初凝时间 3h 以上和终凝时间较长的水泥。不应使用快硬水泥、早强水泥以及受潮变质的水泥。宜采用强度等级较低的水泥，如 32.5 级或 42.5 级。

（2）碎石：其级配范围应符合要求；其最大粒径应符合其道路等级要求。

检验人员在检验开始前，应对样品进行有效性检查，其内容包括以下几项。

（1）检查接收的样品是否适合于检验。

（2）样品是否存在不符合有关规定和委托方检验要求的问题。

（3）样品是否存在异常等。

对需要进行样品制备的，应按规定进行制样，每种样品尽可能一次取出，如需要分批做试验，应考虑每次取样是否有代表性，同时应做好检验前的各项准备工作。

（1）检查检验用的仪器设备、量具及环境条件是否符合要求。

（2）准备好检验用的试剂、原始记录等。

（3）检查水、电、气是否正常。

每个小组到样品室领取样品，按以上说明，确认样品符合检测要求，填写相关资料，将样品领走。

6.1.3　小组讨论

根据填写好的样品流转及检验任务单，对需要检测的项目展开讨论，确定实施方法和步骤。

任务 6.2　原材料要求及检测

 引例

水泥稳定碎石是无机结合料稳定材料的一种，是指在集料中掺入一定量的水泥和水，经拌和得到混合料，再经压实和养生后具有较高后期强度、整体性和水稳性均较好的一种材料。

水泥稳定碎石的质量和性能主要与组成材料的性能、相对含量（即配合比）以及施工工艺（配料、搅拌、运输、成型、养护等）等因素有关。因此为了保证质量，提高技术性能和降低成本，除了合理选择各组成材料，还必须对组成材料有一定技术要求，并对原材料进行检测和合格性评判。

6.2.1 水泥

应选用初凝时间大于 3h、终凝时间小于 6h 的 32.5 级、42.5 级普通硅酸盐水泥。水泥应有出厂合格证与生产日期，复验合格后方可使用。

水泥储存期超过 3 个月或受潮，应进行性能试验，合格后方可使用。

根据前述水泥检测方法，检测本项目水泥的各项性能指标，见表 6-2。

表 6-2 水泥性能指标

检测参数		计量单位	国家标准	检测结果				单项评定
标准稠度用水量		%	—	27.4				
初凝时间		min	≥45	195				合格
终凝时间		min	≤600	360				合格
细度		%	≤10	1.3				合格
安定性		—	必须合格	合格				合格
3d 强度	抗折	MPa	≥3.5	4.1	4.3	4.3	$X=4.2$	合格
	抗压		≥17.0	21.7	21.4	22.3	$X=21.9$	
				22.1	21.8	21.9		
检测依据		1. 检测依据：《公路工程水泥及水泥混凝土试验规程》(JTG E30—2005) 2. 评判依据：《通用硅酸盐水泥》(GB 175—2007)						

6.2.2 碎石

级配碎石是由各种大小不同粒级集料组成的混合料，当其颗粒组成符合密实级配要求时，称其为级配型集料，见表 6-3。

表 6-3 水泥稳定土类的颗粒范围及技术指标

项目		通过质量百分率(%)				
		底基层		基层		
		次干路	城市快速路、主干路	次干路		城市快速路、主干路
筛孔尺寸(mm)	53	100	—	—	—	
	37.5	—	100	100	90～100	—
	31.5	—	—	90～100	—	100
	26.5	—	—	—	66～100	90～100
	19	—	—	67～90	54～100	72～89
	9.5	—	—	45～68	39～100	47～67
	4.75	50～100	50～100	29～50	28～48	29～49
	2.36	—	—	18～38	20～70	17～35

（续）

项目		通过质量百分率(%)				
		底基层		基层		
		次干路	城市快速路、主干路	次干路		城市快速路、主干路
筛孔尺寸(mm)	1.18	—	—	—	14～57	—
	0.60	17～100	17～100	8～22	8～47	8～22
	0.075	0～50	0～30	0～7	0～30	0～7
	0.002	0～30	—	—	—	—
液限(%)		—	—	—		＜28
塑性指数		—	—	—		＜9

级配碎石应符合下列要求。

（1）在作基层时，最大粒径不宜超过 37.5mm。

（2）作为底基层时最大粒径：对城市快速路，主干路不应超过 37.5m，对于次干路及以下道路不应超过 53mm。

（3）应按其自然级配状况，经人工调整使其符合表 6-3 的规定。

（4）压碎值：对于城市快速路、主干路基层与底基层不应大于 30%；对于其他道路基层不应大于 30%，对于底基层不应大于 35%。

（5）有机质含量不应超过 2%。

（6）集料中硫酸盐含量不应超过 0.25%。

注：（1）集料中 0.5mm 以下细粒土有塑性指数时，小于 0.075mm 的颗粒含量不得超过 5%；细粒土无塑性指数时，小于 0.075mm 的颗粒含量不得超过 7%。

（2）当用中粒土、粗粒土作为城市快速路、主干路底基层时，颗粒组成范围宜用作次干路基层的组成。

本项目水泥稳定碎石在浙江长兴李家巷至泗安界牌段改建工程基层用，碎石最大粒径为 31.5mm；压碎值为 20.8%，碎石掺配见表 6-4，符合要求。

表 6-4　碎石掺配表

矿料名称	通过下列筛孔(mm)的百分率(%)						
	31.5	19	9.5	4.75	2.36	0.6	0.075
9.5～31.5mm	100	50.3	4.3	0.4	0.4	0.4	0.3
4.75～9.5mm	100	100	90.9	28.4	10.3	1.2	0.6
2.36～4.75mm	100	100	100	98.6	15.9	1.9	0.8
0～2.36mm	100	100	100	100	99.7	61.0	14.3

矿料名称	掺配率(%)	合成后各筛孔尺寸的通过百分率(%)						
		31.5	19	9.5	4.75	2.36	0.6	0.075
9.5～31.5mm	45.0	45.0	22.6	0.3	0	0	0	0

（续）

矿料名称	掺配率（%）	合成后各筛孔尺寸的通过百分率（%）						
		31.5	19	9.5	4.75	2.36	0.6	0.075
4.75~9.5mm	34.0	34.0	34.0	30.9	9.7	3.5	0.4	0.2
2.36~4.75mm	6.0	6.0	6.0	6.0	5.9	1.0	0.1	0
0~2.36mm	15.0	15.0	15.0	15.0	15.0	15.0	9.2	2.1
混合料级配合成		100.0	77.6	52.2	30.6	19.5	9.7	2.3
设计级配范围		100	85	54	35	26	15	5
		100	75	42	25	16	8	0
中值		100	80	48	30	21	11.5	2.5

6.2.3 水

用于拌制和养护的水，宜使用饮用水及不含油类杂质的清洁中性水，pH 值宜为 6~8，水应符合国家现行标准《混凝土用水标准》（JGJ 63—2006）的规定。

任务 6.3 材料称量及准备

 引例

无机结合稳定材料配合比设计，就是根据原材料的性能和对无机结合稳定材料的技术要求，通过计算和试配调整，确定出满足工程技术经济指标的无机结合稳定材料各种组成材料的用量。因此，在材料称量前，要先明确各种组成材料的平行试验组数和掺配比例。

6.3.1 拟定试配水泥掺量

依据《城镇道路工程施工与质量验收规范》（CJJ 1—2008）规定：应按 5 种掺量进行试配，试配水泥用量宜按表 6-5 选取。

表 6-5 水泥稳定土类材料试配水泥掺量

土壤、粒料种类	结构部位	水泥掺量（%）				
		1	2	3	4	5
塑性指数小于 12 的细粒土	基层	5	7	8	9	11
	底基层	4	5	6	7	9
其他细粒土	基层	8	10	12	14	16
	底基层	6	8	9	10	12
中粒土、粗粒土	基层	3	4	5	6	7
	底基层	3	4	5	6	7

注：① 当强度要求高时，水泥用量可增加 1%。
② 当采用厂办生产时，水泥掺量应比试验剂量增加 0.5%，水泥最小掺量对粗粒土、中粒土应为 3%，对细粒土应为 4%。
③ 在能估计合适剂量的情况下，可以将五个不同剂量缩减到三或四个。

在参考表6-5的基础上，根据相关工程经验和本工程特点，本项目水泥稳定碎石的水泥掺量选用3%、4%、5%、6%、7%。

6.3.2 材料称量及备料

1. 材料称量计算

预定5(或者6)个不同含水量，依次相差0.5%~1.5%，且其中至少有两个大于和两个小于最佳含水量。因此，教学时全班共分为5组，每组一个水泥剂量，每组要称的碎石、水泥和水质量见表6-6。

表6-6 碎石、水泥和水质量表

组号	水泥剂量 P (%)	碎石 G (g)	水泥 C (g)	预加水量(g)				
				4%	5%	6%	7%	8%
1	3	6000×5	180×5	240	300	360	420	480
2	4	6000×5	240×5	240	300	360	420	480
3	5	6000×5	300×5	240	300	360	420	480
4	6	6000×5	360×5	240	300	360	420	480
5	7	6000×5	420×5	240	300	360	420	480

从表6-6中可以看出，每个小组要准备5份材料，每份材料中碎石质量一样，都是称取6000g；每组水泥剂量对应的水泥质量可以根据式(6-1)计算得到，如第1组水泥质量 $m_c=6000×3×0.01=180$ g；每份材料中拌和用水量则根据5个不同的加水百分率计算得到5个不同用水量，如4%对应加水量为 $6000×4\%=240$ g。

$$m_c = m_g \times P \times 0.01 \tag{6-1}$$

式中：m_c——混合料中应加的水泥质量(g)；

m_g——混合料中碎石的质量(g)；

P——混合料中水泥剂量(%)。

但考虑到混合料中土和水泥石灰中的原始含水量，加水操作时应扣除这部分水量，对于制备试样应加水量可按式(6-2)计算。

$$m_w = \left(\frac{m_n}{1+0.01w_n} + \frac{m_c}{1+0.01w_c} \right) \times 0.01w - \frac{m_n}{1+0.01w_n} \times 0.01w_n - \frac{m_c}{1+0.01w_c} \times 0.01w_c$$

$$\tag{6-2}$$

式中：m_w——混合料中应加的水量(g)；

m_n——混合料中素土(或集料)的质量(g)，其原始含水量为 w_n，即风干含水量(%)；

m_c——混合料中水泥或石灰的质量(g)，其原始含水量为 w_c (%)；

w——要求达到的混合料的含水量(%)。

由于本项目混合料中土和水泥中的原始含水量为零，故每组预加水的质量见表6-6。

2. 备料

将已用四分法取出的试料分成5~6份，每份质量约5.5kg。但考虑到操作时的质量损

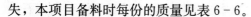

失，本项目备料时每份的质量见表6-6。

将具有代表性的风干试料（必要时，也可以在50℃烘箱内烘干）用木锤捣碎或用木碾碾碎。但应注意不使粒料的单个颗粒破碎或不使其破碎程度超过施工中拌和机械的破碎率。

如试料是细粒土，将已破碎的具有代表性的土过4.75mm筛备用。

如试料中有粒径大于4.75mm的颗粒，则先将试料过19mm筛；如存留在19mm筛上的颗粒的含量不超过10%，则过26.5mm筛，留作备用。

如试料中有粒径大于19mm的颗粒含量超过10%，则将试料过37.5mm筛；如存留在37.5mm筛上的颗粒含量不超过10%，则过53mm筛，留作备用。

每次筛分后，均应记录超尺寸颗粒的百分率 p。

任务6.4 水泥稳定碎石的击实试验

引例

通过备料，现用无机结合料稳定材料击实试验方法，来确定试料在不同水泥剂量下的最佳含水量和最大干密度。在操作中，应先通过试验确定最小、中间和最大的3个水泥剂量试料的最佳含水量和最大干密度，其余两个水泥剂量试料的最佳含水量和最大干密度也可以用内插法确定。

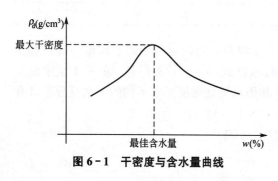

图6-1 干密度与含水量曲线

6.4.1 最佳含水量、最大干密度

最佳含水量和最大干密度：是指无机结合料稳定材料进行击实或振实试验时，在"含水量-干密度"坐标系上绘出各个对应点，连成圆滑曲线，曲线的峰值点对应的含水量和干密度即为最佳含水量和最大干密度（图6-1）。表明在最佳含水量及最佳压实效果的状态下稳定材料所能达到的最大干密度。

6.4.2 无机结合料稳定材料击实试验

1.适用范围

本方法适用于在规定的试筒内对水泥稳定材料进行击实试验，以绘制稳定材料的含水量-干密度关系曲线，从而确定其最佳含水量和最大干密度。

无机结合料的击试验方法分三类，各类击实方法的主要参数列于表6-7。而对于三种方法的选择，主要取决于试料的容许最大公称粒径。

表6-7 试验方法类别表

类别	锤的质量(kg)	锤击面直径(cm)	落高(cm)	试筒尺寸			锤击层数	每层锤击次数	平均单位击实功	容许最大公称粒径
				内径(cm)	高(cm)	容积(cm³)				
甲	4.5	5.0	45	10.0	12.7	997	5	27	2.687	19.0
乙	4.5	5.0	45	15.2	12.0	2177	5	59	2.687	19.0
丙	4.5	5.0	45	15.2	12.0	2177	3	98	2.687	37.5

2. 仪器设备

击实试验主要用到的仪器有电动击实仪(图6-2)、击实筒(图6-3)、电子天平、方孔筛、拌和工具、直刮刀，刮土刀、工字型刮平尺、铝盒、烘箱等。

图6-2　电动击实仪

图6-3　套环、击实筒、底座、垫块、击实锤

3. 试验步骤

从表6-7中，可以看出甲、乙、丙三种方法的各项参数是有所不同的，因此在备料过程中三种方法所需的试料质量也有所不同，通常情况下甲法每份试料干质量需2.0kg(细粒土)或2.5kg(粗粒土)，乙法每份试料干质量需不少于4.4kg(细粒土)或5.5kg(粗粒土)，丙法每份试料干质量需不少于5.5kg。所以，在试验开始前的备料过程中，应对试料的最大公称粒径进行确定，然后在根据最大公称粒径判断试料所适用甲、乙、丙哪一种击实方法，并进行备料。

1) 甲法

(1) 按预定含水量制备试样。将1份试料平铺于金属盘内，将事先计算出的该份试料中应加的水量均匀地喷洒在试料上，用小铲将试料充分拌和到均匀状态(如为石灰稳定材料、石灰粉煤灰综合稳定材料、水泥粉煤灰综合稳定材料和水泥石灰综合稳定材料，可将石灰、粉煤灰和试料一起拌匀)，然后装入密闭容器或塑料口袋内浸润备用。

对浸润时间，《公路工程无机结合料稳定材料试验规程》(JTG E51—2009)要求：黏质土为12～24h，粉质土为6～8h，砂类土、砂砾土、红土砂砾、级配砂砾等可以缩短到4h左右，含土很少的未筛分碎石、砂砾和砂可缩短到2h。浸润时间一般不超过24h。因此本项目采用的碎石材料，浸润时间应为4h左右。

(2) 将所需要的稳定剂水泥加到浸润后的试样中，并用小铲、泥刀或其他工具充分拌和到均匀状态。水泥应在土样击实前逐个加入。

加有水泥的试样拌和后，应在1h内完成击实试验。拌和后超过1h的试样，应予作废(石灰稳定材料和石灰粉煤灰稳定材料除外)。

(3) 试筒套环与击实底板应紧密联结。将击实筒放在坚实地面上，用四分法取制备好的试样400～500g(其量应使击实后的试样等于或略高于筒高的1/5)倒入筒内，整平其表面并稍加压紧，然后将其安装到多功能自控电动击实仪上，设定所需锤击次数，进行第1

层试样的击实。第1层击实完后，检查该层高度是否合适，以便调整以后几层的试样用量。用刮土刀或螺丝刀将已击实层的表面"拉毛"，然后重复上述做法，进行其余4层试样的击实。最后一层试样击实后，试样超出筒顶的高度不得大于6mm，超出高度过大的试件应该作废。

（4）用刮土刀沿套环内壁削挖（使试样与套环脱离）后，扭动并取下套环。齐筒顶细心刮平试样，并拆除底板。如试样底面略突出筒外或有孔洞，则应细心刮平或修补。最后用工字形刮平尺齐筒顶和筒底将试样刮平。擦净试筒的外壁，称其质量 m_1。

用脱模器推出筒内试样。从试样内部从上至下取两个有代表性的样品，测定其含水量，计算至0.1%。两个试样的含水量的差值不得大于1%。所取样品的数量见表6-8（如只取一个样品测定含水量，则样品的质量应为表列数值的两倍）。擦净试筒，称其质量 m_2。

表6-8　测稳定材料含水量的样品质量

公称最大粒径	样品质量
2.36	约50
19	约300
37.5	约1000

测定含水量时，烘箱温度应事先调整到110℃，以使放入的试样能立即在105～110℃的温度下烘干。

按本方法以上的步骤，进行其余含水量下稳定材料的击实和测定工作。凡已用过的试样，一律不再重复使用。

2）乙法

在缺乏内径10cm的试筒时，以及在需要与承载比等试验结合起来进行时，采用乙法进行击实试验。本法更适宜于公称最大粒径达19mm的集料。

以下各步的做法与甲法相同，但应该先将垫块放入筒内。

3）丙法

将已过筛的试料用四分法逐次分小，至最后取约33kg试料。再用四分法将所取的试料分成6份（至少要5份），每份质量约5.5kg（风干质量）。

同甲法，对试样进行击实试验，但应该先将垫块放入筒内，每层需取制备好的试样约1.7kg，分3层击实制作试件。试验后取代表性土样，测定其含水量，试样数量不少于700g，如只取一个试样测定含水量，则样品数量不少于1400g。

注：凡已用过的试料，不可再重复使用。

4. 计算

在"含水量-干密度"坐标系上绘出各个对应点，连成圆滑曲线，曲线的峰值点对应的含水量和干密度即为最佳含水量和最大干密度。如试验点不足以连成完整的凸形曲线，则应进行补充试验。其个各计算公式如下。

1）击实后稳定材料的湿密度按式（6-3）计算：

$$\rho_{\mathrm{w}} = \frac{m_1 - m_2}{V} \tag{6-3}$$

式中：ρ_w——稳定土的湿密度（g/cm³）；

  m_1——试筒与湿试样的合质量（g）；

  m_2——试筒的质量（g）；

  V——试筒的体积（cm³）。

2）击实后稳定材料的干密度按式（6-4）计算：

$$\rho_d = \frac{\rho_w}{1+0.01w} \qquad (6-4)$$

式中：ρ_d——试样的干密度（g/cm³）；

  w——试样的含水量（%）。

3）制图

（1）以干密度为纵坐标，含水量为横坐标，绘制"含水量-干密度"曲线。曲线必须为凸形的，如试验点不足以连成完整的凸形曲线，则应该进行补充试验。

（2）将试验各点采用二次曲线方法拟合曲线，曲线的峰值点对应的含水量及干密度即为最佳含水量和最大干密度。

4）超尺寸颗粒校正

当试样中大于规定最大粒径的超尺寸颗粒的含量为5%～30%时，按式（6-5）和式（6-6）对试验所得的最大干密度和最佳含水量进行校正。超尺寸颗粒的含量小于5%时，可以不进行校正。

（1）最大干密度校正：

$$\rho'_{dm} = \rho_{dm}(1-0.01p) + 0.9 \times 0.01pG'_a \qquad (6-5)$$

式中：ρ'_{dm}——校正后的最大干密度（g/cm³）；

  ρ_{dm}——试验所得的最大干密度（g/cm³）；

  p——试样中超尺寸颗粒的百分率（%）；

  G'——超尺寸颗粒的毛体积相对密度。

（2）最佳含水量校正：

$$\omega'_0 = \omega_0(1-0.1p) + 0.01p\omega_a \qquad (6-6)$$

式中：ω'_0——校正后的最佳含水量（%）；

  ω_0——试验所得的最佳含水量（%）；

  p——试样中超尺寸颗粒的百分率（%）；

  ω_a——超尺寸颗粒的吸水量（%）。

5. 结果整理

应做两次平行试验，取两次试验的平均值作为最大干密度和最佳含水量。两次试验最大干密度的差不应超过0.05g/cm³（稳定细粒土）和0.08g/cm³（稳定中粒土和粗粒土），最佳含水量的差不应超过0.5%（最佳含水量小于10%）和1.0%（最佳含水量大于10%），超过上述规定值，应重做试验，直到满足精度要求。混合料密度计算应保留小数点后3位有效数字，含水量应保留小数点后1位有效数字。

6. 填写试验表格

五个小组实试验记录见表6-9～表6-13。

表 6-9　第一组击实试验记录表

任务单号						检测依据				
样品编号						检测地点				
样品名称	水泥、碎石、石屑					环境条件		温度 20℃　湿度 60%		
样品描述	袋装、无结块、无杂质					试验日期		××××年××月××日		

主要仪器设备使用情况	仪器设备名称	型号规格	编号	使用情况
	标准击实仪	DZY-Ⅲ	JT-12	正常
	电热鼓风干燥箱	101-3	JT-10	正常
	电子天平	YP10kW	JT-06	正常
	方孔筛	2～60mm	JT-02	正常

试验类型	丙法	试样比重	—	粒径>40mm百分数(%)	—	粒径>40mm毛体积比重	—	粒径>40mm吸水率(%)	—

试验序号		1	2	3	4	5	击实曲线		
干密度	加水量(g)	280.0	350.0	420.0	490.0	560.0			
	筒+湿土质量(g)	9210.7	9382.7	9474.1	9415.4	9393.6			
	筒质量(g)	4016.4	4016.4	4016.4	4016.4	4016.4			
	湿土质量(g)	5194.3	5366.3	5457.7	5399.0	5377.2			
	湿密度(g/cm³)	2.386	2.465	2.507	2.480	2.470			
	干密度(g/cm³)	2.302	2.357	2.382	2.339	2.314			
含水量	盒号	11	12	13	14	15			
	盒质量(g)	1012.0	1012.0	1012.0	1012.0	1012.0			
	盒+湿土质量(g)	2653.3	2429.1	2470.3	2564.5	2549.2			
	盒+干土质量(g)	2596.3	2366.8	2395.6	2476.6	2452.7			
	水质量(g)	57.0	62.3	74.7	87.9	96.5			
	干土质量(g)	1584.3	1354.8	1383.6	1464.6	1440.7			
	含水量(%)	3.6	4.6	5.4	6.0	6.7	最佳含水量(%)	4.9	>40mm校正后
							最大干密度(g/cm³)	2.372	—

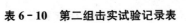

表 6 - 10 第二组击实试验记录表

任务单号					检测依据			
样品编号					检测地点			
样品名称		水泥、碎石、石屑			环境条件		温度 20℃ 湿度 60％	
样品描述		袋装、无结块、无杂质			试验日期		××××年××月××日	

主要仪器设备使用情况	仪器设备名称	型号规格	编号	使用情况
	标准击实仪	DZY - Ⅲ	JT - 12	正常
	电热鼓风干燥箱	101 - 3	JT - 10	正常
	电子天平	YP10kW	JT - 06	正常
	方孔筛	2～60mm	JT - 02	正常

试验类型	丙法	试样比重	—	粒径＞40mm百分数(％)	—	粒径＞40mm毛体积比重	—	粒径＞40mm吸水率(％)	—

试验序号		1	2	3	4	5	击实曲线
干密度	加水量(g)	280.0	350.0	420.0	490.0	560.0	
	筒＋湿土质量(g)	9289.1	9402.3	9513.3	9441.5	9380.5	
	筒质量(g)	4016.4	4016.4	4016.4	4016.4	4016.4	
	湿土质量(g)	5272.7	5385.9	5496.9	5425.1	5364.1	
	湿密度(g/cm³)	2.422	2.474	2.525	2.492	2.464	
	干密度(g/cm³)	2.334	2.370	2.391	2.350	2.301	
含水量	盒号	21	22	23	24	25	
	盒质量(g)	1012.0	1012.0	1012.0	1012.0	1012.0	
	盒＋湿土质量(g)	4345.4	4730.2	4799.8	4637.1	4642.6	
	盒＋干土质量(g)	4223.4	4573.5	4605.7	4431.9	4401.9	
	水质量(g)	122.0	156.7	194.1	205.2	240.7	
	干土质量(g)	3211.4	3561.5	3593.7	3419.9	3389.9	
	含水量(％)	3.8	4.4	5.4	6.0	7.1	

	最佳含水量(％)	5.0	＞40mm校正后
	最大干容重(g/cm³)	2.390	—

表6-11　第三组击实试验记录表

任务单号				检测依据			
样品编号				检测地点			
样品名称	水泥、碎石、石屑			环境条件		温度20℃　湿度60%	
样品描述	袋装、无结块、无杂质			试验日期		××××年××月××日	

主要仪器设备使用情况	仪器设备名称	型号规格	编号	使用情况
	标准击实仪	DZY-Ⅲ	JT-12	正常
	电热鼓风干燥箱	101-3	JT-10	正常
	电子天平	YP10kW	JT-06	正常
	方孔筛	2～60mm	JT-02	正常

试验类型	丙法	试样比重	—	粒径＞40mm百分数(%)	—	粒径＞40mm毛体积比重	—	粒径＞40mm吸水率(%)	—

试验序号		1	2	3	4	5	击实曲线
干密度	加水量(g)	280.0	350.0	420.0	490.0	560.0	
	筒+湿土质量(g)	9286.9	9419.7	9487.2	9461.1	9415.4	
	筒质量(g)	4016.4	4016.4	4016.4	4016.4	4016.4	
	湿土质量(g)	5270.5	5403.3	5470.8	5444.7	5399.0	
	湿密度(g/cm³)	2.421	2.482	2.513	2.501	2.480	
	干密度(g/cm³)	2.343	2.382	2.394	2.361	2.322	
含水量	盒号	21	22	23	24	25	
	盒质量(g)	1012.0	1012.0	1012.0	1012.0	1012.0	
	盒+湿土质量(g)	4660.8	4531.9	4569.8	4572.7	4567.6	
	盒+干土质量(g)	4544.2	4390.0	4400.4	4374.3	4341.2	
	水质量(g)	116.6	141.9	169.4	198.4	226.4	
	干土质量(g)	3532.2	3378.0	3388.4	3362.3	3329.2	
	含水量(%)	3.3	4.2	5.0	5.9	6.8	

击实曲线图（横轴：含水量(%)，3.0～7.0；纵轴：干密度(g/cm³)，2.30～2.40）

	最佳含水量(%)	5.0	＞40mm校正后
	最大干容重(g/cm³)	2.394	—

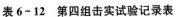

表6－12　第四组击实试验记录表

任务单号					检测依据			
样品编号					检测地点			
样品名称	水泥、碎石、石屑				环境条件	温度20℃　湿度60%		
样品描述	袋装、无结块、无杂质				试验日期	××××年××月××日		

主要仪器设备使用情况	仪器设备名称	型号规格	编号	使用情况
	标准击实仪	DZY－Ⅲ	JT－12	正常
	电热鼓风干燥箱	101－3	JT－10	正常
	电子天平	YP10kW	JT－06	正常
	方孔筛	2～60mm	JT－02	正常

试验类型	丙法	试样比重	—	粒径>40mm 百分数(%)	粒径>40mm 毛体积比重	—	粒径>40mm 吸水率(%)	—

试验序号		1	2	3	4	5	击实曲线
干密度	加水量(g)	280.0	350.0	420.0	490.0	560.0	
	筒＋湿土质量(g)	9334.8	9437.1	9485.0	9493.7	9458.9	
	筒质量(g)	4016.4	4016.4	4016.4	4016.4	4016.4	
	湿土质量(g)	5318.4	5420.7	5468.6	5477.3	5442.5	
	湿密度(g/cm³)	2.443	2.490	2.512	2.516	2.500	
	干密度(g/cm³)	2.357	2.383	2.386	2.374	2.349	
含水量	盒号	21	22	23	24	25	
	盒质量(g)	1012.0	1012.0	1012.0	1012.0	1012.0	
	盒＋湿土质量(g)	4725.3	4413.3	4366.4	4578.5	4505.9	
	盒＋干土质量(g)	4596.3	4266.8	4197.6	4376.6	4292.7	
	水质量(g)	129.0	146.5	168.8	201.9	213.2	
	干土质量(g)	3584.3	3254.8	3185.6	3364.6	3280.7	
	含水量(%)	3.6	4.5	5.3	6.0	6.5	

	最佳含水量(%)	5.0	>40mm 校正后
	最大干容重(g/cm³)	2.387	—

（击实曲线图：横轴 含水量(%) 3.0～7.0，纵轴 干密度(g/cm³) 2.34～2.39）

表 6－13　第五组击实试验记录表

任务单号				检测依据			
样品编号				检测地点			
样品名称		水泥、碎石、石屑		环境条件		温度 20℃　湿度 60％	
样品描述		袋装、无结块、无杂质		试验日期		××××年××月××日	

主要仪器设备使用情况	仪器设备名称	型号规格	编号	使用情况
	标准击实仪	DZY－Ⅲ	JT－12	正常
	电热鼓风干燥箱	101－3	JT－10	正常
	电子天平	YP10kW	JT－06	正常
	方孔筛	2～60mm	JT－01、02	正常

试验类型	丙法	试样比重	—	粒径＞40mm百分数（％）	—	粒径＞40mm毛体积比重	粒径＞40mm吸水率（％）	—

	试验序号	1	2	3	4	5	击实曲线
干密度	加水量(g)	280.0	350.0	420.0	490.0	560.0	
	筒＋湿土质量(g)	9343.5	9428.4	9482.8	9495.9	9469.8	
	筒质量(g)	4016.4	4016.4	4016.4	4016.4	4016.4	
	湿土质量(g)	5327.1	5412.0	5466.4	5479.5	5453.4	
	湿密度(g/cm³)	2.447	2.486	2.511	2.517	2.505	
	干密度(g/cm³)	2.361	2.385	2.393	2.375	2.351	
含水量	盒号	21	22	23	24	25	
	盒质量(g)	1012.0	1012.0	1012.0	1012.0	1012.0	
	盒＋湿土质量(g)	4741.9	4520.1	4572.5	4697.8	4697.4	
	盒＋干土质量(g)	4612.3	4378.7	4406.2	4489.2	4469.2	
	水质量(g)	129.6	141.4	166.3	208.6	228.2	
	干土质量(g)	3600.3	3366.7	3394.2	3477.2	3457.2	
	含水量(%)	3.6	4.2	4.9	6.0	6.6	

击实曲线图：横轴 含水率(%)（3.0～7.0），纵轴 干密度(g/cm³)（2.35～2.4）

最佳含水量（％）	5.1	＞40mm校正后
最大干容重（g/cm³）	2.394	—

思考与讨论

通过水泥稳定碎石击实试验，分析随着水泥剂量的增加，最佳含水量和最大干密度数值如何变化？

任务6.5　试件制作养护

引例

通过完成任务6.4水泥稳定碎石的击实试验后，得到在不同水泥剂量下的最大干密度和最佳含水量。每组依据得到的最大干密度、最佳含水量来进行分别称料和备料，并进行无侧限抗压强度试件的制作和养护。

6.5.1　制作试件材料准备

1. 材料称量

1）试件数量

根据《公路工程无机结合料试验规程》（JTG E51—2009）规定，强度试验的平行试验最少试件数量，不应小于表6-14的规定。如试验结果偏差系数大于表中规定，应重做试验，如不能降低偏差系数，则应增加试件数量。对于无机结合料稳定细粒土，至少应制作6个试件；对于无机结合料稳定中粒土和粗粒土，至少应制作9个和13个试件。

表6-14　最少的试验数量

稳定土类型	下列偏差系数时的试件数量		
	小于10%	10%～15%	15%～20%
细粒土	6	9	—
中粒土	6	9	—
粗粒土	—	9	13

无侧限抗压强度试件的尺寸（直径×高度）为：细粒土 $\phi50\text{mm}\times50\text{mm}$，中粒土 $\phi100\text{mm}\times100\text{mm}$，粗粒土 $\phi150\text{mm}\times150\text{mm}$。本项目适用的是 $\phi150\text{mm}\times150\text{mm}$，每组共制作13个试件。

2）材料组成计算

根据得到的混合料最大干密度、最佳含水量和试件尺寸来确定每个试件所需风干试料的质量，对于 $\phi50\text{mm}\times50\text{mm}$ 的试件，一个试件约需要 $180\sim210\text{g}$；对于 $\phi100\text{mm}\times100\text{mm}$ 的试件，一个试件约需要 $1700\sim1900\text{g}$；对于 $\phi150\text{mm}\times150\text{mm}$ 的试件，一个试件约需要 $5700\sim6000\text{g}$。

（1）制备一个预定干密度的试件，需要的稳定土混合料数量 m_o 随试模的尺寸而变，按式（6-7）计算。

$$m_o = V \times \rho_{\text{dmax}} \times (1 + w_{\text{opt}}) \times \gamma \qquad (6-7)$$

式中：m_o——混合料质量(g)；

    V——试模的体积(cm^3)；

    ρ_{dmx}——稳定土试件的干密度(g/cm^3)；

    w_{opt}——稳定土混合料的最佳含水量(%)；

    γ——混合料压实度标准(%)。

考虑到试件成型过程中的质量损耗，实际操作过程中每个试件的质量可增加 $0\sim2\%$，按式(6-8)计算：

$$m_o' = m_o \times (1+\delta) \tag{6-8}$$

式中：m_o'——混合料质量(g)；

    m_o——干混合料质量(g)；

    δ——计算混合料质量的冗余量。

(2) 每个试件的干料(包括干土和无机结合料)总质量按式(6-9)计算：

$$m_1 = \frac{m_o'}{1+w_{opt}} \tag{6-9}$$

式中：m_o'——混合料质量(g)；

    m_1——干混合料质量(g)；

    w_{opt}——混合料最佳含水量(%)。

(3) 每个试件中的无机结合料质量按式(6-10)或式(6-11)计算：

外掺法：$$m_2 = m_1 \times \frac{\alpha}{1+\alpha} \tag{6-10}$$

内掺法：$$m_2 = m_1 \times \alpha \tag{6-11}$$

式中：m_2——无机结合料质量(g)；

    m_1——干混合料质量(g)；

    α——无机结合料的掺量(%)。

(4) 每个试件的干土质量按式(6-12)计算：

$$m_3 = m_1 - m_2 \tag{6-12}$$

式中：m_1——干混合料质量(g)；

    m_2——无机结合料质量(g)；

    m_3——干土质量(g)。

(5) 每个试件的加水量按式(6-13)计算：

$$m_w = (m_2 + m_3) \times w_{opt} \tag{6-13}$$

式中：w_{opt}——混合料最佳含水量(%)；

    m_2——无机结合料质量(g)；

    m_3——干土质量(g)；

    m_w——加水质量(g)。

验算按式(6-14)计算：

$$m_o' = m_2 + m_3 + m_w \tag{6-14}$$

式中：m_o'——混合料质量(g)；

    m_2——无机结合料质量(g)；

    m_3——干土质量(g)；

m_w——加水质量(g)。

对于细粒土一次可秤取 6 个试件的土，对于中粒土，一次宜秤取一个试件的土，对于粗粒土，一次秤取只能秤取一个试件的土。本项目每组制作 13 个试件需要称取的材料见表 6-15。

表 6-15　碎石、水泥和水质量表

组号	水泥剂量 (%)	最大干密度 ρ_{dmax} (g/cm³)	最佳含水量 w_{opt} (%)	碎石 G (g)	水泥 C (g)	水 W (g)
1	3	2.372	4.9	6000×13	180×13	303×13
2	4	2.390	5.0	6000×13	240×13	312×13
3	5	2.394	5.0	6000×13	300×13	315×13
4	6	2.387	5.0	6000×13	360×13	318×13
5	7	2.394	5.1	6000×13	420×13	327×13

从表中可以看出，每个小组要准备 13 份材料，每份材料中碎石质量一样，都是称取 6000g；水泥质量根据本组水泥剂量可以根据式(6-1)计算得到，如第 1 组水泥质量 m_c = 6000×3×0.01＝180g；每份材料中拌和用水量则根据最佳含水量按式(6-13)计算得到用水量，如第二组最佳含水量为 5.0%，则计算水的质量为(6000＋240)×5%＝312g。

将称好的试料分别装入塑料袋备用。

2. 材料闷润

将具有代表性的风干试料(也可以在 50℃烘箱内烘干)，用木槌和木碾捣碎。在预定做试验的前一天，取有代表性的试料测定其风干含水量。

根距每份料的加水量、无机结合料的质量称好后，将称好的土加水拌和闷料。对于细粒土，浸润时间的含水量应比最佳含水量小 3%，对于中粒土和粗粒土可按最佳含水量加水，对于水泥稳定类材料，加水量应比最佳含水量小 1%～2%。浸润时间：黏性土 12～24h，粉性土 6～8h，砂性土、砂砾土、红土砂砾、级配砂砾等可以缩短到 4h 左右；含土很少的未筛分碎石、砂砾及砂可以缩短到 2h。浸润时间一般不超过 24h。

6.5.2　试件制作养生

1. 适用范围

本方法适用于无机结合稳定材料的无侧限抗压强度、间接抗拉强度、室内抗压回弹模量、动态模量、劈裂模量等试验的圆柱形试件。

2. 仪器设备

(1) 方孔筛：孔径 53mm、37.5mm、31.5mm、26.5mm、4.75mm、2.36mm 的筛各一个。

(2) 试模：细粒土，试模直径×高度＝ϕ50mm×50mm；中粒土，试模直径×高度＝ϕ100mm×100mm；粗粒土，试模直径×高度＝ϕ150mm×150mm(图 6-4)。

(3) 电动脱模器(图 6-5)。

(4) 反力架：反力为 400kN 以上。

(5) 液压千斤顶：200～1000kN。

(6) 钢板尺：量程 200mm 或 300mm，最小刻度 1mm。

图 6-4　试模筒、压块

图 6-5　电动脱模器

(7) 游标卡尺：量程 200mm 或 300mm。

(8) 电子天平：量程 15kg，感量 0.1g；或量程 4000g，感量 0.01g

(9) 压力试验机：可代替千斤顶和反力架，量程不小于 2000kN。

3. 试验步骤

(1) 调试所有仪器设备，检查是否运行正常；将成型的模具擦拭干净，并涂机油。成型中、粗粒土时，试模筒的数量应与每组试件的个数相配套。上下垫块应与试模筒相配套，上下垫块能够刚好放入试筒内上下自由移动（一般来说，上下垫块直径比试模筒内径小约 0.2mm），且上下垫块完全放入试筒后，试筒内未被上下垫块占用的空间体积能满足径高比 1∶1 的设计要求。

(2) 在浸润过的试料中，加入预定数量的水泥并拌和均匀。在拌和过程中，应将预留的水加入土中，使混合料的含水量达到最佳含水量。拌和均匀的加有水泥的混合料应在 1h 内制成试件，否则作废（其他混合料虽不受此限制，但也应尽快试制成试件）。

(3) 用压力机（或反力框架和液压千斤顶）制件。将称量的规定数量的稳定土混合料分 2～3 次灌入试模中，每次灌入后用夯棒轻轻均匀插实，试模装入试料后应使上、下垫块露出试模外部的部分相等（2cm）。

将整个试模（连同上下垫块）放到反力架上的千斤顶上或压力机上，以 1mm/min 的加载速度，加压直到上下压柱都压入试模为止（图 6-6）。维持压力 2min。解除压力后，取下试模，并放到脱模器上将试件顶出（图 6-7）。用水泥稳定黏结性材料时，制件后可立即

图 6-6　压力机成型

图 6-7　脱模

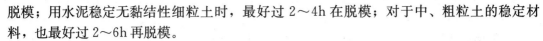

脱模；用水泥稳定无黏结性细粒土时，最好过 2～4h 在脱模；对于中、粗粒土的稳定材料，也最好过 2～6h 再脱模。

称试件的质量 m_2，大试件精确至 0.1g（小、中试件精确到 0.01g）。然后用游标卡尺量试件的高度 h，准确到 0.1mm。检查试件的高度和质量，不满足成型标准的试件作为废件。

试件制作的高度误差范围为：小试件 $-0.1～0.1$cm，中试件 $-0.1～0.15$cm，大试件 $-0.1～0.2$cm。

质量损失：小试件应不超过标准质量 5g，中试件不超过 25g，大试件不超过 50g。

4．试件养生

试件称量后应立即将试件装入塑料袋（图 6-8），袋内空气应排除干净，扎紧袋口，并用潮湿的毛巾覆盖，移放到养护室进行保温保湿养生。

通常养生时间为 7d。养生标准温度应保持（20±2）℃，标准养生湿度为≥95％。试件宜放在架子上，间距至少为 10～20mm，试件表面应有一层水膜，并避免直接用水冲淋。

养生期的最后一天，将试件取出，观测试件的边角有无磨损和缺失并量高、称量质量。然后将试件浸泡在（20±2）℃的水中，应使水面在试件顶上约 2.5cm。

在养生期间，有明显的边角缺损，试件应作废。试件质量损失应符合：小试件

图 6-8　试件养护

不超过 1g；中试件不超过 4g；大试件不超过 10g。超过此规定，应作废。

思考与讨论

试件在养生期间，质量损失是指哪部分质量？是否包括由于各种原因从试件上掉下来的混合料质量？养生温度的变化对试件有哪些影响？

任务 6.6　无侧限抗压强度试验

引例

无侧限抗压强度是用来评价无机结合料稳定材料强度的关键指标。其无侧限抗压强度的大小直接影响大无机结合料稳定材料的路用性能。下面对已经制作好的试件进行无侧限抗压强度试验。

1．适用范围

本方法适用于测定无机结合料稳定材料（包括稳定细粒土、中粒土和粗粒土）试件的无侧限抗压强度。

2. 仪器设备

(1) 标准养护室。

(2) 水槽。

(3) 压力机或万能试验机(也可用路面强度试验仪和测力计图 6-9)。

(4) 电子天平(图 6-10)。

(5) 球形支座。

(6) 量筒等工具。

图 6-9　路面强度试验仪和测力计

图 6-10　电子天平

3. 试验步骤

(1) 根据试验材料的类型和一般工程经验,选择合适量程的测力计和压力机,试件破坏荷载应大于测力量程的 20% 且小于测力量程的 80%。球形支座和上下顶板涂上机油,使球形支座能够灵活转动。

(2) 将已浸水一昼夜的试件从水中取出,用软布吸去试件表面的可见自由水,并称试件的质量 m_4。

(3) 用游标卡尺量试件的高度 h,准确到 0.1mm。

图 6-11　无侧限抗压强度试验

(4) 将试件放到路面材料强度试验仪的升降台上(台上先放一扁球座),进行抗压试验。试验过程中,应使试件的形变等速增加,并保持速率约为 1mm/min 记录试件破坏时的最大压力 $P(\text{N})$(图 6-11)。

(5) 从试件内部(经过打破)取有代表性的试样测定其含水量 w。

4. 计算

(1) 试件的无侧限强度 R_c 按式(6-15)按式计算:

$$R_c = \frac{P}{A} \qquad (6-15)$$

式中: R_c——无侧限抗压强度(MPa);

　　　P——试件破坏时的最大压力(N);

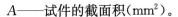

A——试件的截面积(mm^2)。

(2) 若干次平行试验的变异系数 C_v 按式(6-16)计算：

$$C_v = \frac{S}{\overline{R}_c} \times 100 \qquad (6-16)$$

式中：C_v——变异系数(%)；

S——试件标准差(MPa)；

$\overline{R}_c$——试件平均值(MPa)。

变异系数 C_v 并应符合下列规定。

① 小试件：不大于 10%。

② 中试件：不大于 15%。

③ 大试件：不大于 20%。

如果不能保证试验结果的变异系数小于规定值，则增加试件数量并另做新试验，新试验结果和老试验结果一并重新进行统计评定，直到变异系数满足上述规定。

4. 试验表格填写

五组无侧限抗压强度试验记录见表6-16~表6-20。

表6-16　第一组无侧限抗压强度试验记录表

任务单号			检测依据		JTG E51—2009		
样品编号			检测地点				
样品名称	水泥、碎石、石屑		环境条件		温度20℃　湿度60%		
样品描述	袋装、无结块、无杂质		试验日期		××××年××月××日		
主要仪器设备使用情况	仪器设备名称	型号规格		编号		使用情况	
	电子天平	YP20K-1		JT-05		正常	
	液压式压力试验机	YA-3000		JS-02		正常	
	路面材料强度仪	MQS-2		JT-14		正常	
	无侧限试模			JT-43		正常	
混合料名称	水泥稳定碎石			最大干密度(g/cm^3)		2.372	
混合料配比			试件类型	直径150mm	最佳含水量(%)		4.9
设计无侧限抗压强度(MPa)			制件日期		测力计工作曲线 $Y=aX+b$	a	35.738
保证率(%)			压件日期			b	34.892

试件编号	养生前试件质量(g)	浸水前试件质量(g)	浸水后试件质量(g)	养生前试件的高度(mm)	浸水后试件的高度(mm)	破坏时测力环读数(0.01mm)	试件破坏时的最大压力(kN)	无侧限抗压强度(MPa)	备注
1	6520.7	6516.4	6560.7	150.0	150.3	305	74.2	4.2	
2	6521.9	6517.8	6561.2	150.0	150.2	310	75.9	4.3	
3	6527.8	6523.5	6564.3	151.0	151.4	320	79.5	4.5	

（续）

试件编号	养生前试件质量（g）	浸水前试件质量（g）	浸水后试件质量（g）	养生前试件的高度（mm）	浸水后试件的高度（mm）	破坏时测力环读数（0.01mm）	试件破坏时的最大压力（kN）	无侧限抗压强度（MPa）	备注
4	6522.7	6517.8	6562.9	151.4	151.6	310	75.9	4.3	
5	6524.7	6520.0	6561.6	150.3	151.2	295	70.7	4.0	
6	6529.0	6524.7	6572.5	151.4	151.6	300	72.4	4.1	
7	6524.1	6519.5	6565.9	150.8	151.1	315	77.7	4.4	
8	6527.4	6522.8	6563.7	151.4	152.3	315	77.7	4.4	
9	6528.9	6523.9	6569.2	150.7	151.3	305	74.2	4.2	
10	6529.5	6525.1	6566.4	151.9	152.8	305	74.2	4.2	
11	6524.0	6519.9	6569.6	150.5	151.3	310	75.9	4.3	
12	6527.9	6523.1	6566.9	152.0	152.6	295	70.7	4.0	
13	6521.6	6517.3	6563.7	150.8	151.7	310	75.9	4.3	
无侧限抗压强度平均值（MPa）	4.2	标准差	0.151	变异系数	0.035	R_c（MPa）	4.0		

备注：

表 6-17 第二组无侧限抗压强度试验记录表

任务单号		检测依据	JTG E51—2009	
样品编号		检测地点		
样品名称	水泥、碎石、石屑	环境条件	温度20℃ 湿度60%	
样品描述	袋装、无结块、无杂质	试验日期	××××年××月××日	

主要仪器设备使用情况	仪器设备名称	型号规格	编号	使用情况
	电子天平	YP20K-1	JT-05	正常
	液压式压力试验机	YA-3000	JS-02	正常
	路面材料强度仪	MQS-2	JT-14	正常
	无侧限试模		JT-43	正常

混合料名称	水泥稳定碎石		最大干密度（g/cm³）		2.390
混合料配比		试件类型	直径150mm	最佳含水量（%）	5.0
设计无侧限抗压强度（MPa）		制件日期		测力计工作曲线 $Y=aX+b$	a 35.738
保证率（%）		压件日期			b 34.892

（续）

试件编号	养生前试件质量（g）	浸水前试件质量（g）	浸水后试件质量（g）	养生前试件的高度（mm）	浸水后试件的高度（mm）	破坏时测力环读数（0.01mm）	试件破坏时的最大压力（kN）	无侧限抗压强度（MPa）	备注
1	6520.7	6516.6	6564.8	150.0	150.9	374	98.9	5.6	
2	6529.7	6525.3	6567.3	151.1	151.6	384	102.4	5.8	
3	6522.7	6517.8	6561.6	150.3	151.3	389	104.2	5.9	
4	6530.3	6525.9	6572.7	150.6	151.0	365	95.4	5.4	
5	6523.4	6519.4	6561.4	151.6	152.5	345	88.3	5.0	
6	6520.8	6516.1	6556.6	151.0	151.6	374	98.9	5.6	
7	6526.2	6521.3	6567.4	150.3	150.5	369	97.1	5.5	
8	6524.8	6520.7	6568.4	151.8	152.4	374	98.9	5.6	
9	6522.7	6518.5	6564.3	151.6	151.8	369	97.1	5.5	
10	6530.4	6525.9	6574.3	151.8	152.0	384	102.4	5.8	
11	6529.8	6525.0	6572.5	150.6	151.6	379	100.7	5.7	
12	6522.0	6517.7	6565.3	150.7	151.1	374	98.9	5.6	
13	6526.7	6522.7	6565.4	151.9	152.1	355	91.8	5.2	
无侧限抗压强度平均值（MPa）	5.6	标准差	0.247	变异系数	0.044	R_c（MPa）	5.1		

备注：

表 6-18　第三组无侧限抗压强度试验记录表

任务单号			检测依据	JTG E51—2009
样品编号			检测地点	
样品名称	水泥、碎石、石屑		环境条件	温度20℃　湿度60％
样品描述	袋装、无结块、无杂质		试验日期	××××年××月××日
主要仪器设备使用情况	仪器设备名称	型号规格	编号	使用情况
	电子天平	YP20K-1	JT-05	正常
	液压式压力试验机	YA-3000	JS-02	正常
	路面材料强度仪	MQS-2	JT-14	正常
	无侧限试模		JT-43	正常

（续）

混合料名称	水泥稳定碎石			最大干密度（g/cm³）				2.394	
混合料配比			试件类型	直径150mm	最佳含水量(%)			5.0	
设计无侧限抗压强度(MPa)			制件日期		测力计工作曲线 $Y=aX+b$		a	35.738	
保证率(%)			压件日期				b	34.892	

试件编号	养生前试件质量（g）	浸水前试件质量（g）	浸水后试件质量（g）	养生前试件的高度（mm）	浸水后试件的高度（mm）	破坏时测力环读数（0.01mm）	试件破坏时的最大压力（kN）	无侧限抗压强度（MPa）	备注
1	6520.7	6516.4	6557.6	150.0	150.5	414	113.0	6.4	
2	6528.9	6524.8	6569.8	150.6	151.0	429	118.3	6.7	
3	6521.2	6516.5	6563.7	151.6	152.6	414	113.0	6.4	
4	6530.4	6525.8	6574.9	151.2	152.1	419	114.8	6.5	
5	6526.2	6521.3	6563.1	150.9	151.2	409	111.3	6.3	
6	6521.0	6516.3	6565.4	151.1	151.7	429	118.3	6.7	
7	6523.1	6518.3	6559.2	150.5	150.7	439	121.9	6.9	
8	6520.8	6516.3	6562.3	151.4	151.5	449	125.4	7.1	
9	6527.6	6522.8	6563.6	150.8	151.7	424	116.6	6.6	
10	6524.3	6520.1	6568.5	151.1	151.8	434	120.1	6.8	
11	6524.7	6520.1	6562.1	151.0	151.5	429	118.3	6.7	
12	6528.9	6524.0	6567.5	150.8	151.7	419	114.8	6.5	
13	6524.2	6519.6	6567.1	152.0	152.3	429	118.3	6.7	
无侧限抗压强度平均值（MPa）	6.6	标准差	0.222	变异系数	0.033	R_c（MPa）	6.3		

备注：

表6-19　第四组无侧限抗压强度试验记录表

任务单号		检测依据	JTG E51—2009
样品编号		检测地点	
样品名称	水泥、碎石、石屑	环境条件	温度20℃　湿度60%
样品描述	袋装、无结块、无杂质	试验日期	××××年××月××日

（续）

主要仪器设备使用情况	仪器设备名称	型号规格	编号	使用情况
	电子天平	YP20K-1	JT-05	正常
	液压式压力试验机	YA-3000	JS-02	正常
	路面材料强度仪	MQS-2	JT-14	正常
	无侧限试模		JT-43	正常

混合料名称		水泥稳定碎石		最大干密度（g/cm³）		2.387
混合料配比		试件类型	直径150mm	最佳含水量(%)		5.0
设计无侧限抗压强度(MPa)		制件日期		测力计工作曲线 $Y=aX+b$	a	35.738
保证率(%)		压件日期			b	34.892

试件编号	养生前试件质量（g）	浸水前试件质量（g）	浸水后试件质量（g）	养生前试件的高度（mm）	浸水后试件的高度（mm）	破坏时测力环读数（0.01mm）	试件破坏时的最大压力（kN）	无侧限抗压强度（MPa）	备注
1	6520.7	6516.2	6556.6	150.0	150.9	453	127.2	7.2	
2	6530.1	6525.9	6573.0	151.1	151.5	444	123.6	7.0	
3	6528.2	6523.5	6573.4	151.0	151.3	449	125.4	7.1	
4	6528.6	6523.7	6564.5	150.9	151.2	458	128.9	7.3	
5	6523.7	6519.3	6567.3	150.3	151.1	444	123.6	7.0	
6	6526.4	6521.8	6563.3	150.5	151.4	453	127.2	7.2	
7	6526.6	6521.7	6567.9	151.6	151.8	444	123.6	7.0	
8	6529.4	6524.7	6572.4	150.9	151.4	463	130.7	7.4	
9	6522.1	6517.2	6562.6	150.7	151.6	458	128.9	7.3	
10	6526.7	6521.8	6562.7	151.3	152.1	449	125.4	7.1	
11	6528.1	6523.9	6567.7	151.5	152.3	444	123.6	7.0	
12	6527.2	6523.0	6565.4	151.2	151.3	444	123.6	7.0	
13	6525.0	6520.4	6565.5	150.3	151.0	449	125.4	7.1	
无侧限抗压强度平均值(MPa)	7.1	标准差	0.138	变异系数	0.019	R_c(MPa)	6.9		

备注：

表6-20　第五组无侧限抗压强度试验记录表

任务单号			检测依据		JTG E51—2009
样品编号			检测地点		
样品名称	水泥、碎石、石屑		环境条件		温度20℃　湿度60%
样品描述	袋装、无结块、无杂质		试验日期		××××年××月××日

主要仪器设备使用情况	仪器设备名称	型号规格	编号	使用情况
	电子天平	YP20K-1	JT-05	正常
	液压式压力试验机	YA-3000	JS-02	正常
	路面材料强度仪	MQS-2	JT-14	正常
	无侧限试模		JT-43	正常

混合料名称	水泥稳定碎石			最大干密度（g/cm³）		2.394
混合料配比		试件类型	直径150mm	最佳含水量（%）		5.1
设计无侧限抗压强度（MPa）		制件日期		测力计工作曲线 $Y=aX+b$	a	35.738
保证率（%）		压件日期			b	34.892

试件编号	养生前试件质量（g）	浸水前试件质量（g）	浸水后试件质量（g）	养生前试件的高度（mm）	浸水后试件的高度（mm）	破坏时测力环读数（0.01mm）	试件破坏时的最大压力（kN）	无侧限抗压强度（MPa）	备注
1	6520.7	6516.5	6560.8	150.0	150.3	483	137.8	7.8	
2	6524.0	6519.1	6568.1	151.1	152.0	488	139.5	7.9	
3	6521.1	6516.8	6561.4	151.3	152.0	503	144.8	8.2	
4	6529.1	6524.9	6571.7	150.9	151.5	488	139.5	7.9	
5	6525.4	6520.5	6562.6	150.9	151.4	508	146.6	8.3	
6	6525.0	6520.4	6565.9	151.0	151.6	518	150.1	8.5	
7	6523.8	6519.7	6562.3	151.3	152.2	503	144.8	8.2	
8	6530.3	6526.1	6574.6	151.1	151.2	493	141.3	8.0	
9	6524.3	6520.2	6566.2	150.2	150.5	488	139.5	7.9	
10	6529.3	6524.8	6573.9	150.8	151.3	498	143.1	8.1	
11	6524.4	6519.6	6567.7	151.1	151.5	493	141.3	8.0	
12	6529.8	6525.4	6570.1	150.7	151.1	488	139.5	7.9	

（续）

试件编号	养生前试件质量（g）	浸水前试件质量（g）	浸水后试件质量（g）	养生前试件的高度（mm）	浸水后试件的高度（mm）	破坏时测力环读数（0.01mm）	试件破坏时的最大压力（kN）	无侧限抗压强度（MPa）	备注
13	6526.4	6521.6	6564.5	151.1	151.4	508	146.6	8.3	
无侧限抗压强度平均值（MPa）	8.1	标准差	0.209	变异系数	0.026	R_c（MPa）	7.7		

备注：

 思考与讨论

简述水泥稳定土强度形成机理。

水泥稳定土强度形成主要取决于水泥水化硬化、离子交换反应和火山灰反应过程。水泥颗粒分散于土中，经水化反应生成水化硅酸钙等系列水化产物，在土粒的空隙中形成骨架，使水泥土变硬，这个过程与水泥混凝土强度形成机理相同。

离子交换反应是指水泥水化产物氢氧化钙溶液中的钙离子和氢氧根离子与细粒土黏土抗无中的钠离子、氢离子发生了离子交换，减薄了黏土颗粒吸附水膜厚度，降低了黏性土的亲水性和塑性。使分散土粒形成较大的土团。在氢氧化钙的强烈吸附作用下，这些大的土团进一步结合起来，形成水泥土的链条结构，并封闭土团之间的孔隙，形成稳定的团粒结构。

此外，黏土颗粒表面少量的活性氧化钙、氧化铝在石灰的碱性激发作用下，与氢氧化钙发生火山灰反应，生成不溶于水的水化硅酸钙和水化铝酸钙等，这些物质遍布与黏土颗粒之间，形成凝胶、棒状及纤维状晶体结构，将土粒胶结成整体。随着时间的推移，棒状和纤维状晶体不断增多，使水泥稳定土的刚度不断增大，强度与水稳定性不断提高。

 思考与讨论

影响水泥稳定土强度的因素有哪些？如何影响？

（1）水泥剂量和强度。随着水泥剂量的增加，水泥稳定土在不同龄期的强度增大，然后过高的水泥剂量会导致收缩性增加，产生开裂。随着水泥的强度等级的提高，水泥稳定土的强度也会提高。

（2）土质的影响。土质种类和级配对强度影响较大。各种砂砾土、砂土、粉土和黏土均可用水泥稳定，但是稳定效果不同，一般而言，水泥稳定强度好坏依次为：砂砾土最好，砂土、粉土次之，黏土最差。级配的明显改善能增加水泥稳定材料的强度。

（3）密实度。随着水泥稳定土密实度的提高，其无侧限抗压强度也显著增大，这就要求最佳含水量下达到最大干密度强度较大。

（4）养生温度与湿度。潮湿环境中养生水泥稳定土的强度要高于空气中养生的强度。在正常条件下，随着养生温度的提高，水泥稳定土的强度增大，发展速度加快。

（5）养生龄期。水泥稳定土早期强度低，增长速度快，后期强度增长速度趋缓，并在较长时间内随时间增长而发展。

任务6.7 确定水泥剂量

 引例

依据前面每个小组强度试验数据，计算出强度平均值、标准差、变异系数，并根据公式计算出代表值。根据本项目的水泥稳定碎石的设计强度要求和经济要求，来合理确定水泥剂量。

根据《城市道路工程施工与质量验收规范》（CJJ 1—2008）规定，各级道路用水泥稳定土的7d浸水抗压强度应符合表6-21中的规定。

表6-21 水泥稳定土的抗压强度标准

层位	公路等级	
	城市快速路和主干路	其他等级道路
基层	3～4	2.5～3
底基层	1.5～2.5	1.5～2.0

将每组所得到的试验结果无侧限抗压强度平均值、标准差、偏差系数、强度代表值汇总到表6-22，同时选定合适的水泥剂量，试件试验结果的平均值$\overline{R}$应符合式（6-17）的要求。

$$\overline{R} \geqslant \frac{R_{\mathrm{d}}}{1 - Z_{\mathrm{a}} C_{\mathrm{V}}} \qquad (6-17)$$

式中：R_{d}——设计抗压强度；

C_{V}——试验结果的偏差系数（以小数计）；

Z_{a}——保证率系数，城市快速路和城市主干路应采取保护率95%。此时 $Z_{\mathrm{a}}=1.645$；其他道路应取得保证率90%，即 $Z_{\mathrm{a}}=1.282$。

本项目水泥稳定层基层的设计强度为6.0MPa，保证率系数 $Z_{\mathrm{a}}=1.645$，不同水泥剂量对应试验偏差系数见表6-22，由此计算得到$\frac{R_{\mathrm{d}}}{1-Z_{\mathrm{a}}C_{\mathrm{V}}}$的值见表6-22。

从表6-22中的数据可知，7d浸水强度都满足规范强度要求。同时得到当水泥剂量为5%时，计算得到的强度强度代表值为6.34MPa，无侧限抗压强度平均值为6.6MPa，满足式（6-17）要求。

水泥剂量为6%和7%虽然也满足要求，但不够经济。由此本项目确定最佳水泥剂量为5%，符合表6-23的水泥最小剂量要求。

表6-22 不同水泥剂量的参数汇总

组号	水泥剂量(%)	无侧限抗压强度平均值(MPa)	标准差 S	偏差系数 C_V	设计强度 R_d(MPa)	$\dfrac{R_d}{1-Z_aC_v}$
1	3	4.2	0.151	0.035	6.0	6.37
2	4	5.6	0.247	0.044	6.0	6.47
3	5	6.6	0.222	0.033	6.0	6.34
4	6	7.1	0.138	0.019	6.0	6.19
5	7	8.1	0.209	0.026	6.0	6.27

表6-23 水泥的最小剂量

拌和方法 土类	路拌法	集中厂拌法
中粒土和粗粒土	4%	3%
细粒土	5%	4%

工地实际采用水泥剂量应比室内试验确定的剂量增加0.5%～1.0%。采用集中厂拌法施工时，可只增加0.5%，采用路拌法施工时，宜增加1%。

 思考与讨论

通过表6-22数据，分析随着水泥剂量的增加，无侧限抗压强度平均值(MPa)会如何变化？该如何确定合理的水泥剂量？

根据表6-22数据可以绘出无侧限抗压强度与水泥剂量之间的关系(图6-12)。

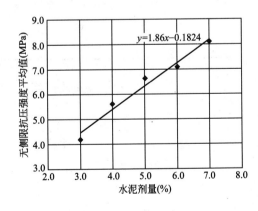

图6-12 无侧限抗压强度与水泥剂量之间的关系图

从图中看出，无侧限抗压强度平均值随着水泥剂量的增加而增加，符合较好的线性关系，关系公式为(6-18)。

$$y=1.86x-0.1824 \tag{6-18}$$

任务6.8 完成水泥稳定碎石配合比设计项目报告

检 测 报 告

报告编号：

检测项目：　　　水泥稳定碎石配合比设计

委托单位：　　　浙江某交通工程有限公司

受检单位：＿＿＿＿＿＿＿＿＿＿＿＿＿＿＿

检测类别：　　　　　委托

班级		检测小组组号	
组长		手机	

检测小组成员

＿＿＿

地址：　　　　　　　　　　　　　　　　邮政编码：

电话：　　　　　　　　　　　　　　　　电子信箱：

检 测 报 告

报告编号：   共 页 第 页

样品名称	水泥、碎石、石屑	检测类别	委托
委托单位	浙江某交通工程有限公司	送样人	×××
见证单位		见证人	×××
受检单位		样品编号	
工程名称	浙江改建工程长兴李家巷至泗安界牌段	规格或牌号	
现场桩号或结构部位		厂家或产地	
抽样地点	现场	出产日期	
样本数量		取样（成型）日期	
代表数量		收样日期	
样品描述		检测日期	
附加说明	无		

检 测 声 明

1. 本报告无检测实验室"检测专用章"或公章无效；

2. 本报告无编制、审核和批准人签字无效；

3. 本报告涂改、错页、换页、漏页无效；

4. 复制报告未重新加盖本检测实验室"检测专用章"或公章无效；

5. 未经本检测实验室书面批准，本报告不得复制报告或作为他用；

6. 如对本检测报告有异议或需要说明之处，请于报告签发之日起十五日内向本单位提出；

7. 委托试验仅对来样负责。

检 测 报 告

报告编号：

共 02 页　第 02 页

检测参数	计量单位	技术要求	检测结果	单项评定
最大干密度	g/cm³		2.394	
最佳含水量	%		5.0	
水泥剂量	%		5.0	
无侧限抗压强度代表值	MPa		6.3	
检测依据/综合判定原则	1. 检测依据：《公路工程无机结合料稳定材料试验规程》（JTG E51—2009） 2. 检测依据：《城镇道路工程施工质量验收规范》（CTJ 1—2008）			
检测结论				

备注：无

编制：　　　　审核：　　　　批准：　　　　签发日期：

专业知识延伸阅读

1. 稳定材料（又称稳定剂）

1）石灰

用于稳定土的石灰应是消石灰或生石灰粉，对高速公路或一级公路宜用磨细生石灰粉。所用石灰质量应为合格品以上，应尽量缩短石灰的存放时间。石灰剂量对石灰土的强度有显著影响，生产实践中常用的最佳剂量范围为：黏性土及粉性土为8%～14%，砂性土为9%～16%。

2）水泥

各种类型的水泥都用于稳定土，相比而言，硅酸盐水泥的稳定效果较好。所掺水泥量以能保证水泥稳定土技术性能指标为前提。

3）粉煤灰

粉煤灰是火力发电厂排出的废渣，属硅质或硅铝质材料，本身很少有或没有黏结土，当它以分散状态与水和消石灰或水泥混合时，可以发生反应形成具有黏结性的化合物。粉煤灰加入土可以用来稳定各种粒料和土。

2. EDTA滴定法

1）目的和适用范围

(1) 本试验方法适用于在工地快速测定水泥和石灰稳定土中水泥和石灰的剂量，并可用以检查拌和的均匀性。用于稳定的土可以是细粒土，也可以是中粒土和粗粒土。本方法不受水泥和石灰稳定土龄期(7d以内)的影响。工地水泥和石灰稳定土含水量的少量变化(±2%)，实际上不影响测定结果。用本方法进行一次剂量测定，只需10min左右。

(2) 本方法也可以用来测定水泥和石灰稳定土中结合料的剂量。

2）试剂

(1) 0.1mol/m³乙二胺四乙酸二钠(简称EDTA二钠)标准液。准确称取EDTA二钠(分析纯)37.226g，用微热的无二氧化碳蒸馏水溶解，待全部溶解并冷却至室温后定容至1000mL。

(2) 10%氯化铵(NH_4Cl)溶液。将5mg氯化铵(分析纯或化学纯)放在10L聚乙烯桶内，加蒸馏水4500mL，充分振荡，使氯化铵完全溶解。也可以分批在1000mL的烧杯内配制，然后倒入塑料桶内摇匀。

(3) 1.8%氢氧化钠(内含三乙醇胺)溶液。用100g架盘天平称18g氢氧化钠(NaOH)(分析纯)，放入洁净干燥的1000mL烧杯中，加入1000mL蒸馏水使其全部溶解，待溶解冷至室温后，加入2mL三乙醇胺(分析纯)，搅拌均匀后储于塑料桶中。

(4) 钙红指示剂。将0.2g钙试剂羟酸钠(分子式$C_{21}H_{13}O_7N_2SNa$，分子量460.39)与20g预先在105℃烘箱中烘1h的硫酸钾混合，一起放入研钵中，研成极细粉末，储于棕色广口瓶中，以防吸潮。

3）准备标准曲线

(1) 取样：取工地用石灰和集料，风干后分别过2.0mm或2.5mm筛，用烘干法或酒精燃烧法测其含水量(如为水泥可假定其含水量为0%)。

(2) 混合料组成的计算。

(3) 准备5种试样,每种2个样品(以水泥集料为例),具体如下。

第1种:称2份300g集料分别放在2个搪瓷杯内,集料的含水量应等于工地预期达到的最佳含水量。集料中所加的水应与工地所用的水相同(300g为湿质量)。

第2种:准备2份水泥剂量为2%的水泥土混合料试样,每份均重300g,并分别放在2个搪瓷杯内。水泥土混合料的最佳含水量应等于工地预期达到的最佳含水量。混合料中所加的水应与工地所用的水相同。

第3种、第4种、第5种:各准备2份水泥剂量分别为4%、6%、8%的水泥土混合料试样,每份均重300g,并分别放在6个搪瓷杯内,其他要求同第1种。

(4) 取一个盛有试样的搪瓷杯,在杯内加600mL10%的氯化铵溶剂,用不锈钢搅拌棒充分搅拌3min(每分钟搅110~120次)。如水泥(或石灰)土混合料中的土是细粒土,则也可以用1000 mL具塞三角瓶代替搪瓷杯,手握三角瓶(瓶口向上)用力振荡3min(每分钟120次±5次),以代替搅拌棒搅拌,放置沉淀4min〔如4min后得到的是混浊悬浮液,则应增加放置沉淀时间,直到出现澄清悬浮液为止,并记录所需的时间,以后所有该种水泥(或石灰)土混合料的试验,均应以同一时间为准〕,然后将上部清液转移到300mL烧杯内,搅匀,加盖表面皿待测。

(5) 用移液管吸取上层(液面下1~2cm)悬浮液10.0mL放入200mL的三角瓶内,用量筒量取500mL1.8%的氢氧化钠(内含三乙醇胺)倒入三角瓶中,此时溶液pH为12.5~13.0(可用pH 12~pH 14的精密试纸检验),然后加入钙红指示剂(体积约为黄豆大小),摇匀,溶剂呈玫瑰红色。用EDTA二钠标准液滴定到纯蓝色为终点,记录EDTA二钠的耗量(以mL计,读至0.1mL)。

(6) 对其他几个搪瓷杯中的试样,用同样的方法进行试验,并记录各自EDTA二钠的耗量。

(7) 以同一水泥或石灰剂量混合料消耗EDTA二钠毫升数的平均值为纵坐标,以水泥或石灰剂量(%)为横坐标制图。两者的关系应是一根顺滑的曲线。如素集料或水泥或石灰改变,必须重做标准曲线。

4) 试验步骤

(1) 选取有代表性的水泥土或石灰土混合料,称300g放在搪瓷杯中,用搅拌棒将结块搅散,加600mL10%的氯化铵溶液,然后如前述步骤那样进行试验。

(2) 利用所绘制的标准曲线,根据所消耗的EDTA二钠毫升数,确定混合料中的水泥或石灰剂量。

5) 注意事项

(1) 每个样品搅拌的时间、速度和方式应力求相同,以增加试验的精度。

(2) 做标准曲线时,如工地实际水泥剂量较大,素集料和低剂量水泥的试样可以不做,而直接用较高的剂量做试验,但应有两种剂量大于实用剂量,以及两种剂量小于实用剂量。

(3) 配制的氯化铵溶液最好当天用完,不要放置过久,以免影响试验的精度。

项 目 小 结

无机结合稳定材料是通过无机胶结材料将松散的集料黏结成的具有一定强度的整体材料。常用的有水泥稳定类和石灰稳定类。被广泛用于公路路面结构中。

本项目拟对水泥稳定碎石配合比设计检测，主要应用于浙江长兴李家巷至泗安界牌段改建工程，基于水泥稳定碎石配合比设计项目实际工作过程进行任务分解并讲解了每个任务具体内容。

任务6.1承接水泥稳定碎石配合比设计检测项目：要求根据委托任务和合同填写流转和样品单。

任务6.2原材料的要求及检测：对水泥稳定碎石的组成材料水泥、水、集料等能合理选择，并对其进行检测和合格性评判。

任务6.3材料称量及准备：对试验材料能按照规范要求进行处理，为击实等试验做充分准备。

任务6.4水泥稳定碎石击实试验：通过试验得到材料最佳含水量以及最大干密度，能完成试验过程，掌握试验数据计算。

任务6.5试件制作养生：对制作的圆柱体试件能按照规范要求进行制作，掌握养护方法。

任务6.6无侧限抗压强度试验：能进行试件强度试验操作。

任务6.7确定水泥剂量：通过计算强度代表值，确定合理水液剂量。

任务6.8完成水泥稳定碎石配合比设计项目报告：根据委托要求，完成配合比报告。

通过专业知识延伸阅读，了解稳定材料及EDTA滴定法。

职业考证练习题

一、单选题

1. 在石灰稳定细粒土基层施工时，应进行的试验是（　　）。
   A. 集料压碎值　　　　　　　　　B. 石灰有效氧化钙、氧化镁
   C. 水泥标号和凝结时间　　　　　D. 粉煤灰烧失量

2. 水泥稳定粒料基层施工中，混合料从加水拌和到碾压终了的时间不应超过（　　），并短于水泥终凝时间。
   A. 1～2h　　　　B. 2～3h　　　　C. 3～4h　　　　D. 4～5h

3. 击实试验，最后一层试样击实后，试样超出筒顶的高度不得大于（　　），超出高度过大的试件应作废。
   A. 6mm　　　　B. 4mm　　　　C. 7mm　　　　D. 5mm

4. 击实试验后取代表性土样，测定其含水量，试样数量不少于700g，如只取一个试样测定含水量，则样品数量不少于（　　）。
   A. 1000g　　　　B. 1400g　　　　C. 2000g　　　　D. 700g

5. 无侧限抗压试验，试件养护温度应保持在（　　）。

A. (20±2)℃   B. (21±2)℃   C. (25±2)℃   D. (27±2)℃

6. 无机结合料稳定材料组成设计的设计依据是（　　）龄期的无侧限抗压强度。

A. 7d   B. 14d   C. 21d   D. 28d

7. 测定无机结合料稳定材料的侧限抗压强度时，试件需浸水养护（　　）。

A. 1d   B. 3d   C. 5d   D. 7d

8. 水泥稳定类材料的延迟时间是指（　　）。

A. 从加水拌和到开始铺筑的时间   B. 从加水拌和到开始碾压的时间

C. 从加水拌和到碾压终止的时间   D. 从加水拌和到开始凝固的时间

9. 水泥剂量为水泥质量与（　　）质量的比值，并以百分率计。

A. 湿土   B. 干土   C. 湿混合土   D. 干混合土

10. 水泥稳定碎石基层最大干密度为 2.33g/cm³，最佳含水量 5.3%，成型无侧限强度试件时，则一个试件所需料的质量为（　　）。

A. 6504g   B. 6373g   C. 6176g   D. 6053g

二、判断题

1. 公路路面底基层类型按材料力学性能划分为半刚性类、柔性类和刚性类。（　　）

2. 湿稳定土和干稳定土的质量之差与湿稳定土的质量之比的百分率为稳定土的含水量。（　　）

3. 在无机结合稳定材料中，无机结合料水泥和石灰都存在最佳剂量。（　　）

4. 无机结合料稳定材料进行设计时，采用无侧限抗压强度作为设计标准。（　　）

5. 无机结合料稳定材料中，含水量指材料中所含水分的质量与材料总质量的比值。（　　）

6. 水泥稳定土可适用于各级公路的基层和底基层，但水泥土不得用做二级和二级以上公路高级路面的基层。（　　）

7. 将试件放到路面材料强度试验仪的升降台上（无需扁球座），进行抗压试验。（　　）

8. 对于一级公路和高速公路，水泥稳定基层用作底基层时，集料的最大料径不应超过 37.5mm，用作基层时，水泥稳定土用有基层时，集料的最大料径不应超过 31.5mm。（　　）

9. 半刚性基层材料配合比设计中，应根据轻型击实或重型击实标准制作试件。（　　）

10. 击实试验中，为了保证试样的完整性，最后一层试样击实后，试样高度应超出试筒顶 10mm，取下套环后刮除多余部分，并刮平表面。（　　）

三、多选题

1. 水泥稳定碎石配合比组成设计的目的是（　　）。

A. 确定水泥稳定碎石的抗压强度   B. 确定矿料的级配组成

C. 确定水泥剂量   D. 确定混合料的最佳含水量和最大干密度

2. 水泥稳定土，集料的压碎值要求为：对于高速公路和一级公路基层不大于（　　）；对于二级和二级以下公路基层不大于（　　）；对于二级和二级以下公路底基层不大于（　　）。

A. 30%   B. 35%   C. 40%   D. 45%

3. 可用于路面基层的材料有（　　）。

A. 水泥稳定土   B. 石灰粉煤灰稳定土   C. 水泥稳定碎石   D. 石灰粉煤灰稳定碎石

4. 二灰稳定碎石配合比组成设计的目的是（　　）。

A. 确定二灰稳定碎石的抗压强度   B. 确定矿料的级配组成

C. 确定石灰、粉煤灰剂量   D. 确定混合料的最佳含水量和最大干密度

5. 在确定水泥稳定粒料的最佳含水量和最大干密度时，至少应做三个不同水泥剂量的混合料击实试验，分别是（　　）。

A. 最佳剂量   B. 最小剂量   C. 最大剂量   D. 中间剂量

四、简答题

1. 简述无机结合料稳定土的击实试验（甲法）的试验步骤。

2. 简述水泥稳定类材料的无侧限抗压强度试验试件成型步骤。

3. 某路面为水泥稳定土，已知水泥剂量为5%，最大干密度为2.28g/cm³，最佳含水量为6.8%，风干土含水量为2.4%，要求配置压实度为98%，计算配置一个无侧限试件(试件尺寸为150mm×150mm的圆柱体)的水泥用量和加水量。

4. 一组二灰土试件无侧限抗压强度试验结果如下：0.77、0.78、0.67、0.64、0.73、0.81(MPa)，设计强度 $R_d = 0.60$ MPa，取保证率系数 $Z_a = 1.645$，计算并判断该组二灰土强度是否合格。

5. 简述水泥稳定类材料的无侧限抗压强度试验过程。

项目7

沥青混合料配合比设计

	能力(技能)目标	认知目标
教学目标	1. 能进行沥青混合料配合比设计计算 2. 试验检测沥青混合料各项技术指标 3. 完成沥青混合料配合比设计检测报告	1. 掌握沥青混合料配合比设计方法和步骤 2. 沥青混合料技术指标含义、计算、评价

项目导入

项目 7　沥青混合料配合比设计项目来源于浙江省某有限公司委托,某实验室对杭宁高速公路 2010 年养护专项工程第十三合同段上面层 AC-13C 型沥青混合料进行目标配合比设计。

任务分析

为了完成这个沥青混合料配合比设计项目,基于项目工作过程进行任务分解如下。

任务 7.1	承接沥青混合料配合比设计检测项目
任务 7.2	原材料要求及检测
任务 7.3	矿料配合比设计
任务 7.4	材料称量及加热
任务 7.5	沥青混合料的马歇尔试件制作
任务 7.6	马歇尔物理-力学指标测定
任务 7.7	确定最佳沥青用量
任务 7.8	配合比设计检验
任务 7.9	完成沥青混合料配合比设计项目报告

任务7.1 承接沥青混合料配合比设计检测项目

 引例

受浙江省某有限公司委托,拟对杭宁高速2010年养护专项工程第十三合同段上面层进行沥青混合料配合比设计,按检测项目委托单填写样品流转及检验任务单。

7.1.1 填写检验任务单

由收样室收样员给出 AC-13C 沥青混合料配合比设计检测项目委托单,由试验员按检测项目委托单填写样品流转及检验任务单,见表7-1。

表7-1 样品流转及检验任务单

接受任务检测室	沥青混合料室	移交人		移交日期	
样品名称	碎石	碎石	石屑	矿粉	沥青
样品编号	PB20100901-01	PB20100901-02	PB20100901-03	PB20100901-04	PB20100901-05
规格牌号	9.5～16mm	4.75～9.5mm	0～4.75mm	0～0.6mm	AH-70#
厂家产地	余杭中泰	余杭中泰	余杭中泰	长兴	省公路物资
现场桩号或结构部位	上面层	上面层	上面层	上面层	上面层
取样或成型日期					
样品来源	拌和楼	拌和楼	拌和楼	拌和楼	拌和楼
样本数量	100kg	100kg	100kg	30kg	50kg
样品描述	干燥、无风化	干燥、无风化	干燥、无风化	无团粒、结块	桶装
检测项目	AC-13C 沥青混合料配合比设计				
检测依据	JTG E42—2005、JTG E20—2011	JTG E42—2005、JTG E20—2011	JTG E42—2005、JTG E20—2011	JTG E42—2005、JTG E20—2011	JTG E42—2005、JTG E20—2011
评判依据	JTG F40—2004	JTG F40—2004	JTG F40—2004	JTG F40—2004	JTG F40—2004
附加说明	无	无	无	无	无
样品处理	1. 领回 2. 不领回√	1. 领回 2. 不领回√	1. 领回 2. 不领回√	1. 领回 2. 不领回√	1. 领回 2. 不领回√
检测时间要求					
符合性检查					
接受人			日期		
任务完成后样品处理					
移交人/日期			接受人/日期		
备注:					

7.1.2 领样要求

每个小组拿到检测任务单和样品流转单后，到样品室领取试样，确认样品符合检测要求后，填写相关资料后，将样品领走。试样应满足以下规定。

（1）沥青表面应无灰尘，避免影响检测数据。

（2）矿粉应无杂质，无团粒结块等异常现象。

（3）碎石、石屑、矿粉等规格牌号及样品编号是否跟任务单一致。

（4）样品数量是否满足检测要求（检测与检验样品数量：碎石、石屑各约 100kg，矿粉约 30kg，沥青约 50kg）。

特别提示

领样注意事项：检验人员在检验开始前，应对样品进行有效性检查，其内容包括：

（1）检查接收的样品是否适合于检验。

（2）样品是否存在不符合有关规定和委托方检验要求的问题。

（3）样品是否存在异常等。

7.1.3 小组讨论

根据填写好的样品流转及检验任务单，对需要检测的项目展开讨论，确定实施方法和步骤。

任务7.2 原材料要求及检测

引例

沥青混合料是指经人工合理选择级配组成的矿质混合料（包括粗集料、细集料和填料）与适量沥青结合料（包括沥青类材料及添加的外加剂、改性剂）拌和而成的高级路面材料。沥青路面使用的各种材料运至现场后必须取样进行质量检验，经评定合格方可使用，不得以供应商提供的检测报告或商检报告代替现场检测，因此沥青路面集料的选择必须经过认真的料源调查，并进行质量符合使用技术要求的检测。

7.2.1 沥青要求及检测

沥青属于有机胶凝材料，是由多种有机化合物构成的复杂混合物。在常温下，呈固态、半固态或液态。颜色呈辉亮褐色以至黑色。沥青与混凝土、砂浆、金属、木材、石料等材料具有很好的黏结性能；具有良好的不透水性、抗腐蚀性和电绝缘性；能溶解于汽油、苯、二硫化碳、四氯化碳、三氯甲烷等有机溶剂；高温时易于加工处理，常温下又很快地变硬，并且具有一定的抵抗变形的能力。因此被广泛地应用于建筑、铁路、道路、桥梁及水利工程中。

道路石油沥青的质量应符合表 7-2 规定的技术要求。各个沥青等级的适用范围应符合表 7-2 的规定。经建设单位同意，沥青的 PI 值、60℃动力黏度、10℃延度可作为选择性指标。

表7-2 道路石油沥青的适用范围

沥青等级	适用范围
A级沥青	各个等级的公路，适用于任何场合和层次
B级沥青	①高速公路、一级公路沥青下面层及以下的层次，二级及二级以下公路的各个层次 ②用作改性沥青、乳化沥青、改性乳化沥青、稀释沥青的基质沥青
C级沥青	三级及三级以下公路的各个层次

沥青路面采用的沥青标号，宜按照公路等级、气候条件、交通条件、路面类型及在结构层中的层位及受力特点、施工方法等，结合当地的使用经验，经技术论证后确定。

对高速公路、一级公路，夏季温度高、高温持续时间长、重载交通、山区及丘陵区上坡路段、服务区、停车场等行车速度慢的路段，尤其是汽车荷载剪应力大的层次，宜采用稠度大、60℃黏度大的沥青，也可提高高温气候分区的温度水平选用沥青等级；对冬季寒冷的地区或交通量小的公路、旅游公路宜选用稠度小、低温延度大的沥青；对温度日温差、年温差大的地区宜注意选用针入度指数大的沥青。当高温要求与低温要求发生矛盾时应优先考虑满足高温性能的要求。当缺乏所需标号的沥青时，可采用不同标号掺配的调和沥青，其掺配比例由试验决定。掺配后的沥青质量应符合表7-3的要求。

沥青必须按品种、标号分开存放。除长期不使用的沥青可放在自然温度下存储外，沥青在储罐中的贮存温度不宜低于130℃，并不得高于170℃。桶装沥青应直立堆放，加盖苫布。道路石油沥青在贮运、使用及存放过程中应有良好的防水措施，避免雨水或加热管道蒸汽进入沥青中。

改性沥青可单独或复合采用高分子聚合物、天然沥青及其他改性材料制作。各类聚合物改性沥青的质量应符合表7-4的技术要求，其中PI值可作为选择性指标。当使用表列以外的聚合物及复合改性沥青时，可通过试验研究制订相应的技术要求。

本项目所用沥青检测结果见项目3的沥青检测报告。

7.2.2 粗集料要求及检测

沥青层用粗集料包括碎石、破碎砾石、筛选砾石、钢渣、矿渣等，但高速公路和一级公路不得使用筛选砾石和矿渣。粗集料必须由具有生产许可证的采石场生产或施工单位自行加工。

（1）粗集料应该洁净、干燥、表面粗糙，质量应符合表7-5的规定。当单一规格集料的质量指标达不到表7-5中要求，而按照集料配比计算的质量指标符合要求时，工程上允许使用。对受热易变质的集料，宜采用经拌和机烘干后的集料进行检验。

（2）采石场在生产过程中必须彻底清除覆盖层及泥土夹层。生产碎石用的原石不得含有土块、杂物，集料成品不得堆放在泥土地上。当粗集料与沥青的黏附性使用不符合要求时，宜掺加消石灰、水泥或用饱和石灰水处理后使用，必要时可同时在沥青中掺加耐热、耐水、长期性能好的抗剥落剂，也可采用改性沥青的措施，使沥青混合料的水稳定性检验达到要求。掺加外加剂的剂量由沥青混合料的水稳定性检验确定。

243

表 7 - 3　道路石油沥青技术要求

指标	单位	等级	160号④	130号④	110号	90号	70号③	50号	30号④	试验方法①
针入度(25℃, 5s, 100g)	dmm		140～200	120～140	100～120	80～100	60～80	40～60	20～40	T 0604
适用的气候分区⑥			注④	注④	2-1 2-2 3-2	1-1 1-2 / 1-3 2-2 2-3	1-3 1-4 / 2-2 2-3 2-4	1-4	注④	T 0604
针入度指数 PI②		A	-1.5～+1.0							
		B	-1.8～+1.0							
软化点(R&B) ≥	℃	A	38	40	43	45	46	49	55	T 0606
		B	36	39	42	43	44	46	53	
		C	35	37	41	42	43	45	50	
60℃动力粘度② ≥	Pa·s	A	—	60	120	160	180	200	260	T 0620
10℃延度[2] ≥	cm	A	50	50	40	45 / 30	25 / 20	15	10	T 0605
		B	30	30	30	30 / 20	20 / 15	10	8	
15℃延度 ≥	cm	A, B	100	100	100	100	100			
		C	80	80	60	50	40	30	20	
蜡含量(蒸馏法) ≤	%	A	2.2							T 0615
		B	3.0							
		C	4.5							

（续）

指标		单位	等级	沥青标号							试验方法①
				160号④	130号	110号	90号	70号③	50号	30号④	
闪点	≥	℃		230	230	230	245	260	260	260	T 0611
溶解度	≥	%		99.5							T 0607
密度（15℃）		g/cm³		实测记录							T 0603
				TFOT（或 RTFOT）后⑤							T 0610 或 T 0609
质量变化	≤	%		±0.8							
残留针入度比	≥	%	A	48	54	55	57	61	63	65	T 0604
			B	45	50	52	54	58	60	62	
			C	40	45	48	50	54	58	60	
残留延度（10℃）	≥	cm	A	12	12	10	8	6	4	—	T 0605
			B	10	10	8	6	4	2	—	
残留延度（15℃）	≥	cm		40	35	30	20	15	10	—	T 0605

注：① 试验方法按照现行《公路工程沥青及沥青混合料试验规程》（JTG E20—2011）规定的方法执行。用于仲裁试验求取 PI 时的 5 个温度的针入度关系的相关系数不得小于 0.997。

② 经建设单位同意，表中 PI 值，60℃动力粘度，10℃延度可作为选择性指标，也可不作为施工质量检验指标。

③ 70 号沥青可根据需要要求供应商提供针入度范围为 60～70 或 70～80 的沥青，50 号沥青可要求供应商提供针入度范围为 40～50 或 50～60 的沥青。

④ 30 号沥青仅适用于沥青稳定基层。130 号和 160 号沥青除寒冷地区可直接在中低级公路上直接应用外，通常用作乳化沥青，稀释沥青，改性沥青的基质沥青。

⑤ 老化试验以 TFOT 为准，也可以 RTFOT 代替。

表 7 - 4 聚合物改性沥青技术要求

指 标	单位	SBS 类（Ⅰ类）				SBR 类（Ⅱ类）			EVA、PE 类（Ⅲ类）				试验方法[①]
		Ⅰ-A	Ⅰ-B	Ⅰ-C	Ⅰ-D	Ⅱ-A	Ⅱ-B	Ⅱ-C	Ⅲ-A	Ⅲ-B	Ⅲ-C	Ⅲ-D	
针入度（25℃，100g，5s）	dmm	>100	80-100	60-80	30-60	>100	80-100	60-80	>80	60-80	40-60	30-40	T 0604
针入度指数 $PI \geqslant$			-1.2	-0.8	-0.4	0	-1.0	-0.8	-0.6	-1.0	-0.8	-0.6	-0.4	T 0604
延度（5℃，5cm/min） $\geqslant$	cm	50	40	30	20	60	50	40	—				T 0605
软化点(R&B) $\geqslant$	℃	45	50	55	60	45	48	50	48	52	56	60	T 0606
运动黏度[①]（135℃） $\leqslant$	Pa·s	3											T 0625 T 0619
闪点 $\geqslant$	℃	230				230			230				T 0611
溶解度 $\geqslant$	%	99				99			—				T 0607
弹性恢复(25℃) $\geqslant$	%	55	60	65	75	—			—				T 0662
黏韧性 $\geqslant$	N·m	5											T 0624
韧性 $\geqslant$	N·m	2.5											T 0624

贮存稳定性[②]

指 标	单位	SBS 类（Ⅰ类）				SBR 类（Ⅱ类）			EVA、PE 类（Ⅲ类）				试验方法
离析（48h 软化点差） $\leqslant$	℃	2.5				—			无改性剂明显析出、凝聚				T 0661

TFOT（或 RTFOT）后残留物

指 标	单位	SBS 类（Ⅰ类）				SBR 类（Ⅱ类）			EVA、PE 类（Ⅲ类）				试验方法
质量变化 $\leqslant$	%	1.0											T 0610 或 T 0609
针入度比(25℃) $\geqslant$	%	50	55	60	65	50	55	60	50	55	58	60	T 0604
延度(5℃) $\geqslant$	cm	30	25	20	15	30	20	10	—				T 0605

注：① 表中 135℃运动黏度可采用《公路工程沥青及沥青混合料试验规程》（JTG E20—2011）中的
　　　"沥青布氏旋转黏度试验方法(布洛克菲尔德黏度计法)"进行测定。若在不改变改性沥青物
　　　理力学性质并符合安全条件的温度下易于泵送和拌和，或经证明适当提高泵送和拌和温度时
　　　能保证改性沥青的质量，容易施工，可不要求测定。
　　② 贮存稳定性指标适用于工厂生产的成品改性沥青。现场制作的改性沥青对贮存稳定性指标可
　　　不作要求，但必须在制作后，保持不间断地搅拌或泵送循环，保证使用前没有明显的离析。

表 7 - 5 沥青混合料用粗集料质量技术要求

指标		单位	高速公路及一级公路		其他等级公路	试验方法
			表面层	其他层次		
石料压碎值	$\leqslant$	%	26	28	30	T 0316
洛杉矶磨耗损失	$\leqslant$	%	28	30	35	T 0317
表观相对密度	$\geqslant$	t/m³	2.60	2.50	2.45	T 0304

（续）

指标		单位	高速公路及一级公路		其他等级公路	试验方法
			表面层	其他层次		
吸水率	≤	％	2.0	3.0	3.0	T 0304
坚固性	≤	％	12	12	—	T 0314
针片状颗粒含量（混合料）	≤	％	15	18	20	T 0312
其中粒径大于 9.5mm	≤	％	12	15	—	
其中粒径小于 9.5mm	≤	％	18	20	—	
水洗法＜0.075mm 颗粒含量	≤	％	1	1	1	T 0310
软石含量	≤	％	3	5	5	T 0320

注：① 坚固性试验可根据需要进行。
　② 用于高速公路、一级公路时，多孔玄武岩的视密度可放宽至 2.45t/m³，吸水率可放宽至 3％，但必须得到建设单位的批准，且不得用于 SMA 路面。
　③ 对 S14 即 3～5 规格的粗集料，针片状颗粒含量可不予要求，＜0.075mm 含量可放宽到 3％。

粗集料检测结果见项目 1 集料检测报告。

7.2.3 细集料要求及检测

沥青路面的细集料包括天然砂、机制砂、石屑。细集料必须由具有生产许可证的采石场、采砂场生产。

（1）细集料应洁净、干燥、无风化、无杂质，并有适当的颗粒级配，其质量要求应符合表 7-6 的规定。细集料的洁净程度，天然砂以小于 0.075mm 含量的百分数表示，石屑和机制砂以砂当量（适用于 0～4.75mm）或亚甲蓝值（适用于 0～2.36mm 或 0～0.15mm）表示。

表 7-6　沥青混合料用细集料质量要求

项目		单位	高速公路、一级公路	其他等级公路	试验方法
表观相对密度	≥	t/m³	2.50	2.45	T 0328
坚固性（＞0.3mm 部分）	≥	％	12	—	T 0340
含泥量（小于 0.075mm 的含量）	≤	％	3	5	T 0333
砂当量	≥	％	60	50	T 0334
亚甲蓝值	≤	g/kg	25	—	T 0349
棱角性（流动时间）	≥	s	30	—	T 0345

注：坚固性试验可根据需要进行。

（2）天然砂可采用河砂或海砂，通常宜采用粗、中砂，砂的含泥量超过规定时应水洗后使用，海砂中的贝壳类材料必须筛除。开采天然砂必须取得当地政府主管部门的许可，并符合水利及环境保护的要求。热拌密级配沥青混合料中天然砂的用量通常不宜超过集料总量的 20％，SMA 和 OGFC 混合料不宜使用天然砂。

（3）石屑是采石场破碎石料时通过 4.75mm 或 2.36mm 的筛下部分，其规格应符合

表7-7的要求。采石场在生产石屑的过程中应具备抽吸设备，高速公路和一级公路的沥青混合料，宜将S14与S16组合使用，S15可在沥青稳定碎石基层或其他等级公路中使用。机制砂宜采用专用的制砂机制造，并选用优质石料生产，其级配应符合S16的要求。

表7-7 沥青混合料用机制砂或石屑规格

规格	公称粒径(mm)	水洗法通过各筛孔的质量百分率(%)							
		9.5	4.75	2.36	1.18	0.6	0.3	0.15	0.075
S15	0～5	100	90～100	60～90	40～75	20～55	7～40	2～20	0～10
S16	0～3		100	80～100	50～80	25～60	8～45	0～25	0～15

注：当生产石屑采用喷水抑制扬尘工艺时，应特别注意含粉量不得超过表中要求。

细集料检测结果见项目1集料检测报告。

7.2.4 填料要求及检测

沥青混合料的矿粉一般是指将开采出来的矿石进行粉碎加工后所得到的料粉。根据《公路沥青路面施工技术规范》(JTG F40—2004)的规定，沥青混合料中矿粉应符合表7-8的质量要求。

表7-8 沥青混合料用矿粉质量要求

项目		单位	高速公路、一级公路	其他等级公路	试验方法
表观密度 ≥		t/m³	2.50	2.45	李氏比重瓶法
含水量 ≤		%	1	1	烘干法
粒度范围	<0.6mm	%	100	100	水洗法
	<0.15mm	%	90～100	90～100	
	<0.075mm	%	75～100	70～100	
外观			无团粒结块		
亲水系数			<1		
塑性指数			<4		
加热安定性			实测记录		

1. 表观密度及含水量

检验矿粉的质量，供沥青混合料配合比设计计算使用。具体检测方法参照《公路工程集料试验规程》(JTG E42—2005)。

2. 粒度范围

测定矿粉的颗粒级配。如果不采用水洗法，不仅散失较多，而且不可能得到正确的结果，因此统一采用水洗法。具体检测方法参照《公路工程集料试验规程》(JTG E42—2005)。

3. 外观及亲水系数

矿粉的外观检测要求无团粒结块。

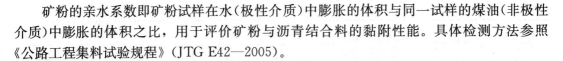

矿粉的亲水系数即矿粉试样在水(极性介质)中膨胀的体积与同一试样的煤油(非极性介质)中膨胀的体积之比,用于评价矿粉与沥青结合料的黏附性能。具体检测方法参照《公路工程集料试验规程》(JTG E42—2005)。

4. 塑性指数

矿粉的塑性指数是矿粉液限含水量与塑性含水量之差,以百分率表示。用于评价矿粉中黏性土成分的含量。按《公路土工试验规程》(JTG E40—2007)。

5. 加热安定性

矿粉的加热安定性是矿粉在热拌过程中受热而不产生变质的性能。

矿粉应注意以下几点。

(1) 必须采用石灰岩或岩浆岩中的强基性岩石等憎水性石料经磨细得到的矿粉,原石料中的泥土杂质应除净。矿粉应干燥、洁净,能自由地从矿粉仓流出,其质量应符合表7-8的技术要求。

(2) 拌和机的粉尘可作为矿粉的一部分回收使用。但每盘用量不得超过填料总量的25%,掺有粉尘填料的塑性指数不得大于4%。

(3) 粉煤灰作为填料使用时,用量不得超过填料总量的50%,粉煤灰的烧失量应小于12%,与矿粉混合后的塑性指数应小于4%,其余质量要求与矿粉相同。高速公路、一级公路的沥青面层不宜采用粉煤灰作填料。

任务7.3　矿料配合比设计

 引例

在矿料配合比设计过程中应充分考虑施工性能,使沥青混合料容易摊铺和压实,避免造成严重的离析现象。为达到上述要求,就要对矿质混合料进行科学的组成设计。

7.3.1　确定矿料工程设计级配范围

1. 矿料工程设计级配范围选择

沥青混合料的矿料级配应符合工程设计规定的级配范围。密级配沥青混合料宜根据公路等级、气候及交通条件按表7-9选择采用粗型(C型)和细型(F型)混合料,且不宜超出表7-10的范围。

表7-9　粗型和细型密级配沥青混凝土的关键性筛孔通过率

混合料类型	公称最大粒径(mm)	用以分类的关键性筛孔(mm)	粗型密级配		细型密级配	
			名称	关键性筛孔通过率(%)	名称	关键性筛孔通过率(%)
AC-25	26.5	4.75	AC-25C	<40	AC-25F	>40
AC-20	19	4.75	AC-20C	<45	AC-20F	>45
AC-16	16	2.36	AC-16C	<38	AC-16F	>38

（续）

混合料类型	公称最大粒径(mm)	用以分类的关键性筛孔(mm)	粗型密级配		细型密级配	
			名称	关键性筛孔通过率(%)	名称	关键性筛孔通过率(%)
AC-13	13.2	2.36	AC-13C	<40	AC-13F	>40
AC-10	9.5	2.36	AC-10C	<45	AC-10F	>45

表7-10　密级配沥青混凝土混合料矿料级配范围

级配类型		通过下列筛孔(mm)的质量百分率(%)												
		31.5	26.5	19	16	13.2	9.5	4.75	2.36	1.18	0.6	0.3	0.15	0.075
粗粒式	AC-25	100	90~100	75~90	65~83	57~76	45~65	24~52	16~42	12~33	8~24	5~17	4~13	3~7
中粒式	AC-20		100	90~100	78~92	62~80	50~72	26~56	16~44	12~33	8~24	5~17	4~13	3~7
	AC-16			100	90~100	76~92	60~80	34~62	20~48	13~36	9~26	7~18	5~14	4~8
细粒式	AC-13				100	90~100	68~85	38~68	24~50	15~38	10~28	7~20	5~15	4~8
	AC-10					100	90~100	45~75	30~58	20~44	13~32	9~23	6~16	4~8
砂粒式	AC-5						100	90~100	55~75	35~55	20~40	12~28	7~18	5~10

沥青路面工程的混合料设计级配范围由工程设计文件或招标文件规定，密级配沥青混合料的设计级配宜在上述规定的级配范围内，根据公路等级、工程性质、气候条件、交通条件、材料品种等因素，通过对条件大体相当的工程使用情况进行调查研究后调整确定，必要时允许超出规范级配范围。密级配沥青稳定碎石混合料可直接以表7-10规定的级配范围作为工程设计级配范围使用。经确定的工程设计级配范围是配合比设计的依据，不得随意变更。

2. 调整工程设计级配遵循原则

（1）首先确定采用粗型（C型）和细型（F型）混合料。对夏季温度高、高温持续时间长、重载交通多的路段，宜选用粗型密级配沥青混合料（AC-C型），并取较高的设计空隙率。对冬季温度低、且低温持续时间长的地区，或者重载交通较少的路段，宜选用细型密级配沥青混合料（AC-F型），并取较低的设计空隙率。

（2）为确保高温抗车辙能力，同时兼顾低温抗裂性能的需要。配合比设计时宜适当减少公称最大粒径附近的粗集料用量，减少0.6mm以下部分细粉的用量，使中等粒径集料较多，形成S型级配曲线，并取中等或偏高水平的设计空隙率。

（3）确定各层的工程设计级配范围时应考虑不同层位的功能需要，经组合设计的沥青路面应能满足耐久、稳定、密水、抗滑等要求。

（4）根据公路等级和施工设备的控制水平，确定的工程设计级配范围应比规范级配范围窄，其中 4.75mm 和 2.36mm 通过率的上下限差值宜小于 12%。

（5）沥青混合料的配合比设计应充分考虑施工性能，使沥青混合料容易摊铺和压实，避免造成严重的离析现象。

7.3.2 矿料配合比设计

1. 材料选择与准备

配合比设计的各种矿料必须按现行《公路工程集料试验规程》（JTG E42—2005）规定的方法，从工程实际使用的材料中取代表性样品。配合比设计所用的各种材料必须符合气候和交通条件的需要。其质量应符合前述规定的技术要求。当单一规格的集料某项指标不合格，但不同粒径规格的材料按级配组成的集料混合料指标能符合规范要求时，允许使用。

2. 矿料配合比设计（试配法）

高速公路和一级公路沥青路面矿料配合比设计宜借助电子计算机的电子表格用试配法进行。试配设计计算结果见表 7-11；其他等级公路沥青路面也可参照进行。

表 7-11 矿料级配设计计算表

筛孔(mm)	通过百分率(%)							
	9.5~16	4.75~9.5	0~4.75	矿粉	合成级配	工程设计级配范围		
						中值	下限	上限
16	100	100	100	100	100	100	100	100
13.2	89.2	100	100	100	97.0	95	90	100
9.5	44.8	99.8	100	100	84.5	76.5	68	85
4.75	11.2	30.7	99.6	100	57.6	53	38	68
2.36	5.3	5.2	67.8	100	35.3	37	24	50
1.18	3.6	2.3	45.5	100	24.1	26.5	15	38
0.6	3.1	1.7	31.6	100	17.5	19	10	28
0.3	2.8	1.6	23.1	99.8	13.6	13.5	7	20
0.15	2.4	1.5	16.3	97.8	10.3	10	5	15
0.075	0.8	0.8	8.7	84.9	6.0	6	4	8
级配	28.0%	25.0%	45.0%	2.0%				

3. 绘制矿料级配曲线图

矿料级配曲线按《公路工程沥青及沥青混合料试验规程》（JTG E20—2011）规定的方法绘制（图 7-1）。以原点与通过集料最大粒径 100% 的点的连线作为沥青混合料的最大密度线。泰勒曲线的横坐标见表 7-12。

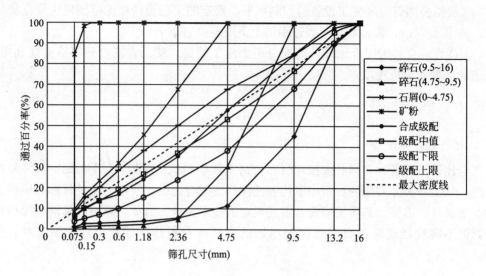

图 7-1 矿料级配曲线图

表 7-12 泰勒曲线的横坐标

d_i	0.075	0.15	0.3	0.6	1.18	2.36	4.75	9.5
$x = d_i^{0.45}$	0.312	0.426	0.582	0.795	1.077	1.472	2.016	2.754
d_i	13.2	16	19	26.5	31.5	37.5	53	63
$x = d_i^{0.45}$	3.193	3.482	3.762	4.370	4.723	5.109	5.969	6.452

注意：对高速公路和一级公路，宜在工程设计级配范围内计算 1～3 组粗细不同的配比，绘制设计级配曲线，分别位于工程设计级配范围的上方、中值及下方。设计合成级配不得有太多的锯齿形交错，且在 0.3～0.6mm 范围内不出现"驼峰"。当反复调整不能满意时，宜更换材料设计。

 思考与讨论

如何用 EXCEL 表来绘制矿料级配曲线图？

任务 7.4 材料称量及加热

7.4.1 矿料称量计算

以预估的油石比为中值，按一定间隔（0.5%、0.3%～0.4%）取 5 个不同的油石比，本项目根据经验预估的油石比为 5.0%，5 个不同的沥青油石比，依次相差 0.5%，且其中至少有两个大于和两个小于预估沥青油石比。于是得到 5 个不同的沥青油石比为 4.0%、4.5%、5.0%、5.5%、6.0%。

全班学生共分 5 组，每组一个沥青油石比，矿料总质量为 8000g，每组要称的碎石、石屑和矿粉质量见表 7-13。矿料称量示意（图 7-2）。

表7－13 矿料称量表

组号	沥青油石比（%）	碎石9.5～16.0mm（g）	碎石4.75～9.5mm（g）	石屑0～4.75mm（g）	矿粉（g）	沥青（g）
1	4.0	8000×0.28	8000×0.25	8000×0.45	8000×0.02	8000×0.04
2	4.5	8000×0.28	8000×0.25	8000×0.45	8000×0.02	8000×0.045
3	5.0	8000×0.28	8000×0.25	8000×0.45	8000×0.02	8000×0.05
4	5.5	8000×0.28	8000×0.25	8000×0.45	8000×0.02	8000×0.055
5	6.0	8000×0.28	8000×0.25	8000×0.45	8000×0.02	8000×0.06

将称好的碎石（9.5～16.0mm）（质量为8000×0.28＝2240g）、碎石（4.75～9.5mm）（质量为8000×0.25＝2000g）、石屑（0～4.75mm）（质量为8000×0.45＝3600g）放入搪瓷盘内并拌和均匀，称好的矿粉（质量为8000×0.02＝160g）放入另外容器。

图7－2 矿料称量示意

7.4.2 矿料加热

把称好的矿料和沥青分别放入烘箱里，加热（图7－3）。加热温度要求见表7－14。

(a)

(b)

图7－3 矿料、沥青加热

注意：沥青混合料试件的制作温度按《公路沥青路面施工技术规范》（JTG F40—2004）规定的方法确定，并与施工实际温度相一致，普通沥青混合料如缺乏黏温曲线时可参照表7－14执行，改性沥青混合料的成型温度在此基础上再提高10～20℃。

表7－14 热拌普通沥青混合料试件的制作温度（℃）

施工工序	石油沥青的标号				
	50号	70号	90号	110号	130号
沥青加热温度	160～170	155～165	150～160	145～155	140～150
矿料加热温度	集料加热温度比沥青温度高10～30（填料不加热）				

（续）

施工工序	石油沥青的标号				
	50 号	**70 号**	**90 号**	**110 号**	**130 号**
沥青混合料拌和温度	150～170	145～165	140～160	135～155	130～150
试件击实成型温度	140～160	135～155	130～150	125～145	120～140

 思考与讨论

本项目中矿料和沥青加热温度有何要求？

任务7.5　沥青混合料的马歇尔试件制作

 引例

　　沥青混合料的马歇尔试件制作以供进行混合料物理力学性质试验。马歇尔试件制作方法主要有击实法、轮碾法、静压法，本次设计以击实法为例。试件制作是否符合要求，直接影响沥青混合料的物理—力学指标测定。

7.5.1　试件制作（击实法）

1. 目的与适用范围

　　标准击实法适用于马歇尔试验、间接抗拉试验（劈裂法）等所使用的 ϕ101.6mm× 63.5mm 圆柱体试件的成型。大型击实法适用于 ϕ152.4mm×95.3mm 的大型圆柱体试件的成型。沥青混合料试件制作时的矿料规格及试件数量应符合如下规定。

　　（1）沥青混合料配合比设计及在实验室人工配制沥青混合料制作试件时，试件尺寸应符合以下规定：试件直径不小于集料公称最大粒径的 4 倍，试件厚度不小于集料公称最大粒径的 1～1.5 倍。对直径 ϕ101.6mm 的试件，集料公称最大粒径应不大于 26.5mm。对粒径大于 26.5mm 的粗粒式沥青混合料，其大于 26.5mm 的集料应用等量的 13.2～26.5mm 集料代替（替代法），也可采用直径 ϕ152.4mm 的大型圆柱体试件。大型圆柱体试件适用于集料公称最大粒径不大于 37.5mm 的情况。实验室成型的一组试件的数量不得少于 4 个，一般取 5～6 个。

　　（2）用拌和厂及施工现场采集的拌和沥青混合料成品制作直径 ϕ101.6mm 的试件时，按下列规定选用不同的方法及试件数量。

　　① 当集料公称最大粒径小于或等于 26.5mm 时，可直接取样（直接法）。一组试件的数量通常为 4 个。

　　② 当集料公称最大粒径大于 26.5mm，但不大于 31.5mm，宜将大于 26.5mm 的集料筛除后使用（过筛法），一组试件数量为 4 个；如采用直接法，一组试件的数量为 6 个。

　　③ 当集料公称最大粒径大于 31.5mm 时，必须采用过筛法，过筛的筛孔为 26.5mm，一组试件为 4 个。

2. 仪器设备

　　（1）马歇尔电动击实仪（图 7-4）：由击实锤、ϕ98.5mm ±0.5mm 平圆形压实头及带手柄的导向棒组成，电机带动链条将击实锤举起，从(457.2±1.5)mm 高度沿导向杆自由落下，标准击实锤质量(4536±9)g。自动记录击实次数。

(2) 大型击实仪：由击实锤、φ149.4mm±0.1mm 平圆形压实头及带手柄的导向杆组成。电机带动链条将击实锤举起，从(457.2±2.5)mm 高度沿导向杆自由落下，大型击实锤质量为(10210±10)g。

(3) 标准击实台：用以固定试模，在 200mm×200mm×457mm 的硬木墩上面有一块 305mm×305mm×25mm 的钢板，木墩用 4 根圆钢固定在电动马歇尔击实仪下面的底板上。木墩采用青冈栎、松或其他干密度为(0.67~0.77)g/cm³ 的硬木制成。

(4) 实验室用自动沥青混合料拌和机：能保证拌和温度并充分拌和均匀，可控制拌和时间，容量不小于 10L，搅拌叶自转速度为 70~80r/min，公转速度为 40~50r/min (图 7-5)。

图 7-4　马歇尔电动击实仪

图 7-5　自动沥青混合料搅拌机

(5) 电动液压脱模器：可无破损地推出圆柱体试件、备有标准圆柱体试件及大型圆柱体试件尺寸的推出环(图 7-6)。

(6) 试模：由高碳钢或工具钢制成，每组包括内径(101.6±0.2)mm，高 87mm 的圆柱形金属筒、底座(直径约 120.6mm)和套筒(内径 104.8 mm、高 70mm)各 1 个。大型圆柱体试件的试模与套筒：套筒外径 165.1mm，内径(155.6±0.3)mm，总高 83mm。试模内径 152.4mm±0.2mm，总高 115mm，底座板厚 12.7mm，直径 172mm。

图 7-6　电动液压脱模器

(7) 电烘箱：大、中型各一台，可以调节设定温度。

(8) 电子秤：用于称量矿料，感量不大于 0.5g；用于称量沥青，感量不大于 0.1g。

(9) 温度计：分度值 1℃；宜采用有金属插杆的插入式数显温度计，金属插杆的长度不小于 150mm；量程 0~300℃。

(10) 其他：插刀或大螺丝刀、电炉、沥青熔化锅、拌和铲、标准筛、滤纸(或普通纸)、胶布、游标、卡尺、秒表、粉笔、棉纱等。

3. 试件制作步骤

(1) 用蘸有少许黄油的棉纱擦净试模、套筒及击实座等，置于 100℃左右烘箱中加热

1h 备用。

（2）将沥青混合料拌和机预热至拌和温度以上 10℃ 左右备用。

（3）将预热的粗细集料置于拌和机中，用小铲子适当混合，然后再加入需要数量的已加热至拌和温度的沥青，开动拌和机一边搅拌一边将拌和叶片插入混合料中拌和 1～1.5min，然后暂停拌和，加入单独加热的矿粉，继续拌和至均匀为止，并使沥青混合料保持在要求的拌和温度范围内。标准的总拌和时间为 3min。沥青混合料搅拌（图 7-7）。

（4）将拌好的沥青混合料，均匀称取一个试件所需的用量（标准马歇尔试件约 1200g，大型马歇尔试件约 4050g）。当已知沥青混合料的密度时，可根据试件的标准尺寸计算并乘以 1.03 得到要求的混合料数量。在试件制作过程中，为防止混合料温度下降，应连盘放在烘箱中保温。

（5）从烘箱中取出预热的试模及套筒，用蘸有少许黄油的棉纱擦套筒、底座及击实锤地面，将石墨装在底座上，垫一张圆形的吸油性小的纸，按四分法从四个方向用小铲将混合料铲入试模中，用插刀或大螺丝刀沿周边插捣 15 次，中间 10 次。插捣后将沥青混合料表面整平成凸圆弧面。对大型马歇尔试件，混合料分两次加入，每次插捣次数同上。沥青混合料插捣（图 7-8）。

图 7-7 沥青混合料搅拌

图 7-8 沥青混合料插捣

图 7-9 沥青混合料试件击实

（6）插入温度计，至混合料中心附近，检查混合料温度；待混合料温度符合要求的压实度后，将试模连同底座一起放在击实台上固定，在装好的混合料上面垫一张吸油性小的圆纸，再将装有击实锤及导向棒的压实头插入试模中，然后开启电动机，击实锤从 457mm 的高度自由落下击实规定的次数（75 或 50 次）。对大型试件，击实次数为 75 次（相应于标准击实的 50 次）或 112 次（相应于标准击实的 75 次）。沥青混合料试件击实（图 7-9）。

（7）试件击实一面后，取下套筒，将试模翻面，装上套筒；然后以同样的方法和次数击实另一面。

（8）试件击实结束后，立即用镊子取掉上面和下面的纸，用游标卡尺量取试件离试模上口的高度，并由此计算试件高度。高度不符合要求时，试件应作废，并调整试件的混合料质量，以保证高度符合 63.5±1.3mm（标准试件）或 95.3±2.5mm（大型试件）的要求。

调整后混合料质量＝要求试件高度×原用混合料质量/所得试件的高度。

（9）卸去套筒和底座，将装有时间的试模横向放置冷却至室温后（不少于12h），置脱模器上脱出试件。

思考与讨论

请对（图7－10）两个沥青混合料试件进行比较，分析缺陷试件存在的问题和原因，并提出改善措施？

(a)   (b)

图7－10   沥青混合料两成型试件对比

任务 7.6   马歇尔物理-力学指标测定

引例

马歇尔物理指标测定是指沥青混合料的密度测定后，计算出沥青混合料试件的空隙率、矿料间隙率VMA、有效沥青的饱和度VFA等体积指标；马歇尔力学指标测定是指沥青混合料的马歇尔稳定、流值的测定。通过测定马歇尔物理-力学指标后，可以得出沥青混合料配合比设计中的最佳沥青油石比。

7.6.1   沥青混合料理论最大相对密度测定

1. 目的与适用范围

本方法适用于采用真空法测定沥青混合料理论最大相对密度、供沥青混合料配合比设计、路况调查或路面施工质量管理计算空隙率、压实度等使用。

2. 仪器设备

（1）天平：称量5kg以上，感量不大于0.1g；称量2kg以下，感量不大于0.05g。

（2）负压容器：根据试样数量选用表7－15中的A、B、C任何一种类型。负压容器口带橡皮塞，上接橡皮管，管口下方有滤网，防止细料部分吸入胶管。为便于抽真空时观察气泡情况，负压容器至少有一面透明或者采用透明的密封盖。

（3）最大理论密度仪（即真空负压装置）（图7－11）：由机架、抽气机、空气阀、真空表、真空容器及控制电器等组成。

（4）振动装置：试验过程中根据需要可以开启或关闭。

（5）恒温水槽（图7－12）：水温控制在25℃±0.5℃。

表 7 - 15　负压容器类型

类型	容器	附属设备
A	耐压玻璃，塑料或金属制的罐，容积大于 2000mL	有密封盖、接真空胶管，分别与真空装置和压力表连接
B	容积大于 2000mL 的真空容量瓶	带胶皮塞、接真空胶管，分别与真空装置和压力表连接
C	4000mL 耐压真空器皿或干燥器	带胶皮塞、接真空胶管，分别与真空装置和压力表连接

图 7 - 11　最大理论密度仪

图 7 - 12　恒温水槽

（6）温度计：分度值为 0.5℃。

（7）其他：玻璃板、平底盘、铲子等。

3. 方法与步骤

（1）准备工作。

① 将拌制好的沥青混合料分成两个平行试样，放置于平底盘中。试样数量宜不少于表 7 - 16 中规定的数量。

表 7 - 16　沥青混合料试样数量

公称最大粒径(mm)	试样最小质量(g)	公称最大粒径(mm)	试样最小质量(g)
4.75	500	26.5	2500
9.5	1000	31.5	3000
13.2、16	1500	37.5	3500
19	2000		

② 将平底盘中的热拌沥青混合料，在室温中冷却或者用电风扇吹，一边冷却一边将沥青混合料团块仔细分散，粗集料不破碎，细集料团块分散到小于 6.4mm。若混合料坚硬时可用烘箱适当加热后分散，一般加热温度不超过 60℃，分散试样时可用铲子翻动、分散，在温度较低时应用手掰开，不得用锤打碎，防止集料破碎。

（2）负压容器标定。将 B、C 类负压容器装满 25℃±0.5℃的水（上面用玻璃板盖住保

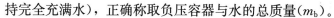

持完全充满水），正确称取负压容器与水的总质量(m_b)。

当采用 A 类容器时，将容器全部浸入 25℃±0.5℃ 的恒温水槽中，恒温 10min±1min，称取容器的水中质量(m_1)。

将负压容器干燥，编号称取其质量。

（3）将沥青混合料试样装入干燥的负压容器中，称容器及沥青混合料总质量，得到试样的净质量 m_a，试样质量应不小于表 7-16 规定的最小数量。

（4）在负压容器中注入约 25℃ 的水，将混合料全部浸没。并较混合料顶面高出约 2cm。

（5）将在负压容器与真空泵、真空表连接，开动真空泵，使负压容器负压在 2min 内达到 3.7kPa±0.3kPa，开始计时，同时开动振动装置和抽真空，持续 15min±2min。直至不见气泡出现为止。为使气泡容易除去，可在水中加入 0.01% 浓度的表面活性剂(如每 100mL 水中加 0.01g 洗涤灵)。

（6）当抽真空结束后，关闭真空装置和振动装置，打开调压阀慢慢卸压，卸压速度不得大于 8kPa/s，使负压容器内压力逐渐恢复。

（7）当负压容器采用 A 类容器时，浸入保温至 25℃±0.5℃ 的水槽，恒温 10min±1min 后，称取负压容器与沥青混合料的水中质量(m_2)。当负压容器采用 B、C 类容器时，将装有沥青混合料试样的容器浸入保温至 25℃±0.5℃ 的恒温水槽，恒温 10min±1min 后取出，加上盖，使容器中没有空气，擦净容器外的水分，称取容器、水和沥青混合料试样的总质量(m_c)。

4. 计算

（1）采用 A 类容器时，沥青混合料的理论最大相对密度按式(7-1)计算。

$$\gamma_t = \frac{m_a}{m_a - (m_2 - m_1)} \qquad (7-1)$$

式中：γ_t——沥青混合料理论最大相对密度；

　　　m_a——干燥沥青混合料试样的空气中质量(g)；

　　　m_1——负压容器在 25℃ 水中的质量(g)；

　　　m_2——负压容器与沥青混合料一起在 25℃ 水中的质量(g)。

（2）采用 B、C 类容器作负压容器时，沥青混合料的最大相对密度按式(7-2)计算。

$$\gamma_t = \frac{m_a}{m_a + m_b - m_c} \qquad (7-2)$$

式中：m_b——装满 25℃ 水的负压容器的总质量(g)；

　　　m_c——25℃ 时试样、水与负压容器的总质量(g)。

（3）沥青混合料 25℃ 时的理论最大密度按式(7-3)计算。

$$\rho_t = \gamma_t \times \rho_w \qquad (7-3)$$

式中：ρ_t——沥青混合料的理论最大密度(g/cm³)；

　　　γ_t——沥青混合料理论最大相对密度(无量纲)；

　　　ρ_w——25℃ 时水的密度 0.9971g/cm³。

5. 报告

同一试样至少平行试验两次，取平均值作为试验结果，计算至小数点后三位；重复性的允许误差为 0.011g/cm³，再现性试验的允许误差为 0.019g/cm³。

6. 填写试验表格(表7-17～表7-21)

表7-17 第一组沥青混合料最大理论密度试验表格(真空法)

任务单号			检测依据		JTG E20—2011
样品编号			检测地点		
样品名称			环境条件	温度 ℃湿度 %	
样品描述			试验日期	年 月 日	
主要仪器设备使用情况	仪器设备名称	型号规格	编号	使用情况	
	电子天平	YP20K-1	LQH-08	正常	
	最大理论密度测定仪	H-1820/HUMBOLDT	LQH-24	正常	
	恒温水浴	CF-B	LQH-14	正常	
混合料类型		AC-13C	油石比(%)		4.0
试验次数		1	2		
干燥沥青混合料试样的空气中质量(g)		1500.5	1504.6		
装满25℃水的负压容器质量(g)		7428.3	7430.1		
25℃时试样、水与负压容器的总质量(g)		8368.3	8373.1		
沥青混合料的理论最大相对密度		2.677	2.679		
平均值		2.678			
沥青混合料的理论最大密度(g/cm³)		2.670			

备注:

复核: 记录: 试验:

表7-18 第二组沥青混合料最大理论密度试验表格(真空法)

任务单号			检测依据		JTG E20—2011
样品编号			检测地点		
样品名称			环境条件	温度 ℃ 湿度 %	
样品描述			试验日期	年 月 日	
主要仪器设备使用情况	仪器设备名称	型号规格	编号	使用情况	
	电子天平	YP20K-1	LQH-08	正常	
	最大理论密度测定仪	H-1820/HUMBOLDT	LQH-24	正常	
	恒温水浴	CF-B	LQH-14	正常	
混合料类型		AC-13C	油石比(%)		4.5
试验次数		1	2		
干燥沥青混合料试样的空气中质量(g)		1501.7	1511.2		
装满25℃水的负压容器质量(g)		7428.3	7430.1		

（续）

25℃时试样、水与负压容器的总质量(g)	8361.6	8370.2
沥青混合料的理论最大相对密度	2.642	2.646
平均值	2.644	
沥青混合料的理论最大密度(g/cm³)	2.636	

备注：

复核：　　　　　　　记录：　　　　　　　　　　　　　试验：

表7-19　第三组沥青混合料最大理论密度试验表格(真空法)

任务单号			检测依据	JTG E20—2011	
样品编号			检测地点		
样品名称			环境条件	温度 ℃ 湿度 %	
样品描述			试验日期	年 月 日	
主要仪器设备使用情况	仪器设备名称	型号规格	编号	使用情况	
	电子天平	YP20K-1	LQH-08	正常	
	最大理论密度测定仪	H-1820/HUMBOLDT	LQH-24	正常	
	恒温水浴	CF-B	LQH-14	正常	
混合料类型		AC-13C	油石比(%)		5.0
试验次数		1	2		
干燥沥青混合料试样的空气中质量(g)		1504.7	1510.9		
装满25℃水的负压容器质量(g)		7428.3	7430.1		
25℃时试样、水与负压容器的总质量(g)		8362.6	8367.8		
沥青混合料的理论最大相对密度		2.638	2.636		
平均值		2.637			
沥青混合料的理论最大密度(g/cm³)		2.629			

备注：

复核：　　　　　　　记录：　　　　　　　　　　　　　试验：

表7-20　第四组沥青混合料最大理论密度试验表格(真空法)

任务单号			检测依据	JTG E20—2011	
样品编号			检测地点		
样品名称			环境条件	温度 ℃ 湿度 %	
样品描述			试验日期	年 月 日	
主要仪器设备使用情况	仪器设备名称	型号规格	编号	使用情况	
	电子天平	YP20K-1	LQH-08	正常	
	最大理论密度测定仪	H-1820/HUMBOLDT	LQH-24	正常	
	恒温水浴	CF-B	LQH-14	正常	

（续）

混合料类型	AC－13C	油石比（%）		5.5
试验次数	1	2		
干燥沥青混合料试样的空气中质量(g)	1512.4	1507.8		
装满25℃水的负压容器质量(g)	7428.3	7430.1		
25℃时试样、水与负压容器的总质量(g)	8363.7	8363.3		
沥青混合料的理论最大相对密度	2.621	2.624		
平均值	2.623			
沥青混合料的理论最大密度(g/cm³)	2.615			
备注：				
复核：	记录：		试验：	

表7－21　第五组沥青混合料最大理论密度试验表格(真空法)

任务单号			检测依据	JTG E20—2011	
样品编号			检测地点		
样品名称			环境条件	温度　℃ 湿度　%	
样品描述			试验日期	年　月　日	
主要仪器设备使用情况	仪器设备名称	型号规格	编号	使用情况	
	电子天平	YP20K－1	LQH－08	正常	
	最大理论密度测定仪	H－1820/HUMBOLDT	LQH－24	正常	
	恒温水浴	CF－B	LQH－14	正常	
混合料类型	AC－13C		油石比（%）		6.0
试验次数	1		2		
干燥沥青混合料试样的空气中质量(g)	1514.7		1520.1		
装满25℃水的负压容器质量(g)	7428.3		7430.1		
25℃时试样、水与负压容器的总质量(g)	8363.3		8367.6		
沥青混合料的理论最大相对密度	2.613		2.609		
平均值	2.611				
沥青混合料的理论最大密度(g/cm³)	2.603				
备注：					
复核：	记录：		试验：		

7.6.2　压实沥青混合料密度测定

1. 目的与适用范围

本方法适用于测定吸水率不大于2%的各种沥青混合料试件，包括密级配沥青混凝土、

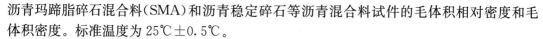

沥青玛蹄脂碎石混合料(SMA)和沥青稳定碎石等沥青混合料试件的毛体积相对密度和毛体积密度。标准温度为 25℃±0.5℃。

本方法测定的毛体积相对密度和毛体积密度适用于计算沥青混合料试件的空隙率、矿料间隙率等各项体积指标。

2. 仪器设备

(1) 浸水天平或电子秤：当最大称量在 3kg 以下时，感量不大于 0.1kg；当最大称量在 3kg 以上时，感量称量不大于 0.5kg。应有测量水中重的挂钩。

(2) 溢流水箱：有水位溢流装置，采用洁净水，能保持试件和网栏浸入水后的水位一定。

(3) 试件悬吊装置：用于悬吊天平下方的网篮和试件。

(4) 其他：网篮、秒表、毛巾。

3. 试验步骤

(1) 用游标卡尺量取试件的高度，记录于表 7-22～表 7-26 中。

(2) 选择适宜的浸水天平或电子秤，其最大称量应不小于试件质量的 1.25 倍，且不大于试件质量的 5 倍。

(3) 除去试件表面的浮粒，称取干燥试件在空气中的质量 m_a，准确至 0.1g 或 0.5g。

(4) 将溢流水箱水温保持在 25℃±0.5℃。挂上网篮，浸入溢流水箱中，调节水位，并将天平调平或复零。试件置于网篮中浸水 3～5min，称取试件在水中的质量 m_w。若天平读数持续变化，不能很快达到稳定，说明试件吸水严重，不适用于此法，应改用蜡封法测定。

(5) 从水中取出试件，用拧干湿毛巾轻轻擦去表面的水分(注意不能吸走试件内的水分)，称取试件的表干质量 m_f。从试件拿出水面到擦拭结束不宜超过 5s。

(6) 对于从道路上钻取的试件，属于非干燥试件，可先称取水中质量，然后再采用电风扇将试件吹干至恒重，再称取试件在空气中的质量。

4. 计算

(1) 按式(7-4)计算试件的吸水率，精确至 0.1%。

$$S_a = \frac{m_f - m_a}{m_f - m_w} \times 100\% \qquad (7-4)$$

式中：S_a——试件的吸水率(%)；

　　m_a——干燥试件在空气中的质量(g)；

　　m_w——试件在水中的质量(g)；

　　m_f——试件的表干质量(g)。

(2) 按式(7-5)计算试件的毛体积相对密度和毛体积密度，精确至 0.001g/cm³。

$$\gamma_f = \frac{m_a}{m_f - m_w}; \quad \rho_f = \frac{m_a}{m_f - m_w} \times \rho_w \qquad (7-5)$$

式中：γ_f——试件的毛体积相对密度、无量纲；

　　ρ_f——试件的毛体积相对密度(g/cm³)；

　　ρ_w——25℃水的密度度 0.9971g/cm³。

(3) 按式(7-6)计算试件的空隙率，精确至 0.1%。

$$VV = \left(1 - \frac{\gamma_f}{\gamma_t}\right) \times 100\%$$ (7-6)

式中：VV——试件的空隙率（%）；

γ_t——沥青混合料理论最大相对密度，可实测或按式计算；

γ_f——试件的毛体积相对密度，无量纲，通常用表干法测定，也可采用表观相对密度代替。

（4）按下列计算合成毛体积相对密度，取 3 位小数。

按式（7-7）计算矿料混合料的合成毛体积相对密度 γ_{sb}。

$$\gamma_{sb} = \frac{100}{\dfrac{P_1}{\gamma_1} + \dfrac{P_2}{\gamma_2} + \cdots + \dfrac{P_n}{\gamma_n}}$$ (7-7)

式中：　　　γ_{sb}——矿料的合成毛体积相对密度，无量纲，

P_1，P_2，$\cdots$，P_n——为各种矿料占矿料总量的百分率，其和为 100；

γ_1，γ_2，$\cdots$，γ_n——为各种矿料相应的毛体积相对密度，粗集料按 T 0304 方法测定，机制砂及石屑可按 T 0330 方法测定，也可以用筛出的 2.36～4.75mm 部分的毛体积相对密度代替，矿粉（含消石灰、水泥）以表观相对密度代替。

（5）按式（7-8）计算矿料混合料的合成表观相对密度 γ_{sa}。

$$\gamma_{sa} = \frac{100}{\dfrac{P_1}{\gamma_1'} + \dfrac{P_2}{\gamma_2'} + \cdots + \dfrac{P_n}{\gamma_n'}}$$ (7-8)

式中：　　　γ_{sa}——矿料混合料的合成表观相对密度；

P_1，P_2，$\cdots$，P_n——为各种矿料占矿料总量的百分率，其和为 100；

γ_1'，γ_2'，$\cdots$，γ_n'——为各种矿料按试验规程方法测定的表观相对密度。

（6）计算合成矿料的有效相对密度。

对非改性沥青混合料，采用真空法实测最大相对密度，取平均值。然后由式（7-9）计算合成矿料的有效相对密度 γ_{se}。

$$\gamma_{se} = \frac{100 - P_b}{\dfrac{100}{\gamma_t} - \dfrac{P_b}{\gamma_b}}$$ (7-9)

式中：γ_{se}——合成矿料的有效相对密度；

P_b——试验采用的沥青用量（占混合料总量的百分数）（%）；

γ_t——试验沥青用量条件下实测得到的最大相对密度，无量纲；

γ_b——沥青的相对密度（25℃/25℃），无量纲。

对改性沥青及 SMA 等难以分散的混合料，有效相对密度宜直接由矿料的合成毛体积相对密度与合成表观相对密度按式（7-10）计算确定，其中沥青吸收系数 C 值根据材料的吸水率由式（7-11）求得，材料的合成吸水率按式（7-12）计算：

$$\gamma_{se} = C \times \gamma_{sa} + (1 - C) \times \gamma_{sb}$$ (7-10)

$$C = 0.033 w_x^2 - 0.2936 w_x + 0.9339$$ (7-11)

$$w_x = \left(\frac{1}{\gamma_{sb}} - \frac{1}{\gamma_{sa}}\right) \times 100$$ (7-12)

式中：γ_{se}——合成矿料的有效相对密度；

C——合成矿料的沥青吸收系数，可按矿料的合成吸水率从式（7-11）求取；

w_x——合成矿料的吸水率，按式(7-12)求取(%)；

γ_{sb}——材料的合成毛体积相对密度，按式(7-7)求取，无量纲；

γ_{sa}——材料的合成表观相对密度，按式(7-8)求取，无量纲。

(7) 确定沥青混合料的理论最大相对密度。

① 对非改性的普通沥青混合料，用真空法实测各组沥青混合料的最大理论相对密度 γ_t。

② 对改性沥青或 SMA 混合料宜按式(7-13)或式(7-14)计算各个对应油石比沥青混合料的最大理论相对密度。

$$\gamma_t = \frac{100 + P_a}{\frac{100}{\gamma_{se}} + \frac{P_a}{\gamma_b}} \qquad (7-13)$$

$$\gamma_t = \frac{100 + P_a + P_x}{\frac{100}{\gamma_{se}} + \frac{P_a}{\gamma_b} + \frac{P_x}{\gamma_x}} \qquad (7-14)$$

$$P_a = [P_b / (100 - P_b)] \times 100$$

式中：γ_t——计算对应油石比沥青混合料的理论最大相对密度，无量纲；

P_a——油石比，即沥青质量占矿料总质量的百分比(%)；

P_x——纤维用量，即纤维质量占矿料总质量的百分比(%)；

γ_x——25℃时纤维的相对密度，由厂方提供或实测得到，无量纲；

γ_{se}——合成矿料的有效相对密度；

γ_b——沥青的相对密度(25℃/25℃)，无量纲。

(8) 按式(7-15)、式(7-16)、式(7-17)计算沥青混合料试件的空隙率、矿料间隙率 VMA、有效沥青的饱和度 VFA 等体积指标，取 1 位小数，进行体积组成分析。

$$VV = \left(1 - \frac{\gamma_f}{\gamma_t}\right) \times 100 \qquad (7-15)$$

$$VMA = \left(1 - \frac{\gamma_f}{\gamma_{sb}} \times \frac{P_s}{100}\right) \times 100 \qquad (7-16)$$

$$VFA = \frac{VMA - VV}{VMA} \times 100 \qquad (7-17)$$

式中：VV——试件的空隙率(%)；

VMA——试件的矿料间隙率(%)；

VFA——试件的有效沥青饱和度(有效沥青含量占 VMA 的体积比例)(%)；

γ_f——试件的毛体积相对密度，无量纲；

γ_t——沥青混合料的最大理论相对密度，按计算或实测得到，无量纲；

P_s——各种矿料占沥青混合料总质量的百分率之和，即 $P_s = 100 - P_b$(%)；

γ_{sb}——矿料混合料的合成毛体积相对密度。

5. 允许误差

试件毛体积密度试验重复性的允许误差为 $0.020 g/cm^3$。

6. 填写试验表格(表 7-22~表 7-26)

表7-22 第一组沥青混合料马歇尔稳定度试验表格(表干法)

No:

任务单号						检测依据		JTG E20—2011		
样品编号						检测地点				
样品名称						环境条件		温度　℃　湿度　%		
样品描述						试验日期		年　月　日		

主要设备	仪器设备名称	型号规格	编号	使用情况
	电子静水天平	MP61001J	LQH-07	正常
	马歇尔稳定度试验仪	STM-5	LQH-03	正常

矿料名称	碎石 9.5~16mm	碎石 4.75~9.5mm	石屑 0~4.75mm	矿粉	合成毛体积相对密度 γsb	2.804	沥青相对密度(25℃/25℃)	1.027
矿料毛体积相对密度	2.860	2.853	2.753	2.662	合成表观相对密度 γsa	2.892	试验温度时水的密度(g/cm³)	1.0
矿料表观相对密度	2.920	2.935	2.863	2.662	最大理论相对密度	2.678	油石比(%)	4.0
矿料比例(%)	28.0	25.0	45.0	2.0				

试件编号	试件厚度(mm) 单值			平均值	试件空气中质量 m_a(g)	试件水中质量 m_w(g)	试件表干质量 m_f(g)	毛体积相对密度 γ_f	毛体积密度 ρ_f(g/cm³)	空隙率 VV(%)	矿料间隙率 VMA(%)	有效沥青饱和度 VFA(%)	稳定度 MS(kN)	流值 FL(mm)
1	63.1	63.5	62.8	63.2	1263.8	763.2	1270.7	2.490	2.490	7.0	14.6	52.1	10.98	2.27
2	62.9	62.5	63.0	62.9	1265.5	763.5	1272.6	2.486	2.486	7.2	14.8	51.5	11.03	2.29
3	63.6	63.1	63.8	63.6	1262.0	763.0	1270.2	2.488	2.488	7.1	14.7	51.8	11.00	2.37
4	64.1	63.8	63.9	64.0	1261.8	763.1	1270.0	2.489	2.489	7.0	14.7	52.0	10.92	2.33
平均值								2.488	2.488	7.1	14.7	51.8	10.98	2.32

记录:　　　　复核:　　　　试验:

表7-23　第二组沥青混合料马歇尔稳定度试验表格(表干法)

No:

任务单号		检测依据		JTG E20—2011
样品编号		检测地点		
样品名称		环境条件		温度 ℃ 湿度 %
样品描述		试验日期		年 月 日

主要设备	仪器设备名称	型号规格	编号	使用情况
	电子静水天平	MP61001J	LQH-07	正常
	马歇尔稳定度试验仪	STM-5	LQH-03	正常

矿料名称	碎石 9.5~16mm	碎石 4.75~9.5mm	石屑 0~4.75mm	矿粉
矿料毛体积相对密度	2.860	2.853	2.753	2.662
矿料表观相对密度	2.920	2.935	2.863	2.662
矿料比例(%)	28.0	25.0	45.0	2.0

合成毛体积相对密度 γ_{sb}	2.804	沥青相对密度(25℃/25℃)	1.027
合成表观相对密度 γ_{sa}	2.892	试验温度时水的密度(g/cm³)	1.0
		油石比(%)	4.5

试件编号	试件厚度(mm) 单值			平均值	试件空气中质量 m_a(g)	试件水中质量 m_w(g)	试件表干质量 m_f(g)	最大理论相对密度 2.644 毛体积相对密度 γ_f	毛体积密度 ρ_f(g/cm³)	空隙率 VV(%)	矿料间隙率 VMA(%)	有效沥青饱和度 VFA(%)	稳定度 MS(kN)	流值 FL(mm)
1	63.1	63.0	62.9	62.9	1309.7	789.2	1311.8	2.506	2.506	5.2	14.5	64.0	13.90	3.06
2	63.3	63.4	63.0	63.4	1281.9	774.8	1285.1	2.512	2.512	5.0	14.3	65.1	13.87	2.63
3	62.6	62.8	62.9	62.8	1285.6	776.9	1289.9	2.506	2.506	5.2	14.5	64.0	13.59	3.00
4	63.3	63.4	63.9	63.5	1285.2	776.7	1288.7	2.510	2.510	5.1	14.4	63.8	14.25	2.52
平均值								2.509	2.509	5.1	14.4	64.5	13.90	2.80

试验:　　　记录:　　　复核:

表7-24 第三组沥青混合料马歇尔稳定度试验表格（表干法）

No:

任务单号		检测依据	JTG E20—2011		
样品编号		检测地点			
样品名称		环境条件	温度 ℃ 湿度 %		
样品描述		试验日期	年 月 日		

主要设备	仪器设备名称	型号规格	编号	使用情况
	电子静水天平	MP6101J	LQH-07	正常
	马歇尔稳定度试验仪	STM-5	LQH-03	正常

矿料名称	碎石 9.5~16mm	碎石 4.75~9.5mm	石屑 0~4.75mm	矿粉		
矿料毛体积相对密度	2.860	2.853	2.753	2.662	合成毛体积相对密度 γ$_{sb}$	2.804
矿料表观相对密度	2.920	2.935	2.863	2.662	合成表观相对密度 γ$_{sa}$	2.892
矿料比例(%)	28.0	25.0	45.0	2.0	油石比(%)	5.0

沥青相对密度(25℃/25℃) 1.027
试验温度时水的密度(g/cm³) 1.0

试件编号	试件厚度(mm) 单值				平均值	试件空气中质量 m_a(g)	试件水中质量 m_w(g)	试件表干质量 m_f(g)	最大理论相对密度 2.637 毛体积相对密度 γ$_f$	毛体积密度 ρ$_f$ (g/cm³)	空隙率 VV(%)	矿料间隙率 VMA(%)	有效沥青饱和度 VFA(%)	稳定度 MS(kN)	流值 FL(mm)
1	63.9	64.1	64.2	64.3	64.1	1288.1	780.3	1288.9	2.533	2.533	4.0	14.0	71.8	17.47	3.29
2	63.8	63.6	64.0	64.0	63.9	1298.6	787.0	1299.7	2.533	2.533	3.9	14.0	71.8	16.13	3.41
3	62.9	63.4	63.1	63.0	63.1	1294.1	785.9	1297.1	2.531	2.531	4.0	14.0	71.5	16.93	3.43
4	63.5	63.6	63.1	63.2	63.4	1300.3	788.4	1301.5	2.534	2.534	3.9	14.0	72.1	15.78	3.47
平均值									2.533	2.533	4.0	14.0	71.8	16.58	3.40

试验: 记录: 复核:

表 7-25 第四组沥青混合料马歇尔稳定度试验表格（表干法）

No:

任务单号			检测依据		JTG E20—2011	
样品编号			检测地点			
样品名称			环境条件		温度 ℃ 湿度 %	
样品描述			试验日期		年 月 日	

主要设备	仪器设备名称	型号规格	编号	使用情况
	电子静水天平	MP61001J	LQH-07	正常
	马歇尔稳定度试验仪	STM-5	LQH-03	正常

矿料名称	碎石 9.5~16mm	碎石 4.75~9.5mm	石屑 0~4.75mm	矿粉	合成毛体积相对密度 γ_{sb}	沥青相对密度(25℃/25℃)	1.027
矿料毛体积相对密度	2.860	2.853	2.753	2.662	2.804	试验温度时水的密度(g/cm³)	1.0
矿料表观相对密度	2.920	2.935	2.863	2.662	合成表观相对密度 γ_{sa}	油石比(%)	5.5
矿料比例(%)	28.0	25.0	45.0	2.0	2.892		

试件编号	试件厚度(mm) 单值			平均值	试件空气中质量 m_a(g)	试件水中质量 m_w(g)	试件表干质量 m_f(g)	最大理论相对密度 2.623 毛体积相对密度 γ_f	毛体积密度 ρ_f (g/cm³)	空隙率 VV(%)	矿料间隙率 VMA(%)	有效沥青饱和度 VFA(%)	稳定度 MS(kN)	流值 FL(mm)
1	64.4	64.5	64.1	64.3	1264.9	766.8	1266.6	2.531	2.531	3.5	14.5	75.7	13.61	4.06
2	63.8	63.4	63.7	63.6	1280.1	773.5	1280.1	2.520	2.520	3.9	14.8	73.9	13.20	4.28
3	63.1	62.9	62.6	62.8	1277.4	774.2	1279.1	2.530	2.530	3.5	14.5	75.6	13.25	4.33
4	63.2	63.1	63.0	63.2	1278.0	776.2	1279.8	2.538	2.538	3.3	14.2	77.2	13.30	4.18
平均值								2.530	2.530	3.5	14.5	75.6	13.34	4.21

复核： 记录： 试验：

No:

表7-26 第五组 沥青混合料马歇尔稳定度试验表格（表干法）

任务单号		检测依据	JTG E20—2011
样品编号		检测地点	
样品名称		环境条件	温度 ℃ 湿度 %
样品描述		试验日期	年 月 日

主要设备	仪器设备名称	型号规格	编号	使用情况
	电子静水天平	MP6101J	LQH-07	正常
	马歇尔稳定度试验仪	STM-5	LQH-03	正常

矿料名称	碎石 9.5~16mm	碎石 4.75~9.5mm	石屑 0~4.75mm	矿粉	合成毛体积相对密度 γ_{sb}	合成表观相对密度 γ_{sa}	沥青相对密度(25℃/25℃)	1.027
矿料毛体积相对密度	2.860	2.853	2.753	2.662	2.804		试验温度时水的密度(g/cm³)	1.0
矿料表观相对密度	2.920	2.935	2.863	2.662		2.892	油石比(%)	6.0
矿料比例(%)	28.0	25.0	45.0	2.0				

试件编号	试件厚度(mm) 单值				平均值	试件空气中质量 m_a(g)	试件水中质量 m_w(g)	试件表干质量 m_f(g)	最大理论相对密度 2.611 — 毛体积相对密度 γ_f	毛体积密度 ρ_f(g/cm³)	空隙率 VV(%)	矿料间隙率 VMA(%)	有效沥青饱和率 VFA(%)	稳定度 MS(kN)	流值 FL(mm)
1	64.1	64.5	64.3	63.9	64.2	1279.4	774.2	1280.9	2.525	2.525	3.3	15.1	78.1	11.58	5.40
2	63.8	63.5	63.1	63.6	63.5	1279.0	774.1	1280.5	2.526	2.526	3.3	15.1	78.3	11.94	5.32
3	63.1	62.8	62.5	62.6	62.8	1283.2	777.9	1285.0	2.530	2.530	3.1	14.9	79.3	11.57	5.42
4	62.3	62.8	62.4	62.3	62.5	1281.9	775.9	1283.3	2.526	2.526	3.2	15.0	78.4	11.75	5.47
平均值									2.527	2.527	3.2	15.0	78.5	11.71	5.40

复核： 记录： 试验：

7.6.3 马歇尔稳定度试验

1. 目的和与适用范围

本方法适用于马歇尔稳定度试验和浸水马歇尔稳定度试验，以进行沥青混合料配合比设计或检验沥青路面的施工质量。试验采用的试件为标准马歇尔圆柱体试件和大型马歇尔圆柱体试件。

2. 仪器设备

(1) 沥青混合料马歇尔稳定度试验仪：主要由加荷装置、上下压头、测试件垂直变形的千分表以及荷载读数装置构成，如图7-13所示。对用于高速公路和一级公路的沥青混合料宜采用自动马歇尔试验仪。

① 当集料公称最大粒径小于或等于26.5mm时，宜采用ϕ101.6mm×63.5mm的标准马歇尔试件，试验仪最大荷载不得小于25kN，读数准确至0.1kN，加载速率应能保持50mm/min±5mm/min。钢球直径16mm±0.05mm，上下压头曲率半径为50.8mm±0.08mm。

② 当集料公称最大粒径大于26.5mm时，宜采用ϕ152.4mm×95.3mm的标准马歇尔试件，试验仪最大荷载不得小于50kN，读数准确至0.1kN。上下压头曲率内径为ϕ152.4mm±0.2mm，上下压头间距19.05mm±0.1mm。

(2) 恒温水槽：深度不小于150mm，水温控制精度为1℃。

图7-13 马歇尔稳定度试验仪

(3) 真空饱和容器。

(4) 其他：烘箱、天平(感量不大于0.1g)、温度计(分度值为1℃)、卡尺、棉纱、黄油。

仪器分为自动式和手动式，自动马歇尔试验仪应具备控制装置、记录荷载-位移曲线、自动测定荷载与试件的垂直变形，能自动显示和存储或打印试验结果功能。手动式由人工操作，试验数据通过操作者目测后读取数据。

3. 试验方法

1) 准备工作

(1) 按标准击实法成型的标准马歇尔试件，其尺寸为直径101.6mm±0.2mm、高度63.5mm±1.3mm，一组试件的个数最少不得少于4个。大型马歇尔试件的尺寸为直径152.4mm±0.2mm；高度95.3mm±2.5mm。

(2) 量测试件的直径和高度：采用卡尺量测试件中部的直径，并按十字对称的4个方向测量离试件边缘10mm处的高度，精确至0.1mm，以平均值作为试件高度。如试件高度不符合上述规定要求或两侧高度差大于2mm时，则此试件作废。

(3) 将恒温水槽中的温度调节至试验温度。黏稠石油沥青或烘箱养生过的乳化沥青混合料的试验温度为(60±1)℃。

2) 试验步骤

(1) 将试件置于已达到规定温度的恒温水槽中,标准马歇尔试件的保温时间需要 30～40min,大型马歇尔试件的保温时间需要 45～60min。保温时,试件之间应有间隔,底下应垫起,距离容器底部不小于 50mm。

(2) 将马歇尔试验仪的上下压头放入水槽或烘箱中,达到试件同样温度后,取出并擦拭干净。为使上下压头滑动自如,可在下压头的导棒上涂少量黄油。

(3) 取出试件,置于下压头上,盖上上压头,然后装在加荷装置上。

(4) 调整试验仪,使得所有读数表的指针指向零位。

(5) 启动加荷装置,使试件受荷。加荷速度控制为(50±5)mm/min。

(6) 当荷载达到最大值时,取下流值计。读取流值的读数和压力环中的百分表读数。

(7) 从恒温水槽中取出试件至最大荷载值的时间不超过 30s。

3) 浸水马歇尔试验方法

与标准马歇尔试验方法不同之处在于,试件在已到达规定温度的恒温水槽中的保温时间为 48h。其余均与马歇尔试验方法相同。

4. 试验结果

1) 确定试件的稳定度和流值

(1) 采用自动马歇尔试验仪时,将计算机采集的数据绘制成压力-变形曲线。曲线上的最大荷载即为稳定度,单位为千牛(kN);对应于最大荷载时的变形值即为流值,单位为毫米(mm)。

(2) 采用流值计和压力环时,根据压力环指定曲线,将压力环中百分表的读数换算为荷载值,或者由荷载测定装置读取最大值即为试件的稳定度,精确值 0.01kN;由流值计或位移传感器测定装置读取的试件垂直变形即为流值,精确值 0.1mm。

2) 按式(7-18)计算试件的马歇尔模数

$$T = \frac{MS}{FL} \qquad (7-18)$$

式中:T——试件的马歇尔模数(kN/mm);

MS——试件的稳定度(kN);

FL——试件的流值(mm)。

3) 按式(7-19)计算试件的浸水残留稳定度

$$MS_0 = \frac{MS_1}{MS} \times 100 \qquad (7-19)$$

式中:MS_0——试件浸水后的残留稳定度(%);

MS_1——试件浸水 48h 后的稳定度(kN)。

试验结果报告。

(1) 当一组测定值中某个数据与平均值之差大于标准差的 k 倍时,该测定值应予舍弃,并以其余测定值的平均值作为试验结果。当试验数目 n 为 3、4、5、6 个时,k 值分别为 1.15、1.46、1.67、1.82。

(2) 试验报告应包括马歇尔稳定度、流值、马歇尔模数,以及试件尺寸、密度、空隙率、沥青用量、沥青体积百分率、沥青饱和度、矿料间隙率等各项物理指标。

5. 填写试验表格(表 7-22~表 7-26)

思考与讨论

测定沥青混合料毛体积密度的试验方法有哪些?

压实沥青混合料密度测定方法可分为:水中重法、表干法、蜡封法、体积法;适用于计算沥青混合料的空隙率、矿料间隙率等各项体积指标。

(1) 水中重法。本法适用于测定吸水率小于 0.5% 的密实沥青混合料试件的表观相对密度或表观密度。标准温度为 25℃±0.5℃。

(2) 表干法。本法适用于测定吸水率不大于 2% 的各种沥青混合料试件,包括密级配沥青混凝土、沥青玛蹄脂碎石混合料(SMA)和沥青稳定碎石等沥青混合料试件的毛体积相对密度和毛体积密度。标准温度为 25℃±0.5℃。

(3) 蜡封法。本法适用于测定吸水率大于 2% 的沥青混凝土或沥青碎石混合料试件的毛体积相对密度或毛体积密度。标准温度为 25℃±0.5℃。

(4) 体积法。本法仅适用于不能用表干法、蜡封法测定的空隙率较大的沥青碎石混合料及大空隙透水性开级配沥青混合料(OGFC)等。

任务 7.7 确定最佳沥青用量

引例

沥青混合料设计主要是混合料的集料级配和最佳油石比的确定。在集料级配相对固定的情况下,油石比是影响空隙率、有施沥青饱和度等马歇尔技术指标的唯一因素。因此,在混合料设计中能否准确定出最佳油石比将对混合料的性能产生很大影响。沥青混合料中的沥青用量(简称沥青含量或含油量)和油石比是不一样的。沥青用量是沥青质量在沥青混合料总质量中的比例;油石比是沥青质量与沥青混合料中的矿料总质量的比例,均以质量百分率表示。

7.7.1 沥青混凝土混合料马歇尔试验技术标准

马歇尔试验配合比设计方法中,沥青混合料技术要求应符合表 7-27 的规定,并有良好的施工性能。当采用其他方法设计沥青混合料时,应按《公路沥青路面施工技术规范》(JTG F40—2004)规定进行马歇尔试验及各项配合比设计检验,并报告不同设计方法各自的试验结果。二级公路宜参照一级公路的技术标准执行。长大坡度的路段按重载交通路段考虑。

表 7-27 密级配沥青混凝土混合料马歇尔试验技术标准
(本表适用于公称最大粒径≤26.5mm 的密级配沥青混凝土混合料)

试验指标	单位	高速公路、一级公路				其他等级公路	行人道路
		夏炎热区(1-1区、1-2区、1-3区、1-4区)		夏热区及夏凉区(2-1区、2-2区、2-3区、2-4区、3-2区)			
		中轻交通	重载交通	中轻交通	重载交通		
击实次数(双面)	次	75				50	50

（续）

试验指标		单位	高速公路、一级公路				其他等级公路	行人道路
			夏炎热区(1-1区、1-2区、1-3区、1-4区)		夏热区及夏凉区(2-1区、2-2区、2-3区、2-4区、3-2区)			
			中轻交通	重载交通	中轻交通	重载交通		
试件尺寸		mm	φ101.6mm×63.5mm					
空隙率VV	深约90mm以内	%	3~5	4~6①	2~4	3~5	3~6	2~4
	深约90mm以下	%	3~6		2~4	3~6	3~6	—
稳定度MS ≥		kN	8				5	3
流值FL		mm	2~4	1.5~4	2~4.5	2~4	2~4.5	2~5

矿料间隙率VMA（%） ≥	设计空隙率（%）	相应于以下公称最大粒径(mm)的最小VMA及VFA技术要求(%)					
		26.5	19	16	13.2	9.5	4.75
	2	10	11	11.5	12	13	15
	3	11	12	12.5	13	14	16
	4	12	13	13.5	14	15	17
	5	13	14	14.5	15	16	18
	6	14	15	15.5	16	17	19
沥青饱和度VFA（%）		55~70		65~75		70~85	

注：① 对空隙率大于5%的夏炎热区重载交通路段，施工时应至少提高压实度1%。
当设计的空隙率不是整数时，由内插确定要求的VMA最小值。
② 对改性沥青混合料，马歇尔试验的流值可适当放宽。

7.7.2 汇总测定结果

按设计的矿料比例配料，采用五种油石比，进行马歇尔稳定度试验，试验结果汇总见表7-28，矿料设计级配合成毛体积相对密度为2.804，矿料级配合成表观相对密度为2.892。

表7-28 AC-13C型设计配合比马歇尔稳定度试验结果

试验组号	油石比（%）	毛体积相对密度	最大理论相对密度	空隙率VV（%）	矿料间隙率VMA（%）	沥青饱和度VFA（%）	稳定度（kN）	流值（mm）
第1组	4.0	2.488	2.678	7.1	14.7	51.8	10.98	2.32
第2组	4.5	2.509	2.644	5.1	14.4	64.5	13.90	2.80
第3组	5.0	2.533	2.637	4.0	14.0	71.8	16.58	3.40
第4组	5.5	2.530	2.623	3.5	14.5	75.6	13.34	4.21
第5组	6.0	2.527	2.611	3.2	15.0	78.5	11.71	5.40
要求	—	—	—	3.5~5.5	≥14	65~75	>8.0	2.0~5.0

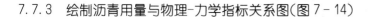

7.7.3 绘制沥青用量与物理-力学指标关系图(图7-14)

以油石比或沥青用量为横坐标,以马歇尔试验的各项指标为纵坐标,将试验结果点入图7-14中,连成圆滑曲线。确定均符合规范规定的沥青混合料技术标准的沥青用量范围$OAC_{min}\sim OAC_{max}$。选择的沥青用量范围必须涵盖设计空隙率的全部范围,并尽可能涵盖沥青饱和度的要求范围,并使密度及稳定度曲线出现峰值。如果没有涵盖设计空隙率的全部范围,试验必须扩大沥青用量范围重新进行。

注:绘制曲线时含VMA指标,且应为下凹型曲线,但确定$OAC_{min}\sim OAC_{max}$时不包括VMA。

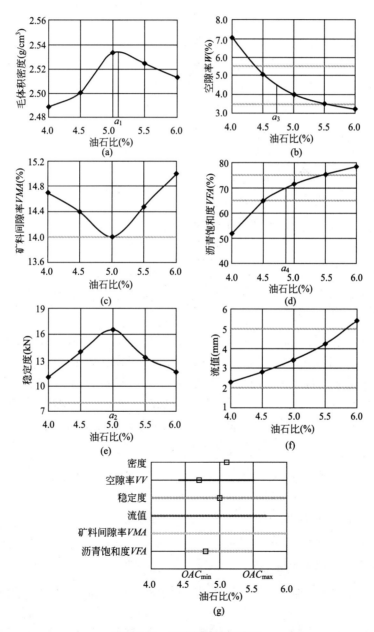

图7-14　马歇尔试验结果图

7.7.4　确定沥青混合料的最佳沥青用量

1. 确定沥青混合料的最佳沥青用量 OAC_1

根据试验曲线的走势,按下列方法确定沥青混合料的最佳沥青用量 OAC_1,在曲线图 7 - 14 上求取相应于密度最大值、稳定度最大值、目标空隙率(或中值)、沥青饱和度范围的中值的沥青用量 a_1、a_2、a_3、a_4。按式(7 - 20)取平均值作为 OAC_1。

$$OAC_1 = (a_1 + a_2 + a_3 + a_4)/4 \qquad\qquad (7 - 20)$$

如果在所选择的沥青用量范围未能涵盖沥青饱和度的要求范围,按式(7 - 21)求取 3 者的平均值作为 OAC_1。

$$OAC_1 = (a_1 + a_2 + a_3)/3 \qquad\qquad (7 - 21)$$

对所选择试验的沥青用量范围,密度或稳定度没有出现峰值(最大值经常在曲线的两端)时,可直接以目标空隙率所对应的沥青用量 a_3 作为 OAC_1,但 OAC_1 必须介于 $OAC_{min} \sim OAC_{max}$ 的范围内。否则应重新进行配合比设计。

2. 确定沥青混合料的最佳沥青用量 OAC_2

以各项指标均符合技术标准(不含 VMA)的沥青用量范围 $OAC_{min} \sim OAC_{max}$ 的中值作为 OAC_2。

$$OAC_2 = (OAC_{min} + OAC_{max})/2 \qquad\qquad (7 - 22)$$

3. 确定沥青混合料的最佳沥青用量 OAC

通常情况下取 OAC_1 及 OAC_2 的中值作为计算的最佳沥青用量 OAC 按式(7 - 23)计算。

$$OAC = (OAC_1 + OAC_2)/2 \qquad\qquad (7 - 23)$$

4. 本项目最佳沥青用量

由图 7 - 14 可知与最大密度、最大稳定度、空隙率范围中值和沥青饱和度范围中值对应的四个油石比分别为 $a_1 = 5.1\%$,$a_2 = 5.0\%$,$a_3 = 4.7\%$,$a_4 = 4.8\%$,四者的平均值 $OAC_1 = 4.9\%$,同时由各项指标与油石比的关系图可得符合各指标要求的油石比范围 $OAC_{min} = 4.5\%$,$OAC_{max} = 5.5\%$,其中值为 $OAC_2 = 5.0\%$,OAC_1 与 OAC_2 的平均值 $OAC = 5.0\%$。根据经验确定本次目标配合比设计最佳油石比为 5.0%。

5. 检验最佳沥青用量 OAC 的各项指标符合性

从图 7 - 14 中得出所对应的空隙率和 VMA 值,检验是否能满足规范关于最小 VMA 值的要求。OAC 宜位于 VMA 凹形曲线最小值的贫油一侧。当空隙率不是整数时,最小 VMA 按内插法确定,并将其画入图 7 - 14 中。检查图 7 - 14 中相应于此 OAC 的各项指标均符合马歇尔试验技术标准。

6. 调整确定最佳沥青用量 OAC

根据实践经验和公路等级、气候条件、交通情况,调整确定最佳沥青用量 OAC。

(1)调查当地各项条件向接近的工程的沥青用量及使用效果,论证适宜的最佳沥青用量。检查计算得到的最佳沥青用量是否相近,如相差甚远,应查明原因,必要时重新调整级配，进行配合比设计。

（2）对炎热地区公路一级高速公路、一级公路的重载交通路段，山区公路的长大坡度路段，预计有可能产生较大车辙时，宜在空隙率符合要求的范围内将计算的最佳沥青用量减小0.1%～0.5%作为设计沥青用量。此时，除空隙率外的其他指标可能会超出马歇尔试验配合比设计技术标准，配合比设计标高或设计文件必须予以说明。但配合比设计报告必须要求采用重型轮胎压路机和振动压路机组合等方式加强碾压，以使施工后路面的空隙率达到未调整前的最佳沥青用量时的水平，且渗水系数符合要求。如果试验段试拌试铺达不到此要求时，宜调整所减少的沥青用量的幅度。

（3）对寒区公路、旅游公路、交通量很少的公路，最佳沥青用量可以在 OAC 的基础上增加0.1%～0.5%，以适当减少设计空隙率，但不得降低压实度要求。

7. 检验最佳沥青用量时的粉胶比和有效沥青膜厚度

（1）按式(7-24)、式(7-25)计算沥青结合料被集料吸收的比例及有效沥青含量。

$$P_{ba} = \frac{\gamma_{se} - \gamma_b}{\gamma_{se} \times \gamma_{sb}} \times \gamma_b \times 100 \qquad (7-24)$$

$$P_{be} = P_b - \frac{P_{ba}}{100} \times P_s \qquad (7-25)$$

式中：P_{ba}——沥青混合料中被集料吸收的沥青结合料的比例（%）；

P_{be}——沥青混合料中有效沥青用量（%）；

γ_{se}——矿料的有效相对密度，无量纲；

γ_{sb}——矿料的合成毛体积相对密度，无量纲；

γ_b——沥青相对密度(25℃)，无量纲；

P_b——沥青用量（%）；

P_s——各种矿料占沥青混合料总质量的百分率之和，即 $P_s = 100 - P_b$（%）。

（2）检验最佳沥青用量时的粉胶比和有效沥青膜厚度。

按式(7-26)计算沥青混合料的粉胶比，宜符合0.6～1.6的要求。对常用的公称最大粒径为13.2～19mm的密级配沥青混合料，粉胶比宜控制在0.8～1.2范围内。

$$FB = \frac{P_{0.075}}{P_{be}} \qquad (7-26)$$

$$DA = \frac{P_{be}}{\gamma_b \times SA} \times 10 \qquad (7-27)$$

式中：SA——集料比表面积（m²/kg）；

P_i——各种粒径的通过百分率（%）；

FA_i——相应于各种粒径的集料的表面积系数，见表7-29；

DA——沥青膜有效厚度（μm）；

P_{be}——沥青混合料中有效沥青用量（%）；

γ_b——沥青相对密度(25℃)，无量纲。

根据以上公式计算出本次检测项目的试验结果为：$\gamma_{se} = 2.862$，$P_{ba} = 0.731$%，$P_{be} = 4.066$%，$P_{0.075} = 6.0$%，$FB = 1.48$，$SA = 5.915$m²/kg，$DA = 6.693$μm。

表7-29 集料的表面积系数计算示例

筛孔尺寸 (mm)	19	16	13.2	9.5	4.75	2.36	1.18	0.6	0.3	0.15	0.075	集料比表面积总和 SA (m²/kg)
表面积系数 FA_i	0.0041	—	—	—	0.0041	0.0082	0.0614	0.0287	0.0614	0.01229	0.3277	
通过百分率 P_i	100	92	85	76	60	42	32	23	16	12	6	
比表面 $FA_i \times P_i$ (m²/kg)	0.41	—	—	—	0.25	0.34	0.52	0.66	0.98	1.47	1.97	6.60

 思考与讨论

沥青混合料拌和过程中温度过高,对性能有何影响?沥青油石比的增减对空隙率、矿料间隙率等体积指标的影响?

任务7.8 配合比设计检验

 引例

对用于高速公路和一级公路的公称最大粒径等于或小于19mm的密级配沥青混合料(AC)及SMA、OGFC混合料需在配合比设计的基础上进行各种使用性能检验,不符合要求的沥青混合料,必须更换材料或重新进行配合比设计。其他等级公路的沥青混合料可参照执行。

7.8.1 水稳定性检验

1. 水稳定性技术要求

按规定的试验方法进行浸水马歇尔试验和冻融劈裂试验来检验沥青混合料的水稳定性,残留稳定度及残留强度比必须同时符合表7-30的规定要求,达不到要求时必须采取抗剥落措施,调整最佳沥青用量后再次试验。

表7-30 沥青混合料水稳定性检验技术要求

气候条件与技术指标		相应于下列气候分区的技术要求(%)			
年降雨量(mm)及气候分区		>1000	500~1000	250~500	<250
		1. 潮湿区	2. 湿润区	3. 半干区	4. 干旱区
浸水马歇尔试验残留稳定度(%) ≥					
普通沥青混合料		80		75	
改性沥青混合料		85		80	
SMA混合料	普通沥青	75			
	改性沥青	80			
冻融劈裂试验的残留强度比(%) ≥					
普通沥青混合料		75		70	

(续)

气候条件与技术指标		相应于下列气候分区的技术要求(%)	
改性沥青混合料		80	75
SMA 混合料	普通沥青	75	
	改性沥青	80	

注：① 如标准马歇尔试件高度不符合 63.5mm±1.3mm 的要求或两侧高度差大于 2mm 时，此试件应作废。

② 从恒温水槽中取出试件至测出最大荷载值的时间，不得超过 30s。

③ 当一组测定值中某个测定值与平均值之差大于标准差的 k 倍时，该测定值应予舍弃，并以其余测定值的平均值作为试验结果。当试件数目 n 为 3、4、5、6 个时，k 值分别为 1.15、1.46、1.67、1.82。

2. 浸水马歇尔试验

浸水马歇尔试验方法与标准马歇尔试验方法的不同之处在于，试件在已达规定温度恒温水槽中的保温时间为 48h，其余步骤与标准马歇尔试验方法相同。

将试件分两组：一组在 60℃ 水槽中保养 30~40min 后测其马歇尔稳定度 MS_0；另一组在 60℃ 水槽中保养 48h 后测其马歇尔稳定度 MS_1。其残留稳定度按式(7-28)计算，即：

$$MS_0 = \frac{MS_1}{MS} \times 100 \qquad (7-28)$$

式中：MS_0——试件浸水 48h 后的残留稳定度(%)；

MS_1——试件浸水 48h 后的稳定度(kN)；

MS——常规处理的稳定度(kN)。

浸水马歇尔试验方法残留稳定度是评价沥青混合料耐水性的指标，它在很大程度上反映了混合料的耐久性。矿料与沥青的黏结力以及混合料的其他性质都对残留稳定度有一定影响。以进行沥青混合料的配合比设计或沥青路面施工质量检验。浸水马歇尔稳定试验供检验沥青混合料受水损害时抵抗剥落的能力时使用，通过测试其水稳定性检验配合比设计的可行性。

本次试验检测结果见表 7-31。

表 7-31　最佳油石比下的浸水马歇尔检验

混合料类型	马歇尔稳定度(kN)	浸水马歇尔稳定度(kN)	残留稳定度 S_0(%)	要求(%)
AC-13C	16.62	14.78	88.9	≥80

3. 冻融劈裂试验

将双面各击实 50 次的马歇尔试件分两组；一组在 25℃水浴中浸泡 2h 后测其劈裂抗拉强度 RT_1；另一组先真空饱水，在 98.3~98.7kPa 真空条件下浸水 15min，然后恢复常压，在水中放置 0.5h，再在 -18℃冰箱中放置 16h，而后放到 60℃水浴中恒温 24h，再放到 25℃水浴中浸泡 2h 后测其劈裂抗拉强度 RT_2；其残留强度比按式(7-29)计算

$$TSR = \frac{\overline{R}_{T2}}{\overline{R}_{T1}} \times 100 \qquad (7-29)$$

式中：TSR——冻融劈裂试样残留强度比(%)；

$\overline{R}_{T2}$——冻融循环后第二组有效试件劈裂抗拉强度平均值(MPa)；

$\overline{R}_{T1}$——未冻融循环的第一组有效试件劈裂抗拉强度平均值(MPa)。

本次试验检测结果见表 7-32。

表 7-32　最佳油石比下的冻融劈裂残留强度比检验

混合料类型	非条件劈裂强度(MPa)	条件劈裂强度(MPa)	TSR(%)	要求(%)
AC-13C	1.2347	1.1523	93.3	≥75

7.8.2　高温稳定性检验

1. 车辙试验动稳定度技术要求

对公称最大粒径等于或小于 19mm 的混合料，按规定方法进行车辙试验，动稳定度符合表 7-33 中规定的要求。

表 7-33　沥青混合料车辙试验动稳定度技术要求

气候指标	相应于下列气候分区所要求的动稳定度(次/mm)									试验方法
七月平均最高气温(℃)及气候分区	>30				20~30				<20	
	1. 夏炎热区				2. 夏热区				3. 夏凉区	
	1-1	1-2	1-3	1-4	2-1	2-2	2-3	2-4	3-2	
普通沥青混合料 ≥	800		1000		600		800		600	
改性沥青混合料 ≥	2400		2800		2000		2400		1800	T 0719
SMA混合料	非改性 ≥	1500								
	改性 ≥	3000								
OGFC混合料	1500(一般交通路段)、3000(重交通量路段)									

注：① 如果其他月份的平均最高气温高于七月时，可使用该月平均最高气温。

② 在特殊情况下，如钢桥面铺装、重载车特别多或纵坡较大的长距离上坡路段、厂矿专用道路，可酌情提高动稳定度的要求。

③ 对因气候寒冷确需使用针入度很大的沥青(如大于100)，动稳定度难以达到要求，或因采用石灰岩等不很坚硬的石料，改性沥青混合料的动稳定度难以达到要求等特殊情况，可酌情降低要求。

④ 为满足炎热地区及重载车要求，在配合比设计时采取减少最佳沥青用量的技术措施时，可适当提高试验温度或增加试验荷载进行试验，同时增加试件的碾压成型密度和施工压实度要求。

⑤ 车辙试验不得采用二次加热的混合料，试验必须检验密度是否符合试验规程的要求。

⑥ 如需要对公称最大粒径等于和大于 26.5mm 的混合料进行车辙试验，可适当增加试件的厚度，但不宜作为评定合格与否的依据。

2. 车辙试验

沥青混合料车辙试验是用标准的成型方法，制成标准的混合料试件(通常尺寸为 300mm×300mm×50mm)，在 60℃ 的规定温度下，以一个轮压为 0.7MPa 的实心橡胶轮胎在其上行走，测量试件在变形稳定时期，每增加 1mm 变形需要行走的次数，即动稳定度，以次/mm表示。

沥青混合料的动稳定度是指沥青混合料车辙试验的评价指标，它说明沥青混合料抗车辙能力的大小，用来测定沥青混合料试样在一定条件下承受破坏荷载能力的大小和承载时变形量的多少。动稳定度是评价沥青混凝土路面高稳定性的一个指标，也是沥青混合料配合比设计时的一个辅助性检验指标。

1) 试验目的

测定沥青混合料的高温抗车辙能力，供混合料配合比设计时进行高温稳定性检验使用。辅助性检验沥青混合料的配合比设计。

2) 仪具与材料

(1) CZ-4 型车辙试样成型仪(图 7-15)。

它的用途：主要用于车辙试验时，对沥青混合料试样做碾压成型。适用于沥青混合料其他物理力学性能试验的轮碾法试样制作。

(2) 车辙试验机(图 7-16)。主要由下列部分组成。

① 试件台：可牢固地安装两种宽度(300mm 和 150mm)的规定尺寸试件的试模。

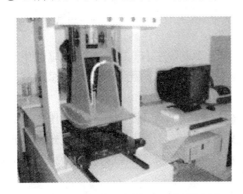

图 7-15　CZ-4 型车辙试样成型仪

图 7-16　车辙试验机

② 试验轮：橡胶制的实心轮胎。外径 ϕ200mm，轮宽 50mm，橡胶层厚 15mm。橡胶硬度(国际标准硬度)20℃时为 84±4；60℃时为 78±2。试验轮行走距离为 230mm±10mm，往返碾压速度为 42 次/min±1 次/min(21 次往返/min)，允许采用曲柄连杆驱动试验台运动(试验轮不动)的任一种方式。

③ 加载装置：使试验轮与试件的接触压强在 60℃时为 0.7MPa±0.05MPa，施加的总荷载为 780N 左右，根据需要可以调整。

图 7-17　车辙试模

④ 车辙试模(图 7-17)：钢板制成，由底板及侧板组成，试模内侧尺寸长为 300mm，宽为 300mm，厚为 50mm。

⑤ 变形测量装置：自动检测车辙变形并记录曲线的装置，通常用 LVDT、电测百分表或非接触位移计。

⑥ 温度检测装置：自动检测并记录试件表面及恒温室内温度的温度传感器、温度计(精密度 0.5℃)。

(3) 恒温室。车辙试验机必须整机安放在恒温室内，装有加热器、气流循环装置及装有自动温度控制设备，能保持恒温室温度为 60℃±1℃（试件内部温度 60℃±0.5℃），根据需要也可设定为其他需要的温度。用于保温试件并进行检验。温度应能自动连续记录。

(4) 台秤。称量 15kg，感量不大于 5g。

3) 试件的制作方法

(1) 按马歇尔稳定度试件成型方法，确定沥青混合料的拌和温度和压实温度。

(2) 将金属试模及小型击实锤等置于约 100℃ 的烘箱中加热 1h 备用。

(3) 称出制作一块试件所需的各种材料的用量。先按试件体积（V）乘以马歇尔稳定度击实密度，再乘以系数 1.03，即得材料总用量，再按配合比计算出各种材料用量。分别将各种材料放入烘箱中预热备用。

(4) 将预热的试模从烘箱中取出，装上试模框架，在试模中铺一张裁好的普通纸，使底面及侧面均被纸隔离，将拌和好的全部沥青混合料用小铲稍加拌匀后均匀地沿试模由边至中按顺序装入试模，中部要略高于四周。

(5) 取下试模框架，用预热的小型击实锤由边至中压实一遍，整平成凸圆弧形。

(6) 插入温度计，待混合料冷却至规定的压实温度时，在表面铺一张裁好尺寸的普通纸。

(7) 当用轮碾机碾压时，宜先将碾压轮预热至 100℃ 左右（如不加热，应铺牛皮纸），然后将盛有沥青混合料的试模置于轮碾机的平台上，轻轻放下碾压轮，调整总荷载为 9kN（线荷载为 300N/cm）。

(8) 启动轮碾机，先在一个方向碾压 2 个往返（4 次），卸载，再抬起碾压轮，将试件调转方向，再加相同荷载碾压至马歇尔标准密实度（100±1）％为止。试件正式压实前，应经试压决定碾压次数，一般 12 个往返（24 次）左右可达要求。如试件厚度大于 100mm 时须分层压实。

(9) 当用手动碾碾压时，先用空碾碾压，然后逐渐增加砝码荷载，直至将 5 个砝码全部加上，进行压实。至马歇尔标准密实度（100±1）％为止。碾压方法及次数应由试压决定，并压至无轨迹为止。

(10) 压实成型后，揭去表面的纸。用粉笔在表面上标明碾压方向。

4) 试验步骤（图 7-18）

图 7-18　沥青混合料车辙试验

(1) 测定试验轮接地压强：测定在 60℃ 时进行，在试验台上放置一块 50mm 厚的钢板，其上铺一张毫米方格纸，上铺一张新的复写纸，以规定的 700N 荷载后试验轮静压复写纸，即可在方格纸上得出轮压面积，由此求出接地压强，应符合 0.7MPa±0.05MPa，如不符合，应适当调整荷载。

(2) 按轮碾法成型试件后，连同试模一起在常温条件下放置时间不得少于 12h。对聚合物改性沥青，以 48h 为宜。试件的标准尺寸为 300mm×300mm×50mm，也可从路面切割得到 300mm×150mm×50mm 的试件。

(3) 冷却规定时间后，将试件连同试模，置于达到试验温度 60℃±1℃ 的恒温室中，保温不少于 5h，也不多于 12h，在试件的试验轮不行走的部位上，黏贴一个热电偶温度计，控制试件温度稳定在 60℃±0.5℃。

（4）将试件连同试模移置车辙试验机的试验台上，试验轮在试件的中央部位，其行走方向须与试件碾压方向一致。开动车辙变形自动记录仪，然后启动试验机，使试验轮往返行走，时间约 1h，或最大变形达到 25mm 为止。试验时，记录仪自动记录变形曲线（图 7-19）及试件温度。

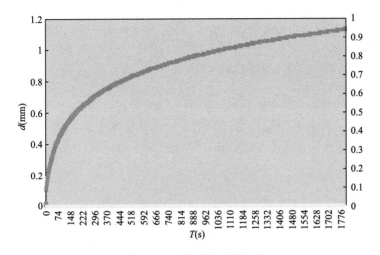

图 7-19　车辙试验变形曲线

4. 沥青混合料车辙试验记录表（表 7-34）

表 7-34　沥青混合料车辙试验记录

试验温度	60℃		轮压	0.7MPa	试件密度		2.533g/cm³
试验尺寸	300mm×300mm×50mm(mm)		空隙率	4.0%	制件方法		轮碾法
试件编号	时间 t_1(min)	时间 t_2(min)	时间 t_1时的变形量 d_1(mm)	时间 t_2时的变形量 d_2(mm)	试验轮往返碾压速度 N(次/min)	试验机修正系数 C_1	试件系数 C_2	动稳定度 DS(次/mm)	
1	45	60	1.055	1.129	42	1	1	8513.5	
2	45	60	1.022	1.098	42	1	1	8267.9	8550.5
3	45	60	1.064	1.135	42	1	1	8870.2	

注：动稳定变异系数为 3.5%。

5. 计算结果

读取 45min(t_1)及 60min(t_2)时的车辙变形 d_1 及 d_2，精确至 0.01mm。如变形过大，在未到 60min 变形已达 25mm 时，则以达到 25mm(d_2)时的时间为 t_2，将其前 15min 设定为 t_1，此时的变形量为 d_1。

沥青混合料试件的动稳定度按式（7-30）计算：

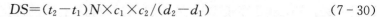

$$DS = (t_2 - t_1)N \times c_1 \times c_2/(d_2 - d_1) \qquad (7-30)$$

式中：DS——沥青混合料的动稳定度（次/mm）；

d_1——时间 t_1（一般为 45min）的变形量（mm）；

d_2——时间 t_2（一般为 60min）的变形量（mm）；

N——试验轮每分钟行走次数（次/min）；通常为 42 次/min。

c_1——试验机类型修正系数，曲柄连杆驱动试件的变速行走方式为 1.0，链驱动试验轮的等速方式为 1.5；

c_2——试件系数，实验室制备的宽 300mm 的试件为 1.0，从路面切割的宽 150mm 的试件为 0.8。

6. 报告

同一沥青混合料或同一路段的路面，至少平行试验三个试件，当三个试件动稳定度变异系数小于 20% 时，取其平均值作为试验结果。变异系数大于 20% 时应分析其原因，并追加试验。如动稳定度值大于 6000 次/mm 时，记作＞6000 次/mm。

 思考与讨论

影响沥青混合料高温稳定性的因素有哪些？

影响沥青混合料高温稳定性的因素包括沥青混合料的自身性能和外部条件两个方面。

（1）沥青混合料属松散介质范畴，其强度可用抗剪强度表征，即其强度取决于黏聚力和内摩阻力。黏聚力主要取决于沥青结合料的性能，而内摩阻力则主要取决于集料的性能。当然，其强度还与沥青混合料的组成、结构及物理状态密切相关。

① 沥青结合料。高温稳定性主要取决于沥青结合料的黏度及其感温性。黏度越大感温性越好的沥青，其高温性能就越好。采用塑料类（PE、EVA）以及 SBS 等聚合物改性的沥青，其高温性能会得到明显的改善。

② 集料。尺寸、形状及表面构造对沥青混合料的高温性能起着重要的作用。集料粒径增大，形状近于立方体（有棱角），表面粗糙的集料都对提高沥青混合料的高温性能有利。

③ 矿料级配。矿料的级配类型对沥青混合料的高温性能有着至关重要的影响，骨架（嵌挤）型结构的高温性能要优于密实型级配；沥青混合料中，粗集料的适度增多有利于提高其高温稳定性；沥青用量略低于设计用量有利于沥青混合料高温性能的提高；粉胶比稍大的沥青混合料，其高温性能要好；稍大的剩余空隙率对提高沥青混合料的高温性能有利。

（2）外部条件。主要包括沥青混合料的温度和交通条件。

① 沥青混合料的温度。沥青的黏度随着其温度的升高而降低，沥青路面的车辙主要发生在夏季高温沥青混合料强度最低的季节。车辙试验的资料表明，60℃时的车辙深度约为 50℃时的两倍，为 40℃时的三倍，当 20℃时车辙已很小。

② 交通条件。随着轮压的增大，车辙会成比例的增大，而且影响深度也相应增大（剪应力的峰值下降）；随着荷载作用次数的增多，轮辙不断增大，初期增长幅度较大，以后逐渐趋于稳定；加载速率对车辙的形成具有显著的影响，车速越慢，对于同一点的荷载作用时间就越长，对于处于黏弹性状态的沥青混合料的蠕变变形，也就越大。因此，上下坡路段（因减速或制动）的车辙往往要比平缓路段严重得多。

7.8.3 低温抗裂性检验

宜对密级配的沥青混合料在温度 $-10℃$、加载速率为 $50mm/min$ 的条件下进行低温弯曲试验，测定破坏强度、破坏应变、破坏劲度模量，并根据应力-应变曲线的形状，综合评价沥青混合料的低温抗裂性能。其中沥青混合料的破坏应变宜不小于表 7-35 的要求。本次试验结果：AC-13C 沥青混合料低温弯曲试验破坏应变为 $2512.43\mu\varepsilon$。满足《公路沥青路面施工技术规范》(JTG F40—2004)的技术员要求。

表 7-35　沥青混合料低温弯曲试验破坏应变技术要求

气候与技术指标	相应于下列气候分区所要求的破坏应变($\mu\varepsilon$)									试验方法
年极端最低气温(℃)及气候分区	<37.0		$-21.0\sim37.0$			$-9.0\sim21.5$		>-9.0		试验方法
	1. 冬严寒区		2. 冬寒区			3. 冬冷区		4. 冬温区		
	1-1	2-1	1-2	2-2	3-2	1-3	2-3	1-4	2-4	
普通沥青混合料　≥	2600		2300			2000				T 0719
改性沥青混合料　≥	3000		2800			2500				

7.8.4 渗水系数检验

宜利用轮碾机成型的车辙试验，脱模架起进行渗水试验，并符合表 7-36 的要求。

表 7-36　沥青混合料试件渗水系数技术要求

级配类型		渗水系数要求(mL/min)	试验方法
密级配沥青混凝土	≤	120	T 0730
SMA 混合料	≤	80	
OGFC 混合料	≤	实测	

沥青混合料试件的渗水系数按公式 $C_w = (V_2 - V_1) \div (t_2 - t_1) \times 60$ 计算，计算时以水面从 100mL 下降至 500mL 所需的时间为标准，若渗水时间过长，也可采用 3min 通过的量计算。

式中：C_w——沥青混合料试件的渗水系(mL/min)；

V_1——第一次读数时的水量(mL)，通常为 100mL；

V_2——第二次读数时的水量(mL)，通常为 500mL；

t_1——第一次读数时的时间(s)；

t_2——第二次读数时的时间(s)。

注：报告列表逐点报告各测点的渗水系数及平均值、标准差、差异系数。若路面不透水，则在报告中注为 0。

7.8.5 钢渣活性检验

对使用钢渣作为集料的沥青混合料，应按规定的试验方法进行活性和膨胀性试验，钢渣沥青混凝土的膨胀量不得超过 1.5%。

任务 7.9　完成沥青混合料配合比设计项目报告

检 测 报 告

报告编号：

检测项目：　AC-13C 沥青混合料配合比设计

委托单位：＿＿＿＿＿＿＿＿＿＿＿＿＿

受检单位：＿＿＿＿＿＿＿＿＿＿＿＿＿

检测类别：　　　　委托　　　　

班级		检测小组组号	
组长		手机	

检测小组成员

＿＿＿＿＿＿＿＿＿＿＿＿＿＿＿＿＿＿＿＿

＿＿＿＿＿＿＿＿＿＿＿＿＿＿＿＿＿＿＿＿

地址：　　　　　　　　　　　邮政编码：

电话：　　　　　　　　　　　电子信箱：

检 测 报 告

报告编号：　　　　　　　　　　　　　　　　　　　　　　　共　页　第　页

样品名称	碎石、石屑、沥青、矿粉	检测类别	委托
委托单位		送样人	
见证单位		见证人	
受检单位		样品编号	
工程名称		规格或牌号	
现场桩号或结构部位	上面层	厂家或产地	
抽样地点	料场	出产日期	
样本数量		取样(成型)日期	
代表数量		收样日期	
样品描述	干燥	检测日期	
附加说明			

检 测 声 明

1. 本报告无检测实验室"检测专用章"或公章无效；

2. 本报告无编制、审核和批准人签字无效；

3. 本报告涂改、错页、换页、漏页无效；

4. 复制报告未重新加盖本检测实验室"检测专用章"或公章无效；

5. 未经本检测实验室书面批准，本报告不得复制报告或作为他用；

6. 如对本检测报告有异议或需要说明之处，请于报告签发之日起十五日内向本单位提出；

7. 委托试验仅对来样负责。

检 测 报 告

报告编号：　　　　　　　　　　　　　　　　　　　　　　　共　页　第　页

	矿料名称	碎石 9.5～16.0mm	碎石 4.75～9.5mm	石屑 0～4.75mm	矿粉	沥青
沥青混合料配合比设计情况	毛体积相对密度	2.860	2.853	2.753	2.662	
	表观相对密度	2.920	2.935	2.863	2.662	1.027
	比例(%)	28.0	25.0	45.0	2.0	5.0
	$a_1=5.1\%$；$a_2=5.0\%$；$a_3=4.7\%$；$a_4=4.8\%$；$OAC_1=4.9\%$；$OAC_{min}=4.5\%$； $OAC_{max}=5.5\%$；$OAC_2=5.0\%$					
	<div align="center">最佳沥青油石比 $OAC=5.0\%$</div>					

	毛体积相对密度	空隙率(%)	最大理论相对密度	矿料间隙率(%)	饱和度(%)	稳定度(kN)	流值(mm)	粉胶比	沥青膜有效厚度 DA (μm)
沥青混合料各项体积指标检测									
	2.533	4.0	2.637	14.0	71.7	16.58	3.40	1.48	6.692
技术要求		3.0～6.0		≥13	65～75	≥8	2～4	0.6～1.6	

	残留稳定度 S_0(%)	冻融劈裂试验的残留强度比(%)	动稳定度 DS(次/mm)	低温弯曲试验破坏应变($\mu\varepsilon$)	渗水系数(mL/min)
沥青混合料配合比设计检验					
	88.9	93.3	8550.5	2512.43	96
技术要求	≥80	≥75	≥1000	≥2000	≥120

检测依据/综合判定原则	1. 检测依据：《公路工程集料试验规程》(JTG E42—2005) 《公路工程沥青及沥青混合料试验规程》(JTG E20—2011) 2. 判定依据：《公路沥青路面施工技术规范》(JTG F40—2004)

备注：

专业知识延伸阅读

1. 冷拌沥青混合料

冷拌沥青混合料是指采用乳化沥青或稀释沥青与矿料在常温状态下拌和、铺筑的沥青混合料。其主要具有节省能源、保护环境、节约沥青、延长施工季节等优势。我国目前经常采用的冷拌沥青混合料，主要是乳化沥青混合料。

1）强度的形成过程

乳化沥青混合料的成型过程与热拌沥青混合料明显不同，由于乳液是沥青与水的混合物，其中的沥青必须经过乳液与集料的黏附、分解破乳、排水、蒸干等过程才能完全恢复原有的黏结性能。最初摊铺和碾压的乳化沥青混合料，因乳液分散在集料中水分不能立即排净，水的润滑降低了集料间的内摩阻力，故要成型达到一定的强度，时间比热沥青长得多。随着行车的碾压，混合料中的水分继续分离蒸发，粗、细集料的位置进一步调整，密实度逐步增加，强度也将随时间增长。

2）材料组成

冷拌沥青混合料的材料组成及技术要求与热拌沥青混合料的基本相同。冷拌沥青混合料宜采用乳化沥青或液体沥青拌制，也可采用改性乳化沥青。乳化沥青类型根据集料品种及使用条件选择，其用量可根据当地实践经验以及交通量、气候、集料情况、沥青标号、施工机械等条件确定，也可按热拌沥青混合料的沥青用量折算，如乳化沥青碎石混合料，其乳液的沥青残留物数量可较同规格的热拌沥青混合料的沥青用量减少10%～20%。冷拌沥青混合料宜采用密级配沥青混合料，当采用半开级配的冷拌沥青碎石混合料路面时，应铺筑上封层。

3）施工工艺

（1）拌和。乳化沥青混合料的拌和应在乳液破乳前结束，在保证乳液与骨料拌和均匀的前提下，拌和时间宜短不宜长。最佳拌和时间应根据施工现场使用的集料级配情况、拌和机械性能、施工时的气候等条件通过拌和确定。此外，当采用阳离子乳化沥青拌和时，宜先用水使集料湿润，以便乳液能均布其表面，也可延缓乳液的破乳时间，保持良好的施工和易性。

（2）摊铺、压实。由于乳化沥青混合料有一个乳液破乳、水分蒸发过程，故摊铺必须在破乳前完成，而压实则不可能在水分蒸发前完成，开始必须用轻碾碾压，使其初步压实，待水分蒸发后再做补碾。在完全压实之前，不能开放交通。

4）应用

冷拌沥青混合料适用于三级及三级以下的公路的沥青面层、二级公路的罩面层施工，以及各级公路沥青路面的基层、联结层或整平层。冷拌改性沥青混合料可用于沥青路面的坑槽冷补。

2. 沥青稀浆封层混合料

沥青稀浆封层混合料简称沥青稀浆封层，是由乳化沥青、石屑（或砂）、填料和水等拌制而成的一种具有一定流动性能的沥青混合料。将沥青稀浆混合料摊铺在路面上（厚度为3～10mm），经破乳、析水、蒸发、固化等过程，形成密实、坚固耐磨的表面处治薄层，可以防治路面早期病害，延长路面使用寿命。

1）沥青稀浆封层的作用

（1）防水作用。稀浆混合料的集料粒径较细，并具有一定的级配，在铺筑成型后，能与原路面牢固地黏附在一起，形成一层密实的表层，从而防止雨水或雪水通过裂缝渗入路面基层，保持了基层和土基的稳定。

（2）防滑作用。由于稀浆混合料摊铺厚度薄，沥青在粗、细集料中分布均匀，沥青用量适当，没有多余的沥青，从而使铺筑稀浆封层后的路面不会产生光滑、泛油等病害，具有良好的粗糙面，路面的摩擦系数明显增加，抗滑性能显著提高。

（3）填充作用。由于稀浆混合料中有较多的水分，拌和后呈稀浆状态，具有良好的流动性，可封闭沥青路面上的细微裂缝，填补原路面由于松散脱粒或机械性破坏等原因造成的不平，改善路面的平整度。

（4）耐磨作用。乳化沥青对酸、碱性矿料都有着较好的黏附力，所以稀浆混合料可选用坚硬的优质抗磨矿料，以铺筑有很强耐磨性能的沥青路面面层，延长路面的使用寿命。

（5）恢复路面外观形象。对使用年久，表面磨损发白、老化干涩，或经养护修补，表面状态很不一致的旧沥青路面，可用稀浆混合料进行罩面，遮盖破损与修补部位，使旧沥青路面外观形象焕然一新，形成一个新的沥青面层。

但是，稀浆封层也有其局限性。它只能作为表面保护层和磨耗层使用，而不起承重性的结构作用，不具备结构补强能力。

2）材料组成

（1）乳化沥青。常采用阳离子慢凝乳液，为提高稀浆封层的效果，可采用改性乳化沥青，如丁苯橡胶改性沥青、氯丁胶乳改性沥青等。

（2）集料。采用级配石屑（或砂）组成矿质混合料，集料应坚硬、粗糙、耐磨、洁净，稀浆封层用通过4.75mm筛的合成矿料的砂当量不得低于50％。细集料宜采用碱性石料生产的机制砂或洁净的石屑。对集料中的超粒径颗粒必须筛除。

根据铺筑厚度、处治目的、公路等级条件，可按照表7-37选用合适的矿料级配。

表7-37 稀浆封层的矿料级配

筛孔尺寸 (mm)	不同类型通过各筛孔的百分率(%)		
	ES-1型	ES-2型	ES-3型
9.5	—	100	100
4.75	100	95～100	70～90
2.36	90～100	65～90	45～70
1.18	60～90	45～70	27～50
0.6	40～65	30～50	19～34
0.3	25～42	18～30	12～25

（续）

筛孔尺寸 (mm)	不同类型通过各筛孔的百分率（%）		
	ES-1型	ES-2型	ES-3型
0.15	15～30	10～21	17～18
0.075	10～20	5～15	5～15
一层的适宜厚度(mm)	2.5～3	4～7	8～10

（3）填料。为提高集料的密实度，需掺加水泥、石灰、粉煤灰、石粉等填料。掺入的填料应干燥、无结团、不含杂质。

（4）水。为湿润集料，使稀浆混合料具有要求的流动度，需掺加适量的水。水应采用饮用水，一般可采用自来水。

（5）添加剂。为调节稀浆混合料的和易性和凝结时间，需添加各种助剂，如氯化铵、氯化钠、硫酸铝等。

3）沥青稀浆封层混合料的配合比设计

沥青稀浆封层混合料的配合比设计，可根据理论的矿料表面吸收法，即按单位质量的矿料表面积裹覆 $8\mu m$ 厚的沥青膜，计算出最佳沥青用量。但该方法并不能反映稀浆混合料的工作特性、旧路面的情况和施工的要求。为满足上述特性、情况和要求，目前通常采用试验法来确定配合比，其主要试验内容包括下列各项。

（1）稠度试验。该试验是为了确定稀浆混合料的加水量。它类似于水泥混凝土的坍落度试验。

稀浆混合料的含水量，既要满足施工和易性的要求，又要保证所摊铺的稀浆能形成稳定坚固的封层。一般要求总的含水量在12%～20%的范围内。

（2）初凝时间试验。稀浆混合料的初凝时间不能太长也不能太短，初凝时间太长，就会延长开放交通时间，给施工管理带来困难；初凝时间太短，会给搅拌和摊铺带来困难，保证不了质量。

稀浆混合料的初凝时间可用斑点法测定，即指混合料拌和以后至乳液完全破乳，用滤纸检验已无沥青斑点的时间。

（3）固化时间试验。稀浆混合料的沥青用量是配合比设计中最重要的参数。沥青用量太少，稀浆封层就会松散；沥青用量太多，路面就会壅包，并且也浪费沥青材料。湿轮磨耗试验是用来确定稀浆混合料的最小沥青用量，同时也用于检验稀浆混合料成型后的耐磨耗性能。

湿轮磨耗试验是按规定的成型方法，将成型后的稀浆混合料试件放在水中，用湿轮磨耗仪磨头磨5min，测定磨耗损失的试验。

（4）乳化沥青稀浆混合料碾压试验。乳化沥青稀浆混合料碾压试验是用来测定混合料中是否有过量的沥青，也就是确定稀浆混合料的最大沥青用量。可与湿轮磨耗试验一起确定稀浆混合料的最佳沥青用量。

碾压试验是稀释混合料成型后，在57kg负荷轮下碾压1000次，模拟车辆行驶碾压；然后在试件上撒定量的热砂，再碾压100次，以每平方米吸收的砂量来表示。

经配合比设计，稀浆封层混合料的性能应符合表7-38的要求。

表 7-38　稀浆封层混合料技术要求

项目	单位	稀浆封层	试验方法
可拌和时间	s	＞120	手工拌和
稠度	cm	2～3	T 0751
黏聚力试验 30min(初凝时间) 60min(开放交通时间)	N·m N·m	(仅适用于快开放交通的稀浆封层) ≥1.2 ≥2.0	T 0754
负荷轮碾压试验(LWT) 黏附砂量	g/m²	(仅适用于重交通道路表层时) ＜450	T 0755
湿轮磨耗试验的磨耗值(WTAT) 浸水 1h	g/m²	＜800	T 0752

4) 沥青稀浆封层混合料的应用

沥青稀浆封层适用于沥青路面预防性养护。在路面尚未出现严重病害之前，为了避免沥青性质明显硬化，在路面上用沥青稀浆进行封层，不但有利于填充和治愈路面的裂缝，还可以提高路面的密实性以及抗水、防滑、抗磨耗的能力，从而提高路面的服务能力，延长路面的使用寿命。

在水泥混凝土路面上加铺稀浆封层，可以弥合表面细小的裂痕，防止混凝土表面剥落，改善车辆的行驶条件。

用稀浆封层技术处理砂石路面，可以起到防尘和改善道路状况的作用。

3. 桥面铺装材料

桥面铺装又称车道铺装。其作用是保护桥面板，防止车轮或履带直接磨耗桥面，并借以分散车轮集中荷载。对于大中型钢筋水泥混凝土桥，常采用沥青混凝土桥面铺装，对其材料的强度、变形稳定性、疲劳耐久性等要求很高，同时要求具有重量轻、高黏结性、不透水等性能。

沥青桥面铺装构造可分为下列几个层次。

(1) 垫层。为使桥面横坡能形成路拱的形状，先用贫混凝土(C15 或 C20)作三角垫拱和整平层(厚度不小于 6cm)。在做垫层前应将桥面整平并喷洒透层油，以防止水渗入桥面，并加强桥面与垫层的黏结。

(2) 防水层。厚度约 1.0～1.5mm，类型有沥青涂胶类防水层、高聚物涂胶类防水层或沥青卷材防水层等。

(3) 保护层。为了保护防水层免遭损坏，在其上应加铺保护层，一般采用 AC-10(或 AC-5)型沥青混凝土(或沥青石屑、或单层表面处治)，厚度约 1.0cm。

(4) 面层。面层分承重层和抗滑层。承重层宜采用高温稳定性好的 AC-16(或 AC-20)型中粒式热拌沥青混凝土，厚度为 4～6cm。抗滑层，宜采用抗滑表层结构，厚度约 2.0～2.5cm。为提高桥面铺装的高温稳定性，承重层和抗滑层宜采用高聚改性沥青。

4. 新型沥青混合料

近年来随着国民经济的高速发展，公路交通量增长迅猛，再加之车辆大型化、超载严重及交通渠化等，使沥青路面面临严峻的考验，因而对沥青混合料的路用性能也提出了更高的要求。沥青面层必须具备良好的热稳性、低温抗裂性、不透水性、耐久性及抗滑性等。传统的沥青混凝土在综合性能上并不能完全满足要求,故公路部门进行了许多研究,发展了一些新型沥青混合料,以期改善沥青混合料的路面性能。

1) 沥青玛蹄脂碎石混合料(SMA)

SMA 是一种由沥青、纤维稳定剂、矿粉和少量细集料组成的沥青玛蹄脂填充间断级配的粗集料骨架中而组成的沥青混合料。

(1) 组成特点。

① SMA 是一种间断级配的沥青混合料,属于骨架密实结构。

② 为加入较多的沥青,一方面增加矿粉用量,同时使用纤维作为稳定剂,通常采用木质素纤维,用量为沥青混合料的 0.3%,也可采用矿物纤维,用量为混合料的 0.4%。

③ 沥青结合料用量多,比普通混合料要高 1% 以上,黏结性要求高,希望选用针入度小、软化点高、温度稳定性好的沥青。最好采用改性沥青,以改善高低温变形性能及与矿料的黏附性。

④ SMA 的配合比不能完全依靠马歇尔配合比设计方法,主要由体积指标确定,马歇尔试件成型双面击实 50 次,目标空隙率 2%~4%,稳定度和流值不是主要指标,沥青用量还可参考高温析漏试验确定,车辙试验是重要的设计手段。

⑤ SMA 的材料要求,粗集料必须特别坚硬、表面粗糙,针片状颗粒少,以便嵌挤良好;细集料一般不用天然砂,宜采用坚硬的人工砂,矿粉必须是磨细石灰粉,最好不使用回收粉尘。

⑥ SMA 的施工与普通沥青混凝土相比,拌和时间要适当延长,施工温度要提高,压实不得采用轮胎碾。

综合 SMA 的特点,可以归纳为三多一少,即粗集料多、矿粉多、沥青结合料多、细集料少;掺纤维增强剂,材料要求高,可使使用性能全面提高。

(2) 路用性能。

① 良好的高温稳定性。由于在 SMA 的组成中,粗集料占到 70% 以上,其相互接触,空隙由高黏度玛蹄脂填补,形成了一个嵌挤密实的骨架结构,具有较高的承受车轮荷载碾压的能力,因此 SMA 具有较强的抗车辙能力。

② 良好的低温抗裂性。在低温条件下,抗裂性能主要由结合料延伸性能决定。在 SMA 中由于使用了较合适的改性沥青,同时采用了纤维起加筋作用,故填充在集料之间的玛蹄脂会有较好的黏结作用和柔韧性,且填充的数量较多,沥青膜较厚,使混合料能够抵抗低温变形。

③ 优良的表面特性。SMA 混合料的集料要求采用坚硬的、粗糙的、耐磨的优质石料,在级配上采用间断级配,粗集料含量高,路面压实后表面构造深度大,抗滑性能好,拥有良好的横向排水性能,雨天行车不会产生较大的水雾和溅水,路面噪声可降低 3~5dB,从而使 SMA 路面具有良好的表面特性。

④ 耐久性。SMA 混合料内部被沥青结合料充分的填充,使路面沥青膜较厚、空隙率小、沥青与空气的接触少,使路面老化的速度、水蚀作用降低。另外改性沥青与纤维的使用大大提高了沥青与矿料的黏附性,从而使 SMA 混合料的耐老化性与水稳性得到很大的提高,且耐疲劳性能大大优于密级配沥青混凝土。

⑤ 投资效益高。由于 SMA 结构能全面提高沥青混合料和沥青路面的使用性能,使得

SMA 路面能够减少维修费用，延长使用寿命。

2）多孔隙沥青混凝土表面层（PAWC）

多孔隙沥青混凝土表面层或多孔隙沥青混凝土磨耗层（PAWC）在一些国家又称开级配磨耗层（OGFC），其采用比普通沥青碎石高的大空隙率，一般在 20% 左右，属骨架空隙结构。其路用性能特点如下。

（1）排水和抗滑性。多空隙沥青混合料由于空隙率大，使得内部的空隙呈连通状态，路表水能迅速地从内部排走，故可提高雨天的抗滑性，避免水滑现象产生同时还能大大减少行驶车轮引起的水雾及溅水，使雨天行车的能见度提高，雨天的行车速度和安全性提高。

（2）降低噪声性能。道路交通噪声主要来自于车轮胎在路面滚动时产生的噪声，沥青路面因其柔性，对车轮的振动、撞击有缓冲吸收作用，同时其自身的空隙及表面纹理对声音的吸收作用也比混凝土路面大，故沥青路面噪声低。而多孔隙沥青混凝土因空隙率较高，使车轮行驶中形成的气流顺利消散，进一步降低了各种噪声的生成水平，所以总的噪声低于其他类型沥青路面。其降噪声效果与路面厚度、空隙率大小有关。路面越厚、空隙率越大，降噪声效果越好。

（3）高温稳定性。设计、施工优良的多孔隙沥青混凝土路面具有较高的高温稳定性。原因在于其大颗粒间相互直接接触形成骨架结构，可承担主要的荷载作用，颗粒间有效的黏结，也减小了温度对自身的影响。

（4）耐久性。多孔隙沥青混凝土路面的耐久性比一般沥青混合料类路面要低，主要表现为：多孔隙路面在使用一定时间后，空隙率会由于灰尘、污物堵塞而减少，排水、吸音效果降低，产生老化、剥落的现象会较早。

3）多碎石沥青混凝土

4.75mm 以上碎石含量占主要部分（一般为 60%）的密级配沥青混凝土称多碎石沥青混凝土。

多碎石沥青混凝土是与传统密级配沥青混凝土相比较而言的。传统的Ⅰ型沥青混凝土因空隙率只有 3%～6%，故透水性小，耐久性好，但表面构造深度远达不到要求。而Ⅱ型沥青混凝土空隙率为 4%～10%，透水性和耐久性差，但表面构造深度深，抗变形能力强。多碎石沥青混凝土结合了两者颗粒组成的特点，既能提供要求的表面构造深度，又能具有较小的空隙率和透水性，同时还具有较好的抗变形能力。

4）再生沥青混凝土

沥青混凝土再生利用的过程是指将需翻修或废弃的旧沥青路面，经翻挖、回收、破碎、筛分，再和再生剂、新集料、新沥青材料等按一定比例重新拌和，形成具有一定路用性能的再生沥青混合料。

沥青路面的再生利用，能够大量节约沥青、砂石材料、节省工程投资，同时有利于处理废料、保护环境，因而具有显著的经济效益和社会、环境效益。

沥青混合料的再生关键是沥青的再生，从化学的角度看，沥青的再生是沥青老化的逆过程。目前通常采取在旧沥青中加入某种组分的低黏度油料（再生剂）或加入适当稠度的沥青材料，经过调配可获得具有适当黏度及一定路用性能的再生沥青。

再生沥青路面的施工工艺可分为表面再生法、厂拌再生法。表面再生法就是用红外线加热装置将原路面表面以下一定深度范围内的沥青混合料加热到一定温度，使混合料达到可塑状态后，用翻松机将混合料翻松，最后再碾压成型。路面再生法是将路面混合料在原路面上就地翻挖、破碎，再加入新沥青和新集料，用路拌机原地拌和，最后碾压成型。厂拌再生法是将沥青路面经过翻挖后运回拌和厂，集中破碎，与再生剂、新沥青、新集料等在拌和机中按一定比例重新拌和成新的混合料，铺筑成再生沥青路面。

项 目 小 结

      沥青混合料是经人工选配具有一定级配组成的矿料(碎石或轧碎砾石、石屑或砂、矿粉等)与一定比例的路用沥青材料，在严格控制条件下拌制而成的混合料。本项目AC-13C沥青混合料配合比设计主要应用于杭宁高速公路2010年养护专项工程浙江某有限公司施工单位某项目合同段的上面层，基于沥青混合料配合比设计项目实际工作过程进行任务分解并讲解了每个任务具体内容。

      任务7.1承接沥青混合料配合比设计检测项目：要求根据委托任务和合同填写流转和样品单。

      任务7.2原材料要求及检测：对沥青混合料的组成材料——碎石、石屑、矿粉和沥青等能合理选择并对其进行检测和合格性评判。

      任务7.3矿料配合比设计：用电算试配法对沥青混合料的各种矿料组成进行配合比设计，确定掺配比例。

      任务7.4材料称量及加热：根据理论配合比设计的掺配比例进行材料的称量，为后期制作马歇尔试件做好准备工作。

      任务7.5沥青混合料的马歇尔试件制作：能在设计要求的试件制作过程中，加热矿料，严格控制温度，保证沥青混合料的性能。

      任务7.6马歇尔物理-力学指标测定：能进行马歇尔稳定、流值试验，根据要求对沥青混合料的各项体积指标计算。

      任务7.7确定最佳沥青用量：根据沥青混合料的各项体积指标进行绘图分析，最终确定最佳沥青用量。

      任务7.8配合比设计检测：通过确定最佳沥青用量，进行沥青混合料的高温稳定性和水稳定性试验，来检验沥青混合料配合比设计是否合理。

      任务7.9完成沥青混合料配合比设计项目报告：根据检验任务单要求，完成配合比报告。

      通过专业知识延伸阅读，了解其他沥青混合料知识。

职业考证练习题

一、单选题

1. 沥青混合料标准马歇尔试件的尺寸要求是（　　）。

A. $\varphi100.0mm \times 63.5mm$　　　　　　B. $\varphi101.6mm \times 63.5mm$

C. $\varphi100.0mm \times 65.0mm$　　　　　　D. $\varphi101.6mm \times 65.0mm$

2. 沥青混合料马歇尔稳定度试验的试件加载速度是（　　）。

A. 10mm/min　　　　B. 0.5mm/min　　　　C. 1mm/min　　　　D. 50mm/min

3. 车辙试验是检验沥青混合料的（　　）性能。

A. 变形　　　　B. 抗裂　　　　C. 抗疲劳　　　　D. 高温稳定

4. 一马歇尔试件的质量为 1200g，高度为 65.5mm，制作标准高度为 63.5mm，其混合料的用量应为（　　）。

A. 1152g　　　　B. 1182g　　　　C. 1171g　　　　D. 1163g

5. 残留稳定度是评价沥青混合料（　　）的指标。

A. 耐久性　　　　B. 高温稳定性　　　　C. 抗滑性　　　　D. 低温抗裂性

6. 评价沥青混合料高温稳定性的主要指标是（　　）。

A. 饱和度　　　　B. 动稳定度　　　　C. 马氏模数　　　　D. 标准密度

7. 沥青混合料车辙试验温度是（　　）。

A. 60℃　　　　B. 80℃　　　　C. 100℃　　　　D. 50℃

8. 在压实沥青混合料密度试验中，测定吸水率大于 2% 的沥青混凝土毛体积相对密度，应采用（　　）。

A. 表干法　　　　B. 水中重法　　　　C. 蜡封法　　　　D. 真空法

9. 影响沥青混合料耐久性的因素是（　　）。

A. 矿料的级配　　　　　　　　　　B. 沥青混合料的空隙率

C. 沥青的标号　　　　　　　　　　D. 矿粉的细度

10. 能够降低沥青混合料流值的因素是（　　）。

A. 加大矿料的最大粒径　　　　　　B. 增加沥青用量

C. 提高沥青标号　　　　　　　　　D. 提高集料的棱角

二、判断题

1. 马歇尔稳定度试验时的温度越高，则稳定度越大，流值越小。（　　）

2. 沥青混合料的水稳定性试验就是指浸水马歇尔试验。（　　）

3. 沥青混合料配合比设计可分目标配合比设计和生产配合比设计两个阶段进行。（　　）

4. 随着沥青用量的增加，沥青混合料的稳定度也相应提高。（　　）

5. 具有较好高低温性能的沥青混合料结构类型是骨架密实型。（　　）

6. 沥青混合料高温稳定性是指沥青混合料夏季高温通常为 60℃ 条件下，经过车辆荷载长期重复作用下，不产生车辙和波浪等病害的能力。（　　）

7. 沥青混合料按密实度分类，可分为密级配沥青混凝土混合料、半开级配沥青混合料、开级配沥青混合料。（　　）

8. 沥青混合料马歇尔试验，从试件制作进行稳定度测定不能少于 12h。（　　）

9. 对于吸水率大于 2% 的沥青混合料试件，应采用表干法测定其密度。（　　）

10. 为改善沥青混合料的黏附性，可在沥青混合料中添加适量的水泥或石灰粉替代部分矿粉。（　　）

三、多选题

1. 沥青混合料的最佳沥青用量的确定取决于（　　）。

A. 稳定度　　　　B. 空隙率　　　　C. 密度　　　　D. 沥青饱和度

2. 现行沥青路面施工技术规范规定，密级配沥青混合料马歇尔技术指标主要有（　　）。

A. 稳定度、流值　　　　B. VCA　　　　C. 空隙率　　　　D. 沥青饱和度

3. 沥青混合料稳定度与残留稳定度的单位分别是（　　）。

A. kN　　　　B. MPa　　　　C. %　　　　D. mm

4. 以 5% 为基准，分别换算出油石比和沥青含量，换算后两者分别为（　　）。

A. 4.50%　　　　　　B. 4.76%　　　　　　C. 5.26%　　　　　　D. 5.52%

5. 测定沥青混合料试件密度的方法有(　　)等。

A. 水中重法　　　　　B. 表干法　　　　　C. 蜡封法　　　　　D. 灌砂法

四、简答题

1. 试述残留稳定度试验评价沥青混合料水稳定性的检验方法。

2. 试述测定沥青混合料毛体积密度的试验方法。

3. 试述沥青混合料马歇尔稳定度试验的操作及注意事项。

4. 沥青混凝土试件密度的试验方法有几种?各适用于何种条件?

5. 简述热拌沥青混凝土配合比设计阶段及主要工作。

参 考 文 献

[1] 中华人民共和国行业标准. 公路工程集料试验规程（JTG E42—2005）[S]. 北京：人民交通出版社，2005.

[2] 中华人民共和国行业标准. 公路工程岩石试验规程（JTG E41—2005）[S]. 北京：人民交通出版社，2005.

[3] 中华人民共和国国家标准. 建筑用砂（GB/T 14684—2001）[S]. 北京：中国标准出版社，2001.

[4] 中华人民共和国国家标准. 建筑用卵石、碎石（GB/T 14685—2001）[S]. 北京：中国标准出版社，2001.

[5] 中华人民共和国国家标准. 通用硅酸盐水泥（GB 175—2007）[S]. 北京：中国标准出版社，2007.

[6] 中华人民共和国国家标准. 水泥胶砂强度标准试验规程（ISO 法）（GB/T 17671—1999）[S]. 北京：中国标准出版社，2007.

[7] 中华人民共和国行业标准. 沥青及沥青混合料试验规程（JTG E20—2011）[S]. 北京：人民交通出版社，2011.

[8] 中华人民共和国国家标准. 冷轧带肋钢筋（GB 1378—2008）[S]. 北京：中国标准出版社，2008.

[9] 中华人民共和国国家标准. 金属材料室温拉伸试验方法（GB/T 228.1—2010）[S]. 北京：中国标准出版社，2002.

[10] 中华人民共和国国家标准. 金属弯曲试验方法（GB/T 232—2010）[S]. 北京：中国标准出版社，1999.

[11] 中华人民共和国行业标准. 公路水泥混凝土路面施工技术规范（JTG F30—2003）[S]. 北京：人民交通出版社，2003.

[12] 中华人民共和国行业标准. 公路水泥混凝土路面设计规范（JTG D40—2002）[S]. 北京：人民交通出版社，2004.

[13] 中华人民共和国行业标准. 公路工程水泥及水泥混凝土试验规程（JTG E30—2005）[S]. 北京：人民交通出版社，2005.

[14] 中华人民共和国行业标准. 普通混凝土配合比设计规程（JGJ 55—2011）[S]. 北京：中国建筑工业出版社，2011.

[15] 中华人民共和国行业标准. 公路工程无机结合稳定材料试验规程（JTG E51—2009）[S]. 北京：人民交通出版社，2009.

[16] 中华人民共和国行业标准. 城镇道路工程施工与质量验收规范（CJJ 1—2008）[S]. 北京：中国建筑工业出版社，2004.

[17] 中华人民共和国行业标准. 公路沥青路面施工技术规范（JTG F40—2004）[S]. 北京：人民交通出版社，2004.

[18] 中华人民共和国行业标准. 公路桥涵施工技术规范（JTG/T F50—2011）[S]. 北京：人民交通出版社.

[19] 姜志青. 道路建筑材料 [M]. 3 版. 北京：人民交通出版社，2009.

[20] 王陵茜. 市政工程材料 [M]. 北京：中国建材工业出版社，2012.

[21] 陈晓明，陈桂萍. 建筑材料 [M]. 北京：人民交通出版社，2008.

[22] 俞金贵. 道路建筑材料 [M]. 北京：高等教育出版社，2009.

[23] 李立寒，张南鹭. 道路建筑材料 [M]. 4 版. 北京：人民交通出版社，2008.

北京大学出版社高职高专土建系列规划教材

序号	书名	书号	编著者	定价	出版时间	印次	配套情况	
基 础 课 程								
1	工程建设法律与制度	978-7-301-14158-8	唐茂华	26.00	2012.7	6	ppt/pdf	
2	建设工程法规	978-7-301-16731-1	高玉兰	30.00	2013.1	11	ppt/pdf/答案/素材	★
3	建筑工程法规实务	978-7-301-19321-1	杨陈慧等	43.00	2012.1	3	ppt/pdf	★
4	建筑法规	978-7-301-19371-6	董伟等	39.00	2013.1	4	ppt/pdf	★
5	建设工程法规	978-7-301-20912-7	王先恕	32.00	2012.7	1	ppt/ pdf	
6	AutoCAD 建筑制图教程(第 2 版)(新规范)	978-7-301-21095-6	郭 慧	38.00	2013.3	1	ppt/pdf/素材	★
7	AutoCAD 建筑绘图教程(2010 版)	978-7-301-19234-4	唐英敏等	41.00	2011.7	2	ppt/pdf	★
8	建筑 CAD 项目教程(2010 版)	978-7-301-20979-0	郭 慧	38.00	2012.9	1	pdf/素材	
9	建筑工程专业英语	978-7-301-15376-5	吴承霞	20.00	2012.11	7	ppt/pdf	★
10	建筑工程专业英语	978-7-301-20003-2	韩薇等	24.00	2012.1	1	ppt/ pdf	★
11	建筑工程应用文写作	978-7-301-18962-7	赵立等	40.00	2012.6	2	ppt/pdf	★
12	建筑构造与识图	978-7-301-14465-7	郑贵超等	45.00	2013.2	12	ppt/pdf/答案	★
13	建筑构造(新规范)	978-7-301-21267-7	肖 芳	34.00	2012.9	1	ppt/ pdf	
14	房屋建筑构造	978-7-301-19883-4	李少红	26.00	2012.1	2	ppt/pdf	
15	建筑工程制图与识图	978-7-301-15443-4	白丽红	25.00	2012.8	8	ppt/pdf/答案	
16	建筑制图习题集	978-7-301-15404-5	白丽红	25.00	2013.1	7	pdf	
17	建筑制图(第 2 版)(新规范)	978-7-301-21146-5	高丽荣	32.00	2013.2	1	ppt/pdf	★
18	建筑制图习题集(第 2 版)(新规范)	978-7-301-21288-2	高丽荣	28.00	2013.1	1	pdf	
19	建筑工程制图(第 2 版)(附习题册)(新规范)	978-7-301-21120-5	肖明和	48.00	2012.8	5	ppt/pdf	
20	建筑制图与识图	978-7-301-18806-4	曹雪梅等	24.00	2012.2	4	ppt/pdf	★
21	建筑制图与识图习题册	978-7-301-18652-7	曹雪梅等	30.00	2012.4	3	pdf	★
22	建筑制图与识图(新规范)	978-7-301-20070-4	李元玲	28.00	2012.8	2	ppt/pdf	★
23	建筑制图与识图习题集(新规范)	978-7-301-20425-2	李元玲	24.00	2012.3	2	ppt/pdf	★
24	新编建筑工程制图(新规范)	978-7-301-21140-3	方筱松	30.00	2012.8	1	ppt/ pdf	★
25	新编建筑工程制图习题集(新规范)	978-7-301-16834-9	方筱松	22.00	2012.9	1	pdf	
26	建筑识图(新规范)	978-7-301-21893-8	邓志勇等	35.00	2013.1	1	ppt/ pdf	★
建 筑 施 工 类								
1	建筑工程测量	978-7-301-16727-4	赵景利	30.00	2013.1	8	ppt/pdf /答案	★
2	建筑工程测量(第 2 版)(新规范)	978-7-301-22002-3	张敬伟	37.00	2013.1	1	ppt/pdf /答案	★
3	建筑工程测量	978-7-301-19992-3	潘益民	38.00	2012.2	1	ppt/ pdf	★
4	建筑工程测量实验与实习指导	978-7-301-15548-6	张敬伟	20.00	2012.4	7	pdf/答案	
5	建筑工程测量	978-7-301-13578-5	王金玲等	26.00	2011.8	3	pdf	
6	建筑工程测量实训	978-7-301-19329-7	杨凤华	27.00	2013.1	3	pdf	★
7	建筑工程测量(含实验指导手册)	978-7-301-19364-8	石 东等	43.00	2012.6	2	ppt/pdf/答案	★
8	建筑施工技术(新规范)	978-7-301-21209-7	陈雄辉	39.00	2013.2	2	ppt/pdf	★
9	建筑施工技术	978-7-301-12336-2	朱永祥等	38.00	2012.4	7	ppt/pdf	
10	建筑施工技术	978-7-301-16726-7	叶 雯等	44.00	2012.7	4	ppt/pdf /素材	
11	建筑施工技术	978-7-301-19499-7	董伟等	42.00	2011.9	2	ppt/pdf	
12	建筑施工技术	978-7-301-19997-8	苏小梅	38.00	2012.1	1	ppt/pdf	
13	建筑工程施工技术(第 2 版)(新规范)	978-7-301-21093-2	钟汉华等	48.00	2013.1	8	ppt/pdf	★
14	基础工程施工(新规范)	978-7-301-20917-2	董伟等	35.00	2012.7	1	ppt/pdf	★
15	建筑施工技术实训	978-7-301-14477-0	周晓龙	21.00	2013.1	6	pdf	★
16	建筑力学(第 2 版)(新规范)	978-7-301-21695-8	石立安	46.00	2013.3	2	ppt/pdf	★
17	土木工程实用力学	978-7-301-15598-1	马景善	30.00	2013.1	4	pdf/ppt	★
18	土木工程力学	978-7-301-16864-6	吴明军	38.00	2011.11	2	ppt/pdf	★

序号	书名	书号	编著者	定价	出版时间	印次	配套情况	
19	PKPM软件的应用	978-7-301-15215-7	王 娜	27.00	2012.4	4	pdf	★
20	建筑结构(第2版)(上册)	978-7-301-21106-9	徐锡权	41.00	2013.4	1	ppt/pdf/答案	★
21	建筑结构	978-7-301-19171-2	唐春平等	41.00	2012.6	3	ppt/pdf	
22	建筑结构基础(新规范)	978-7-301-21125-0	王中发	36.00	2012.8	1	ppt/pdf	★
23	建筑结构原理及应用	978-7-301-18732-6	史美东	45.00	2012.8	1	ppt/pdf	★
24	建筑力学与结构(第2版)(新规范)	978-7-301-22148-3	吴承霞等	49.00	2013.4	1	ppt/pdf/答案	★
25	建筑力学与结构(少学时版)	978-7-301-21730-6	吴承霞	34.00	2013.2	1	ppt/pdf/答案	★
26	建筑力学与结构	978-7-301-20988-2	陈水广	32.00	2012.8	1	pdf/ppt	
27	建筑结构与施工图(新规范)	978-7-301-22188-4	朱希文等	35.00	2013.3	1	ppt/pdf	★
28	生态建筑材料	978-7-301-19588-2	陈剑峰等	38.00	2011.10	1	ppt/pdf	
29	建筑材料	978-7-301-13576-1	林祖宏	35.00	2012.6	9	ppt/pdf	★
30	建筑材料与检测	978-7-301-16728-1	梅 杨等	26.00	2012.11	8	ppt/pdf/答案	★
31	建筑材料检测试验指导	978-7-301-16729-8	王美芬等	18.00	2012.4	4	pdf	
32	建筑材料与检测	978-7-301-19261-0	王 辉	35.00	2012.6	3	ppt/pdf	★
33	建筑材料与检测试验指导	978-7-301-20045-2	王 辉	20.00	2013.1	2	ppt/pdf	★
34	建筑材料选择与应用	978-7-301-21948-5	申淑荣等	39.00	2013.3	1	ppt/pdf	★
35	建筑材料检测实训	978-7-301-22317-8	申淑荣等	24.00	2013.4	1	pdf	
36	建设工程监理概论(第2版)(新规范)	978-7-301-20854-0	徐锡权等	43.00	2013.1	2	ppt/pdf/答案	
37	建设工程监理	978-7-301-15017-7	斯 庆	26.00	2013.1	6	ppt/pdf/答案	★
38	建设工程监理概论	978-7-301-15518-5	曾庆军等	24.00	2012.12	5	ppt/pdf	
39	工程建设监理案例分析教程	978-7-301-18984-9	刘志麟等	38.00	2013.2	2	ppt/pdf	★
40	地基与基础	978-7-301-14471-8	肖明和	39.00	2012.4	7	ppt/pdf/答案	★
41	地基与基础	978-7-301-16130-2	孙平平等	26.00	2013.2	3	ppt/pdf	
42	建筑工程质量事故分析	978-7-301-16905-6	郑文新	25.00	2012.10	4	ppt/pdf	★
43	建筑工程施工组织设计	978-7-301-18512-4	李源清	26.00	2012.9	4	ppt/pdf	★
44	建筑工程施工组织实训	978-7-301-18961-0	李源清	40.00	2012.11	3	ppt/pdf	★
45	建筑施工组织与进度控制(新规范)	978-7-301-21223-3	张廷瑞	36.00	2012.9	1	ppt/pdf	★
46	建筑施工组织项目式教程	978-7-301-19901-5	杨红玉	44.00	2012.1	1	ppt/pdf/答案	
47	钢筋混凝土工程施工与组织	978-7-301-19587-1	高 雁	32.00	2012.5	1	ppt/pdf	
48	钢筋混凝土工程施工与组织实训指导(学生工作页)	978-7-301-21208-0	高 雁	20.00	2012.9	1	ppt	
	工程管理类							
1	建筑工程经济	978-7-301-15449-6	杨庆丰等	24.00	2013.1	11	ppt/pdf/答案	★
2	建筑工程经济	978-7-301-20855-7	赵小娥等	32.00	2012.8	1	ppt/pdf	
3	施工企业会计	978-7-301-15614-8	辛艳红等	26.00	2013.1	5	ppt/pdf/答案	★
4	建筑工程项目管理	978-7-301-12335-5	范红岩等	30.00	2012.4	9	ppt/pdf	★
5	建设工程项目管理	978-7-301-16730-4	王 辉	32.00	2013.1	4	ppt/pdf/答案	★
6	建设工程项目管理	978-7-301-19335-8	冯松山等	38.00	2012.8	2	pdf/ppt	
7	建设工程招投标与合同管理(第2版)(新规范)	978-7-301-21002-4	宋春岩	38.00	2013.1	2	ppt/pdf/答案/试题/教案	★
8	建筑工程招投标与合同管理(新规范)	978-7-301-16802-8	程超胜	30.00	2012.9	1	pdf/ppt	★
9	建筑工程商务标编制实训	978-7-301-20804-5	钟振宇	35.00	2012.7	1	ppt	★
10	工程招投标与合同管理实务	978-7-301-19035-7	杨甲奇等	48.00	2011.8	2	pdf	★
11	工程招投标与合同管理实务	978-7-301-19290-0	郑文新等	43.00	2012.4	2	ppt/pdf	★
12	建设工程招投标与合同管理实务	978-7-301-20404-7	杨云会等	42.00	2012.4	1	ppt/pdf/答案/习题库	
13	工程招投标与合同管理(新规范)	978-7-301-17455-5	文新平	37.00	2012.9	1	ppt/pdf	★
14	工程项目招投标与合同管理	978-7-301-15549-3	李洪军等	30.00	2012.11	6	ppt	★
15	工程项目招投标与合同管理	978-7-301-16732-8	杨庆丰	28.00	2013.1	6	ppt	★
16	建筑工程安全管理	978-7-301-19455-3	宋 健等	36.00	2013.1	1	ppt/pdf	
17	建筑工程质量与安全管理	978-7-301-16070-1	周连起	35.00	2013.2	5	ppt/pdf/答案	

序号	书名	书号	编著者	定价	出版时间	印次	配套情况	
18	施工项目质量与安全管理	978-7-301-21275-2	钟汉华	45.00	2012.10	1	ppt/pdf	
19	工程造价控制	978-7-301-14466-4	斯 庆	26.00	2012.11	8	ppt/pdf	★
20	工程造价管理	978-7-301-20655-3	徐锡权等	33.00	2012.7	1	ppt/pdf	
21	工程造价控制与管理	978-7-301-19366-2	胡新萍等	30.00	2013.1	2	ppt/pdf	★
22	建筑工程造价管理	978-7-301-20360-6	柴 琦等	27.00	2013.1	2	ppt/pdf	
23	建筑工程造价管理	978-7-301-15517-2	李茂英等	24.00	2012.1	4	pdf	
24	建筑工程造价	978-7-301-21892-1	孙咏梅	40.00	2013.2	1	ppt/pdf	★
25	建筑工程计量与计价(第2版)	978-7-301-22078-8	肖明和等	58.00	2013.3	1	pdf/ppt	★
26	建筑工程计量与计价实训	978-7-301-15516-5	肖明和等	20.00	2012.11	6	pdf	
27	建筑工程计量与计价——透过案例学造价	978-7-301-16071-8	张 强	50.00	2013.1	5	ppt/pdf	★
28	安装工程计量与计价（第2版）	978-7-301-22140-2	冯钢等	50.00	2013.3	12	pdf/ppt	★
29	安装工程计量与计价实训	978-7-301-19336-5	景巧玲等	36.00	2012.7	2	pdf/素材	★
30	建筑水电安装工程计量与计价(新规范)	978-7-301-21198-4	陈连姝	36.00	2012.9	1	ppt/pdf	★
31	建筑与装饰装修工程工程量清单	978-7-301-17331-2	翟丽旻等	25.00	2012.8	3	pdf/ppt/答案	
32	建筑工程清单编制	978-7-301-19387-7	叶晓容	24.00	2011.8	1	ppt/pdf	★
33	建设项目评估	978-7-301-20068-1	高志云等	32.00	2012.1	1	ppt/pdf	★
34	钢筋工程清单编制	978-7-301-20114-5	贾莲英	36.00	2012.2	1	ppt / pdf	
35	混凝土工程清单编制	978-7-301-20384-2	顾 娟	28.00	2012.5	1	ppt / pdf	
36	建筑装饰工程预算	978-7-301-20567-9	范菊雨	38.00	2012.5	1	pdf/ppt	★
37	建设工程安全监理(新规范)	978-7-301-20802-1	沈万岳	28.00	2012.7	1	pdf/ppt	★
38	建筑工程安全技术与管理实务(新规范)	978-7-301-21187-8	沈万岳	48.00	2012.9	1	pdf/ppt	★
39	建筑工程资料管理	978-7-301-17456-2	孙 刚等	36.00	2013.1	2	pdf/ppt	
40	建筑施工组织与管理(第2版)(新规范)	978-7-301-22149-5	翟丽旻等	43.00	2013.4	1	ppt/pdf/答案	★
	建 筑 设 计 类							
1	中外建筑史	978-7-301-15606-3	袁新华	30.00	2012.11	7	ppt/pdf	★
2	建筑室内空间历程	978-7-301-19338-9	张伟孝	53.00	2011.8	1	pdf	★
3	建筑装饰CAD项目教程(新规范)	978-7-301-20950-9	郭 慧	35.00	2013.1	1	ppt/素材	
4	室内设计基础	978-7-301-15613-1	李书青	32.00	2011.1	2	ppt/pdf	
5	建筑装饰构造	978-7-301-15687-2	赵志文等	27.00	2012.11	5	ppt/pdf/答案	★
6	建筑装饰材料(第2版)	978-7-301-22356-7	焦 涛等	34.00	2013.5	4	ppt/pdf	
7	建筑装饰施工技术	978-7-301-15439-7	王 军等	30.00	2012.11	5	ppt/pdf	★
8	装饰材料与施工	978-7-301-15677-3	宋志春等	30.00	2010.8	2	ppt/pdf/答案	★
9	设计构成	978-7-301-15504-2	戴碧锋	30.00	2012.10	2	ppt/pdf	
10	基础色彩	978-7-301-16072-5	张 军	42.00	2011.9	2	pdf	★
11	设计色彩	978-7-301-21211-0	龙黎黎	46.00	2012.9	1	ppt	★
12	设计素描	978-7-301-22391-8	司马金桃	29.00	2013.4	1	ppt	★
13	建筑素描表现与创意	978-7-301-15541-7	于修国	25.00	2012.11	3	pdf	★
14	3ds Max 室内设计表现方法	978-7-301-17762-4	徐海军	32.00	2010.9	1	pdf	
15	3ds Max2011室内设计案例教程(第2版)	978-7-301-15693-3	伍福军等	39.00	2011.9	1	ppt/pdf	
16	Photoshop效果图后期制作	978-7-301-16073-2	脱忠伟等	52.00	2011.1	1	素材/pdf	★
17	建筑表现技法	978-7-301-19216-0	张 峰	32.00	2013.1	2	ppt/pdf	
18	建筑速写	978-7-301-20441-2	张 峰	30.00	2012.4	1	pdf	★
19	建筑装饰设计	978-7-301-20022-3	杨丽君	36.00	2012.2	1	ppt/素材	
20	装饰施工读图与识图	978-7-301-19991-6	杨丽君	33.00	2012.5	1	ppt	
	规 划 园 林 类							
1	居住区景观设计	978-7-301-20587-7	张群成	47.00	2012.5	1	ppt	★
2	居住区规划设计	978-7-301-21031-4	张 燕	48.00	2012.8	1	ppt	★
3	园林植物识别与应用(新规范)	978-7-301-17485-2	潘利等	34.00	2012.9	1	ppt	★
4	城市规划原理与设计	978-7-301-21505-0	谭婧婧等	35.00	2013.1	1	ppt/pdf	★
5	园林工程施工组织管理(新规范)	978-7-301-22364-2	潘利等	35.00	2013.4	1	ppt/pdf	★

序号	书名	书号	编著者	定价	出版时间	印次	配套情况	
	房 地 产 类							
1	房地产开发与经营	978-7-301-14467-1	张建中等	30.00	2013.2	6	ppt/pdf/答案	★
2	房地产估价	978-7-301-15817-3	黄 晔等	30.00	2011.8	3	ppt/pdf	★
3	房地产估价理论与实务	978-7-301-19327-3	褚菁晶	35.00	2011.8	1	ppt/pdf/答案	★
4	物业管理理论与实务	978-7-301-19354-9	裴艳慧	52.00	2011.9	1	ppt/pdf	★
5	房地产营销与策划(新规范)	978-7-301-18731-9	应佐萍	42.00	2012.8	1	ppt/pdf	★
	市 政 路 桥 类							
1	市政工程计量与计价(第2版)	978-7-301-20564-8	郭良娟等	42.00	2013.1	2	pdf/ppt	
2	市政工程计价	978-7-301-22117-4	彭以舟等	39.00	2013.2	1	ppt/pdf	★
3	市政桥梁工程	978-7-301-16688-8	刘 江等	42.00	2012.10	2	ppt/pdf/素材	
4	市政工程材料	978-7-301-22452-6	郑晓国	37.00	2013.5	1	ppt/pdf	★
5	路基路面工程	978-7-301-19299-3	偶昌宝等	34.00	2011.8	1	ppt/pdf/素材	
6	道路工程技术	978-7-301-19363-1	刘 雨等	33.00	2011.12	1	ppt/pdf	
7	城市道路设计与施工(新规范)	978-7-301-21947-8	吴颖峰	39.00	2013.1	1	ppt/pdf	★
8	建筑给水排水工程	978-7-301-20047-6	叶巧云	38.00	2012.2	1	ppt/pdf	
9	市政工程测量(含技能训练手册)	978-7-301-20474-0	刘宗波等	41.00	2012.5	1	ppt/pdf	
10	公路工程任务承揽与合同管理	978-7-301-21133-5	邱 兰等	30.00	2012.9	1	ppt/pdf/答案	
11	道桥工程材料	978-7-301-21170-0	刘水林等	43.00	2012.9	1	ppt/pdf	
12	工程地质与土力学(新规范)	978-7-301-20723-9	杨仲元	40.00	2012.6	1	ppt/pdf	★
13	数字测图技术应用教程	978-7-301-20334-7	刘宗波	36.00	2012.8	1	ppt	
14	道路工程测量(含技能训练手册)	978-7-301-21967-6	田树涛等	45.00	2013.2	1	ppt/pdf	
	建 筑 设 备 类							
1	建筑设备基础知识与识图	978-7-301-16716-8	靳慧征	34.00	2012.11	8	ppt/pdf	★
2	建筑设备识图与施工工艺	978-7-301-19377-8	周业梅	38.00	2011.8	2	ppt/pdf	★
3	建筑施工机械	978-7-301-19365-5	吴志强	30.00	2013.1	2	pdf/ppt	★
4	智能建筑环境设备自动化(新规范)	978-7-301-21090-1	余志强	40.00	2012.8	1	pdf/ppt	★

相关教学资源如电子课件、电子教材、习题答案等可以登录 www.pup6.com 下载或在线阅读。

扑六知识网(www.pup6.com)有海量的相关教学资源和电子教材供阅读及下载(包括北京大学出版社第六事业部的相关资源),同时欢迎您将教学课件、视频、教案、素材、习题、试卷、辅导材料、课改成果、设计作品、论文等教学资源上传到 pup6.com,与全国高校师生分享您的教学成就与经验,并可自由设定价格,知识也能创造财富。具体情况请登录网站查询。

如您需要免费纸质样书用于教学,欢迎登录第六事业部门户网(www.pup6.com)填表申请,并欢迎在线登记选题以到北京大学出版社来出版您的大作,也可下载相关表格填写后发到我们的邮箱,我们将及时与您取得联系并做好全方位的服务。

扑六知识网将打造成全国最大的教育资源共享平台,欢迎您的加入——让知识有价值,让教学无界限,让学习更轻松。

联系方式:010-62750667,yangxinglu@126.com,linzhangbo@126.com,欢迎来电来信咨询。